彩图 1 羊毛

彩图 2 木棉

彩图 3 花边制品

彩图 5 乳胶填充物

彩图 4 涤纶窗帘

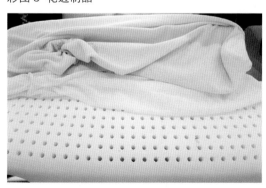

彩图 6 提花床品

彩图 7 提花毛毯

彩图 8 提花产品

彩图 9 印花床品

彩图 10 印花类产品

彩图 11 机织提花加印花

彩图 12 刺绣床品

彩图 13 绗缝被子

彩图 14 床品

彩图 15 床品

彩图 16 屏风、靠垫

彩图 17 毛巾

彩图 18 浴衣

彩图 19 浴巾

彩图 20 手工编制靠垫

彩图 21 艺类家纺

彩图 23 家纺辅料

彩图 22 家纺辅料

彩图 24　家纺辅料

彩图 25　家纺辅料

彩图 26　棉纤维植株

彩图 27　黄麻植株

彩图 28 蕉麻植株　　　　　彩图 29 天蚕与天蚕茧

彩图 30 鹅绒　　　　　彩图 31 普通黏胶纤维纵向、横向截面形态

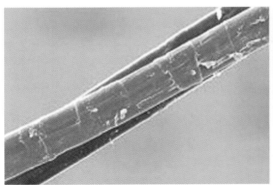

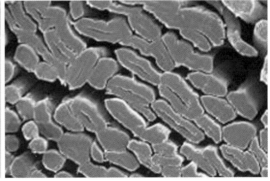

彩图 32 天然竹纤维纵向、横断截面形态

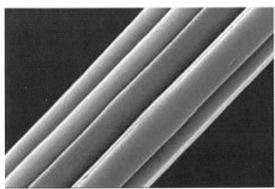

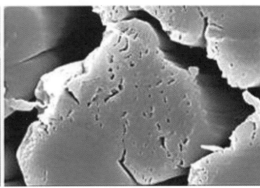

彩图 33 竹浆纤维纵向、横断截面形态

彩图 34　股线捻合

彩图 36　环锭纱与新型纱

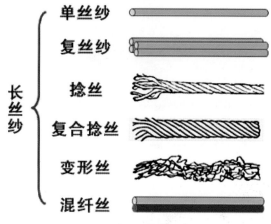

长丝纱
单丝纱
复丝纱
捻丝
复合捻丝
变形丝
混纤丝

彩图 35　各种长丝纱结构

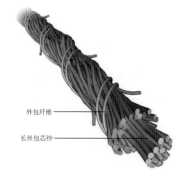

外包纤维
长丝包芯纱

彩图 37　长丝包芯纱

纱线型
圈圈线
纤维型
圈圈线

彩图 38　圈圈线

饰纱　　芯纱　　固纱

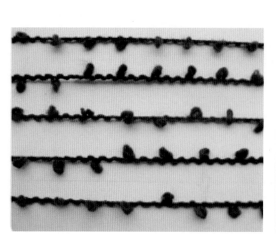

彩图 39　圈圈线

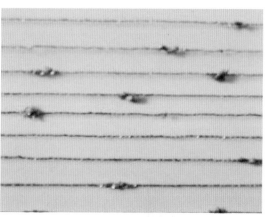

彩图 40　竹节纱

彩图 41　大肚纱

彩图 42　大肚纱

彩图 43　斜纹印花六件套

彩图 44　餐垫

彩图 45　纽扣

彩图 46　纽扣

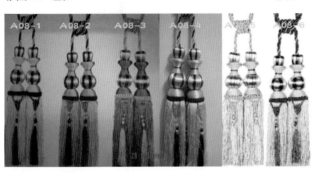

彩图 47　穗子

彩图 48　花边

彩图 49 花边

彩图 50 家纺花边带

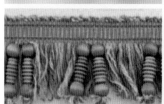

彩图 51 饰物花边

彩图 52 毛须边

纺织服装高等教育"十二五"部委级规划教材

家 用 纺 织 材 料

主　编　姜淑媛　金　鑫　方　莹
副主编　荆友水　张　华　李　熠

东华大学出版社

内 容 提 要

家纺材料的性能及选用是家纺设计人员、生产技术管理人员、督导与营销等人员必备的核心知识。此书基于家纺设计师工作岗位的典型工作任务、职业核心能力以及岗位工作可持续发展能力等方面进行策划和编写，设置基础知识认知、岗位知识及其运用两个单元和六个学习情境。学习情境包括：家用天然纤维的认识与应用、家用化学纤维的认识与应用、家用纺织纤维及纱线的性能指标与应用、常见家纺面料性能指标及其选择、家纺辅料性能要求及其选择以及家纺产品检验。每个情境以若干个项目任务展开论述，既符合当今高职教育教学改革需要，又与家纺企业设计师等技术人员的岗位工作任务相吻合。相对于以往常规的同类教材，此书在内容、结构、文风等方面均进行了新的尝试和创新。本书既可作为高校家纺设计、家纺工艺以及相关专业教学用书，也可作为家纺企业印花设计、提花设计、款式设计、工艺设计、绣花设计以及其他岗位如生产管理、销售人员、督导等岗位技术人员的技术读本。

图书在版编目(CIP)数据

家用纺织材料/姜淑媛,金鑫,方莹主编. —上海:东华
大学出版社,2013.8
ISBN 978-7-5669-0329-7

Ⅰ.①家… Ⅱ.①姜… ②金… ③方… Ⅲ.①
家用织物—纺织纤维—岗位培训—教材 Ⅳ.① TS102

中国版本图书馆 CIP 数据核字(2013)第 167755 号

责任编辑：李　静　杜亚玲
封面设计：汪智强

家用纺织材料

姜淑媛　金鑫　方莹　主编
东华大学出版社出版
上海市延安西路 1882 号
邮政编码：200051　电话：(021)62193056
新华书店上海发行所发行　苏州望电印刷有限公司印刷
开本：787×1092　1/16　印张：17.5　字数：450 千字
2013 年 8 月第 1 版　2013 年 8 月第 1 次印刷
ISBN 978-7-5669-0329-7/TS·416
定价：39.50 元

前　言

　　家纺即家用纺织品，又叫装饰用纺织品，与服装用纺织品、产业用纺织品共同构成纺织业的三分天下。作为纺织品中重要的一个类别，家用纺织品在居室装饰配套中被称为"软装饰"，它在营造与环境转换中起着决定性的作用。纵观我国家纺行业发展历程，共经历了三个阶段：原始期、起步期、井喷期。经过多年鏖战，家纺行业的竞争格局开始悄然变化，品牌家纺正在崛起。在当前阶段，随着市场经济消费与竞争的不断升级，家纺行业正处在起步阶段向发展阶段过渡的时期，即市场的最大变化是已进入高速发展中的结构性调整周期。目前我国服装类纺织品消费约占纺织品总量的65％，家用纺织品消费仅占23％，且家用纺织品的人均消费所占消费性支出还不足1％。从国内外家纺用品消费的现实差距以及未来发展趋势看，中国家纺行业有着巨大的发展空间。"大家纺"格局和"软装饰"文化的建立以及家纺行业低碳环保的发展趋势，加速了我国现代家纺产业的形成、完善与提升。"十二五"时期，家纺产业发展很重要的任务就是加强人才培养，夯实强国基础；完善公共服务平台，创造良好产业环境。

　　由于家纺业是新兴产业，进入21世纪以来，尽管一部分家纺企业基本实现了原始积累，生产技术、经营规模在行业内具有一定的引导和影响力。但是综合看，全行业在技术、管理水平等方面还处于比较原始和朴素的阶段，无论是生产规模、技术水平、产业链条的完备与完善、设计生产营销渠道、产业格局等均不像服装业那样完备和成熟，整个行业还处于一种起步和上升阶段。尤其是设计技术和设计水平的低端化一直是制约我国家纺产品实现国际水准的瓶颈；同时家纺企业生产技术管理等领域人员匮乏。在此背景下，近几年，我国一些高校相继开设了家纺设计专业，由于家纺专业高等教育几乎是零的起点，所以不论是师资队伍、教学条件，还是教学资源等都还处于探索与完善阶段，尤其是教材建设方面仍存有很大的缺口。

　　家纺材料的性能及选用是设计技术人员、生产管理人员、督导与营销等人员的必备知识，或者称其为核心知识，为了填补该方面教材的空缺，经过调研和论证，决定出版一本适合于家纺领域的专用教材。为此，我们组成了由行业、企业工程技术人员以及高校专业教师组成的编写队伍，按照企业行业的岗位能力要求，本着对企业有用、对行业有借鉴、对教学有针对性等方面设定了相关的知识点和具体内容。

此书基于家纺设计师工作岗位的典型工作任务、职业核心能力以及家纺企业技术人员岗位工作可持续发展等方面进行策划和编写,设置六个学习情境,每个情境以若干个项目任务展开论述,既符合教学改革需要,又与企业设计师等技术人员的岗位工作、岗位能力要求相吻合。同时,相对于以往同类书目在内容、结构、文风等方面都进行了创新。本书既可作为高校家纺设计、家纺工艺以及相关专业教学用书,也可作为家纺企业印花设计、提花设计、款式设计、工艺设计、绣花设计以及其他岗位如生产管理、销售人员、督导等岗位技术人员的技术读本。

参加本教材编写人员分工如下:前言、课程设置指导、课程学习指导、第一单元基础知识认知、情境五家纺辅料性能要求及其选择由南通纺织职业技术学院的姜淑媛负责编写;第二单元的情境一家用天然纤维的认识与应用由南通纺织职业技术学院的李熠、南通纺织协会的金鑫负责编写,其中卫浴类由南通大东有限公司的汤怀东负责编写;情境二家用化学纤维的认识与应用由南通纺织职业技术学院的李煜负责编写;情境三家用纺织纤维及纱线的性能指标与应用由辽宁轻工职业学院的荆友水负责编写;情境四常见家纺面料性能指标及其选择由斯得福纺织装饰有限公司的张华和潘敏负责编写;情境六家纺品检验由南通金滢纺织产品检测中心方莹、黄方和徐润香负责编写。其中情境六家纺产品检验部分图片由南通金滢纺织产品检测中心提供,并由南通纺织协会的金鑫做技术处理。全书由姜淑媛通稿和校对。

本书在完成过程中得到了南通纺织职业技术学院、南通纺织协会、南通金滢纺织产品检测中心、辽宁轻工职业学院、南通斯得福纺织装饰有限公司、南通富玖纺织品科技有限公司、南通弘友纺织品有限公司、南通大东有限公司、辽东学院纺织学院、南通桃李提花设计中心等单位的大力支持和帮助。南通斯得福纺织装饰有限公司、南通富玖纺织品科技有限公司、南通弘友纺织品有限公司、南通大东有限公司、辽东学院毛成栋等单位和同仁提供了大量的图片,在此一并表示由衷的谢意。

由于时间仓促,此书在编写过程中定会存在不足之处或错误,恳请读者提出宝贵意见,以便再版时更改和修订。

编　者

目 录

第一单元 基础知识认知

第二单元 岗位知识及其运用

课程学习指导

一、学习要求

本课程应以岗位职业能力为主线,通过多媒体教室、实验室、实训室、工作室以及企业等实验实训条件,以引入企业真实项目与课程对接形式来完成学习内容。要通过足够的实物样品分析、学材以及网络信息等识读,认识各种常见家纺材料,掌握各种材料的性能,并正确、熟练运用到岗位工作中。同时能够进行相关的生产、设计、工艺措施等技术问题的分析,将材料与家纺产品艺术效果及质量有机的结合在一起。

二、重点难点分析与解决

(一)重点:将各种纤维的性能正确运用在家纺产品设计中,实现家纺艺术与功能双赢;从外观艺术效果、成本等方面考虑,对材料进行合理、科学的选择。

(二)难点:为了实现某种功能,能进行新型纤维或纱线的设计与新产品开发。

(三)解决:

1. 与企业合作,项目引领、任务驱动,以真实项目引领教学过程的实现;

2. 利用大量的实物样品展示并进行实物分析,进行经验积累;

3. 与企业合作进行教学,聘请企业兼职教师授课效果会更好;

4. 通过岗位实践解决熟练掌握和正确运用等问题。

课程设置指导

本课程主要针对于家纺设计专业高职类三年制学生。

一、课程性质

1. 本课程学习领域包括家用纺织材料的识别与使用等。通过本课程的学习,使学生对各类纺织原料有一个完整、系统的认识,掌握各类纺织纤维的主要特性,能用简单、有效的方法快速鉴别各种纤维,能够在家纺设计工作中正确地选用原料,正确制定纺织工艺;能够掌握主要纤维和纱线的几何尺寸;掌握纺织原料的吸湿性与力学性质、光学性质、电学性质、热学等主要性质之间的关系;了解纤维原料与织物服用性能的关系。

2. 本学习领域的学习情境设计是依据工作过程为导向,以典型工作任务为基点,综合理论知识、操作技能和职业素养为一体的思路设计。通过该系列学习情境的学习,学生不但能够掌握专业知识和专业技能,还能够全面培养团队协作、沟通表达、工作责任心、职业道德与规范等综合素质和能力。

3. 与前后续课程的关系:《家用纺织材料》是家纺设计专业《专业认知与职业规划》《设计素描》《设计色彩》《三大构成》等基础课的延续,是其他各专业课程的基础,为学生提供家纺面料设计的工艺设计基础知识支撑。

二、课程目标

1. 专业能力

(1) 掌握各种纺织纤维的分类;

(2) 掌握各种纤维的基本结构,主要性能;

(3) 掌握各种纤维的加工工艺与产品质量的关系;

(4) 在产品设计和采购时能正确合理选择原料;

(5) 掌握各类纺织纤维的鉴别方法和成品检验方法;

(6) 正确运用各种纺织纤维材料进行家纺产品开发。

2. 方法能力

(1) 资料收集整理能力;

(2) 书写规范的技术文档,准确描述用户需求的能力;

(3) 理论知识的运用能力;

(4) 检查、判断能力;

(5) 有良好的审美能力和艺术设计素质。

3. 社会能力

(1) 分析问题、解决问题的能力;

(2) 沟通能力和团队协作能力;

(3) 创新能力。

三、学习情境划分与学时分配(见表 1)

表 1　学习情境划分与学时分配

单元	学习情境	学习内容	学时	备 注
一		基础知识认知	6	其中市场调查 4 课时
二	情境一	家用天然纤维的认识与应用	8	
	情境二	家用化学纤维的认识与应用	6	
	情境三	家用纺织纤维及纱线的性能指标与应用	6	
	情境四	常见家纺面料性能指标及其选择	8	其中织物综合分析 4 课时
	情境五	家纺辅料性能要求及其选择	4	
	情境六	家纺产品检验	10	其中实验 4 课时
		合　计	48	

第一单元　基础知识认知

• **本单元知识点** •

1. 掌握家用纺织纤维定义、分类及用途。
2. 熟练掌握家用纺织纤维特点及要求。
3. 掌握家纺的分类，并能正确加以识别。

一、家用纺织纤维及其应用

（一）纤维

一般而言，直径为几微米或者几十微米，而长度比直径大许多倍（几千倍或者上万倍）的物体称为纤维。纤维是由连续或不连续的细丝组成的物质。在动植物体内，纤维在维系组织方面起到重要作用。纤维可形成纱线、细线、线头和麻绳，还可以制成纤维层，同时也常用来制造其他物料，及与其他物料共同组成复合材料。纤维在各行各业都有用途，如：民用方面，家纺、服饰用品满足了人们的取暖、御寒、遮羞等；在军事上有防弹衣、航空航天服、高温防火保护服、防燃服、装甲部队的防护服和飞行服等；医学上使用的止血棉、绷带、纱布、人造血管、病床用品等；在建筑领域有停机坪、足球场等，都用到了纤维。

在现代生活中，特种纤维的应用无处不在，如抗菌、阻燃、防虫、芳香的床品，防高温的导弹材料，具有抑菌除臭、消炎止痒的甲壳素纤维医用纺织品，消防用的防辐射、隔热、抗菌、阻燃、防静电服、防酸、防虫服等。

（二）家用纺织纤维的分类

具备可纺性，一定的化学稳定性和一定的柔软性、强度、可塑性的纤维被称为纺织纤维。纺织纤维按照不同分类方法有不同种类，按照用途分有家用类、服饰用、产业用三类。按照原料来源有天然纤维及化学纤维两类，见图 1-1-1。

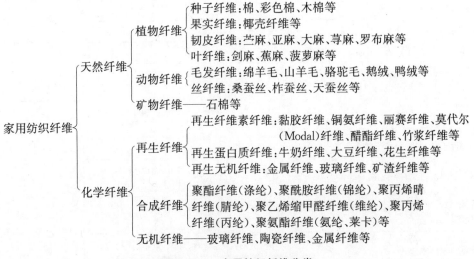

图 1-1-1　家用纺织纤维分类

用于居家室内纺织品的纤维称为家用纺织纤维,或者说用于家用纺织品的纤维被称为家用纺织纤维。如服用性能优良的棉纤维、吸湿透气性能优良的蚕丝纤维、手感柔软的莫代尔纤维、蓬松保暖的羊毛纤维、强度高质地轻的中空涤纶纤维等均可作为性能优良的家用纺织纤维材料。

(三)家用纺织纤维的应用

家纺产品按照不同应用场合常选用与之相应的纤维材料,家纺纤维材料主要应用情况见表 1-1-1。

表 1-1-1　家纺纤维材料的主要应用

纤　　维	使用场合	主要用途	备　注
棉纤维、蚕丝纤维、黏胶纤维、莫代尔纤维、天丝纤维、大豆纤维、竹纤维、涤纶纤维等	卧室	被子件套面料	直接贴身材料以舒适性好的棉、蚕丝纤维为主
棉纤维、蚕丝纤维、黏胶纤维、莫代尔纤维、天丝纤维、大豆纤维、竹纤维、涤纶纤维等		枕头、靠垫面料	
棉纤维、蚕丝纤维、羊毛纤维、鹅绒、驼绒、涤纶中空棉、腈纶等		填芯料	按照不同产品、不同厚度要求和使用季节不同进行选材
棉纤维、涤纶纤维、腈纶纤维等		垫类产品	
涤纶、腈纶、锦纶等	客厅	沙发布	混纺或者交织为好
涤纶、腈纶、棉纤维等		窗帘	耐光性、色牢度要好
棉、大豆纤维、竹纤维、木棉、涤纶等		杯垫等	
棉、麻、涤纶、腈纶等	餐厨	餐桌布等用品	环保卫生
棉、麻等		抹布	环保卫生
面料以棉为主,填芯料用棉、涤纶等		隔热手套	隔热作用
棉纤维、麻、蚕丝、涤纶纤维等	蒙罩类	电视罩	
棉纤维、麻、蚕丝、涤纶纤维等		冰箱罩	
棉、木棉、蚕丝纤维、竹纤维等	卫浴	毛巾、浴巾、面巾、手帕等	
棉、涤纶、腈纶纤维等		脚垫	
羊毛、蚕丝、腈纶、黏胶、丙纶、涤纶等	地面铺饰	地毯	
棉、腈纶、黏胶、丙纶、涤纶等		地垫	
棉、毛、腈纶等	墙饰	墙衣	
各种纤维		艺术品	
棉纤维、蚕丝纤维、黏胶纤维、莫代尔纤维、天丝纤维、大豆纤维、竹纤维、涤纶纤维等	宾馆酒店	浴袍	
棉、麻纤维		餐桌布、杯垫、筷子套、口布	
棉纤维、蚕丝纤维、黏胶纤维、莫代尔纤维、天丝纤维、大豆纤维、竹纤维、涤纶纤维等		床品面料	
棉、木棉、蚕丝纤维、竹纤维、黏胶纤维等		毛巾、浴巾、面巾、手帕、澡巾等卫生用品	
棉纤维、蚕丝纤维、羊毛纤维、鹅绒、驼绒、涤纶中空棉、腈纶等		填芯料	
各种常见纺织纤维	室内其他装饰	壁画、屏风、灯罩、储物盒、遥控器盒、门把手饰品等	

二、家用纺织纤维特点及要求

家纺产品种类繁多,用途场合不同,形式多样,产品有线状(如:用于绑带的线绳)、面状(如:用于铺盖的被品)、层状(如:填芯料)等,无论从外观效果还是使用功能等都有其特殊性和使用要求,对纤维材料也有一定的使用限制或者挑剔性。

(一) 家用纺织纤维特点

家纺纤维及其制品作为软家装材料,在起到保暖、吸音、防尘、隔热、防紫外线等一般的使用功能以外,还在美化和改善人们居住环境中起着特殊的重要作用。一般应具备以下几方面特点:

1. 富于视觉感

主要通过形、色、材质、光、冷暖等特异性体现家纺产品的艺术性。

(1) 形与质

形是家用纺织品设计的核心之一,通过纤维材料来体现家用纺织品的视觉效果,通过硬挺、柔软、细腻、飘逸、温暖、凉爽、蓬松、绒毛、长短纤维表面的形态等体现产品与人的亲和关系和感觉。家纺材料质地的细腻与粗犷、平整与起伏不平、柔软与凉爽等,使得家用纺织品具有极大的人性魅力和自然魅力。

(2) 光

家用纺织纤维有着不同明暗的效果。除了本身具有调动人的视觉、触觉神经以外,还与其他周围环境光的组合,如电灯、自然光线等,使得室内环境具有美妙而舒服的感觉。透明而惟妙惟肖的窗纱和帷幔是造就朦胧意境的必备材料。因此光是达到人们与自然和谐、人与人情感交融的重要手段之一。

2. 富于功能性

家用纺织纤维,应具备某些性能或者某种特殊功能。如被子贴身材料应具备舒适、保暖、吸湿散热等性能,兼具卫生、抗菌等功能;窗帘材料应遮光、隔音、保暖、阻燃、耐紫外线等。

(1) 机械性能

机械性能是指纤维材料在使用过程中抵抗外力破坏的能力,决定织物的使用寿命。包括织物的拉伸性、撕裂性、顶裂性、弹性及耐磨性等。

(2) 易打理性

易打理性是指织物在使用过程中易于照料、管理的性能。包括织物的沾污去污性、洗可穿性、防蛀性、抗菌性、抗皱性等。

(3) 稳定性

稳定性是指织物在使用过程中保持其外观形状的性能。包括织物的收缩性、抗变形性等。

(4) 传递性

传递性是指织物在使用过程中气、水等的通透性能。包括织物的透气性、透水性等。

(5) 舒适性

舒适性是指织物在使用过程中使人体处于最佳状态的性能。包括织物的保温性、冷暖感等。

3. 富于安全卫生性

家纺产品是供人来使用或欣赏的,在使用过程中安全卫生性是选择纤维材料的重要方面,尤其是直接接触人体的材料尤为显得重要,主要包括抗菌性、防霉性、防污性、防辐射、抗腐蚀、抗静电等,要求对人体皮肤无伤害,对健康无影响。

4. 富于环保性

纺织纤维在生产、加工印染和后整理等过程中存在着不同危害程度的各种农药、染料、助剂等有害物质,这些有害物质不可避免或多或少地含有或产生对人体有害的物质。当有害物质残留在家纺产品上并达到一定量时,不仅会对人们的皮肤、乃至人体健康造成危害,同时,产品在生产、流通过程中也会对空气、土壤等环境带来恶化。随着人类文明程度的进步和人们对健康的要求程度越来越高,家纺材料的选择要重点关注对环保性的要求。

家用纺织材料必须符合以下四个基本前提和四个环节。

四个基本前提是:

(1) 资源可再生,可重复使用;

(2) 生产过程对环境无污染;

(3) 在使用和穿着过程中对人体无危害或伤害。同时,遇到外界不利因素不受干扰,如水、火、酸、碱、特殊气味等。对特殊气体不腐蚀,对水不溶解,对火能阻燃,对辐射能排斥等。

(4) 物件废弃后能在自然环境中自行降解,对环境不造成污染。

四个基本环节是:

(1) 绿色纺织材料;

(2) 绿色染色整理;

(3) 绿色产品(实现功能过程);

(4) 绿色废弃。

(二) 常见家纺产品对材料的要求

1. 典型家纺产品要求

(1) 寝具类要求

床品作为家庭的主要生活必需品,要求既有助于提高人的睡眠质量,又有协调和装饰室内环境的作用。因为这些材料与人体皮肤直接接触,并且使用时间长,因此其使用的安全性、保暖性、柔软性、适合性、抗菌性、时尚化、个性化等都是必须具备的。以天然纤维中棉、蚕丝为例,如果不直接贴身的话可以采用与黏胶纤维、涤纶纤维等化纤混合或交织,化学纤维中主要如黏胶纤维、涤纶纤维等。

被子:被子是人们睡觉时用于覆盖身体的纺织品。要求柔软、保温防寒、吸湿透湿、耐磨、抗拉伸、强力好、覆盖性好、抗菌性好、安全、无污染、洗涤方便、易于打理等。目前较适宜的纤维材料有:棉纤维、桑蚕丝、柞蚕丝、黏胶纤维、涤纶纤维、天丝等,合成纤维以不直接接触人体为好。

被芯:棉花、蚕丝丝绵、羊毛、驼绒、羽绒,目前大宗被芯产品纤维以涤纶、腈纶中空纤维为多见。

枕头:枕头是人们睡眠时头部的主要接触物,枕头的高度尺寸、透气性和弹性软硬是选择材料与产品设计的重要考核点。使用合适的枕头可以使人的身体处于舒适状态,血液正常循环,利于消除疲劳。要求软硬及厚度适中,弹性适中,抗菌防螨,防潮透气性好,染色牢度好,坚牢耐用。接触人体的适宜面料纤维以棉纤维、蚕丝纤维、天丝纤维等为好。不直接接触人体的反面则可选用涤纶纤维等合成纤维。枕头的透气性和弹性主要取决于枕芯材料,分为可直接使用洗涤的枕芯和不可洗涤需加套才可使用的枕芯,主要填充材料如决明子、蚕砂、谷物、茶叶等,大都可以保证枕头的透气性良好,没有弹性也不会塌陷,也可以采用珍珠棉、三维七孔棉、九孔棉、中空棉、腈纶棉、羽绒等,珍珠棉、腈纶棉、羽绒枕芯可整体清洗,能更好地满足卫生要求。

床垫:是为了保证人们获得健康而又舒适的睡眠而使用的一种介于人体和床之间的一种物品。人们对床垫的一般要求是外观漂亮、表面平整、干爽、透气、厚度适中、不易变形、耐用、易于维护保养等。从使用舒适角度讲应保证其功能性、舒适性、使用安全性等特质。影响床垫功能性的因素包括:稳定性、固定性、重量、垫子与垫套之间的摩擦特性、厚度、外观、耐用性和形态保持性;影响床垫舒适性的因素包括:压力分布、剪切力/摩擦力、湿度、温度、稳定性等因素;影响床垫使用安全性的因素包括:床垫的压力分布、稳定性、剪切力/摩擦力、温度、湿度、耐用性、传染源控制、螨虫防杀、保洁、阻燃性等。

能够使人感到舒适的床垫有两个基本标准:一是人无论处于哪种睡眠姿势,脊柱都能保持平直舒展;二是压强均等,人躺在上面全身能够得到充分放松。床垫面料材质繁多,根据季节不同,厚度不同,对纤维材料的要求也不同,比如:夏季面料宜选用棉纤维、竹纤维、蚕丝、天丝等,春秋冬季宜选用棉、涤棉混纺纤维等。

床垫的衬料和填充物决定了床垫的诸多特性,对常见材料及特点分述如下:棕榈材料由棕榈纤维编制而成,一般质地较硬,或硬中稍带软。棕榈床垫具有天然棕榈气味,耐用程度差,易塌陷变形,承托性能差,保养不好易虫蛀或发霉等;现代棕床垫芯由山棕或椰棕添加现代胶粘剂制成,具有环保的特点。山棕和椰棕床垫的区别是,山棕韧性优良,但承托力不足;椰棕整体的承托力和耐久力比较好,受力均匀,相对山棕偏硬。乳胶床垫有合成乳胶和天然乳胶两种,合成乳胶来源于石油,弹性和透气不足,天然乳胶来源于橡胶树。天然乳胶散发淡淡的乳香味,更加亲近自然,柔软舒适,透气良好,且乳胶中的橡树蛋白能抑制病菌及过敏原潜伏,但成本很高。弹簧床垫属现代常用的、性能较优的床垫,其垫芯由弹簧组成,该垫有弹性好、承托性较佳、透气性较强、耐用等优点。当代随着国外先进技术的进入和专利的大量应用,弹簧床垫已经细分为很多类别,如独立袋装床网,五区专利床网,弹簧加乳胶系统等等,极大地丰富了人们的选择;水床垫利用浮力原理支撑,具有冬暖夏凉特点,但是透气性不足。

床罩:是装饰、防尘类床上用品。一般不直接接触人体。所以原料选择余地较大,常见材料如棉、竹纤维、涤纶、涤纶与其他纤维混纺或者交织。有时候出于床品整体配套效果,往往与被套面料材料或者与护单材料相吻合。

护单:主要产品如床单、护垫等,因为直接接触人体,所以应选用舒适、抗菌、吸湿透气性好的纤维,如棉、蚕丝、大豆纤维、竹纤维、天丝等。

床旗:因为主要功能是装饰,无需过多考虑服用性,所以常见纤维均可。另外应考虑与床品整体搭配效果、风格、档次相匹配。

蚊帐:蚊帐是悬挂在床上作为遮蔽蚊虫的纺织品,应具备质地稀疏轻薄、透气性、悬垂性好等特点。按制织方法不同分梭织(机织)和针织两类。机织蚊帐的帐身织造原料为棉纱线、苎麻纱、维纶纱和维纶股线等。针织蚊帐的帐身原料有涤纶长丝、绵纶丝等。蚊帐的帐顶用料可与帐身相同，也可用棉纱或维纶纱制织的漂白布。

毯类：是床上秋冬季用品，要求具备保暖、防潮、抗菌、质地厚软、厚度适中、绒面丰满、美观、防水、抗静电、抗菌等特点。以羊毛、马海毛、兔毛、羊绒、驼绒、牦牛绒、蚕丝等动物纤维，腈纶、涤纶、锦纶、丙纶、黏胶纤维等化学纤维以及动物纤维与化纤混纺为原料。

（2）窗帘、帷幔类要求

窗帘的作用是：保护隐私、利用光线、装饰墙面、吸音降噪。要求：遮光、防辐射、耐日晒牢度好、美观、易洗快干、耐污染、悬垂性好、阻燃、保暖性好。常用纤维材料：轻薄透明型如棉纤维、锦纶纤维、涤纶纤维、涤纶与棉、锦纶、腈纶等混纺布等，厚重型的窗帘材料如棉纤维、涤纶与其他纤维混纺布等。

（3）巾类要求

用于洗擦可直接与人体接触部位的纺织品（如方巾、面巾、浴巾、毛巾被等）。按用途分有面巾、枕巾、浴巾、毛巾被、沙发巾等。常见的毛巾是由三个系统纱线相互交织而成的具有毛圈或毛绒结构的织物。随着科技的发展，又出现了经编毛巾织物，这种毛巾毛圈固结牢，但形式相对单一。要求具备一定的使用功能和特殊要求，满足洗浴、卫生清洁和保管使用要求，易洗快干，不易产生霉变和被腐蚀，色泽及风格清新。一般而言，巾类织物质地要丰满，有弹性，吸水性好，保暖柔软，手感舒适，易洗快干，不易褪色。一般以纯棉纱线为主要原料，另有少量的木棉、竹纤维、天然真丝、大豆蛋白、牛奶蛋白纤维、玉米纤维、黄麻、竹炭纤维、再生纤维素纤维、超细化学纤维等。

（4）浴帘要求

浴帘是一个悬挂在带淋浴喷头的浴缸外面，或者淋浴范围的帘状物品。浴帘主要用于防止淋浴的水花飞溅到淋浴外的地方及为淋浴的人起遮挡作用。浴帘传统来说由塑料、棉布、涤纶布等材料制成。在室内温度较低的时候浴帘也有聚拢热蒸气，维持淋浴区局部温度的作用。

需要具备遮蔽性好，防水、防污、保温等特点，要求织物细腻缜密，轻薄挺括，视觉舒适，易洗快干。常用材料如：聚氯乙烯（PVC）、木帘、竹帘、锦纶、涤纶、涤棉等，一般面料要经过拒水涂层整理。普遍使用的是素色涤棉印花浴帘，其布身挺括、紧密细腻、光洁滑爽、色泽柔和，既具有涤纶产品洗涤方便、快干免烫的特点，又具有棉织品透气舒适的优点。

（5）餐用桌台布、餐巾、桌旗要求

是用于餐厨的家用纺织品，具有美化装饰，卫生洗涤和防护功能，要求：安全隔热，防污，耐洗涤，吸水。常用柔软、吸湿性强的棉纤维、竹纤维以及抗菌、防污、防水、挺括、易洗快干、耐高温、色牢度好、水洗牢度好、去污性强的涤纶纤维。

桌旗可考虑选用强度好、色牢度好、挺括的涤纶、麻纤维、竹纤维等。

（6）厨用类抹布要求

要求吸水性强、卫生、防水防污、防油烟、阻燃、装饰性强、柔软蓬松、易去污、不脱毛、易洗快干、抗菌、不损伤被摩擦物件的表面光泽。以棉、麻为好。

（7）家具蒙罩要求

主要是布艺沙发、椅垫、电器覆盖物、交通工具坐椅面料等。要求面料挺括，舒适、耐磨抗皱、摩擦力大、安坐、色泽典雅、阻燃、防污、防水、抗菌、易洗快干、卫生安全。以舒适性较好、易打理的棉、麻以及强力高、弹性好、抗污能力强的涤纶、锦纶、丙纶为首选材料。也可选用档次较高的蚕丝作为高端蒙罩类产品用材。

（8）地毯要求

地毯是以棉、麻、毛、丝、草等天然纤维或化学纤维类原料，经手工或机械工艺进行编结、栽绒或纺织而成的地面铺饰物。要求美观，保暖，防滑，吸音，平挺。早期地毯原料以羊毛等天然纤维为主，20世纪后，由于化纤工业的发展，机织地毯主要原料有羊毛、丙纶、真丝、腈纶和涤纶等，产品多为满铺地毯；手工地毯大多数以天然纤维如蚕丝、羊毛等为主要原料，产品多为装饰块毯。

（9）墙衣要求

墙衣是继传统涂料、墙纸之后出现的第三类新型内墙装饰材料，是21世纪室内最佳环保产品。要求无有害挥发性化学成分，环保性能优越、不开裂、个性色彩、立体浮雕、施工便捷、修补简易、更新便捷、有效调节室内湿度和温度、自然有效吸音、耐用、耐磨、防污、防霉、阻燃、抗菌、吸音、耐擦洗。以毛、麻、黏胶、涤纶等为主体纤维材料。

（10）花边饰品要求

图案、结构造型美观，装饰性强，按照不同的使用场合，确定不同性能指数，如有时需要柔软、细腻如枕头、床单花边，有时需要硬挺有型如桌旗花边，有时需要质地轻薄如纱窗，有时需要扎实厚重如床旗。总之应按照不同产品功能要求来合理选择纤维材料。

2．家纺材料选用原则

不同种家纺产品具有不同的性能要求，不同的纤维材料、不同产品的形态结构、不同的粗细、不同的生产加工工艺等都会影响到选材效果，应平衡各方面的因素，并重点考察以下几方面决定最终用材。

（1）从外观效果出发：应从原料本身的粗细、外观形态效果来直接或者间接地体现美观效果。

（2）从实用功能要求出发：家纺产品既是艺术品，又是实用品，不同用品的使用场合、目标、定位等不同，对家纺产品也提出了相应各方面的具体功能上的要求，有直接的和间接的，有可见的和不可见的，有表面的和隐性的，有当前的和长远的，尤其是当线状纤维材料变成面状产品以后因为生产加工等所带来的某种新的变异性能会影响到原料本身所不及的家纺终端产品特性，对产品的目标效果产生一定的影响。尤其是日渐重视的服用安全性、环保等问题更使得材料选取更加重要。所以纤维材料的选取定位不仅仅要考虑当前的还要考虑到长远的问题。

（3）从市场开发定位出发：这是家纺产品设计、生产、销售连接使用者购买需求的主要考核点，成本与使用者的心理需求是设计、经营者关注的焦点问题之一。最低廉的购买价格、最好的外观效果和最人性化的使用功能是使用者的终极目标，而生产快捷方便、成本低、效益高、功能优良是经营者追求的方向。当下在这个产业链条中最关键的问题之一是如何从选材技术方面找到最佳契合点，去尽量平衡这两者之间的关系。

三、家纺的分类与识别

（一）家纺的分类

构成家纺的材料种类繁多，作为产品的主要材料被称为面料，如床品面料、靠垫面料、床垫面料、沙发面料等；作为产品的辅助材料被称为辅料，如枕芯、被子、靠垫、椅垫等填充物，窗帘穗子，各种花边、拉链、窗帘杆等。主要产品举例见表1-3-1。

表1-3-1　家纺产品种类举例

序号	材料属性	主要产品	举　　　例
1	纺织纤维	面料及辅料	被子件套、蚊帐及铺垫面料、窗帘布、家具蒙罩布、地面铺饰纺织品、餐厨用布、洗浴用布（包括毛巾、浴巾、浴帘、脚垫、居家服、拖鞋）、靠垫、室内其他配饰（如花边）等
2	塑料	辅料	窗帘杆、桌布、各种家纺拉链、沙发衬垫、靠垫类填充材料、室内其他小型配饰等
3	金属	辅料	窗帘杆、各种家纺拉链、室内其他配饰等
4	木质材料	辅料	窗帘杆、室内其他配饰等
5	乳胶	辅料	枕头、床垫类、靠垫类填充材料
6	天然谷物	辅料	枕头填充材料等
7	植物	辅料	枕头填充材料等
8	皮革与皮草（包括天然和合成）	面料	沙发、床品、靠垫、椅垫等

由于构成家纺的主要材料是纺织纤维，其他如塑料、木质材料、金属等一般作为家纺的辅料，所以本书将重点围绕家用纺织纤维这部分主体知识领域相关内容进行展开讨论，在教学中其他材料诸如塑料、木质材料、金属的知识内容可借助相关书籍或者材料加以适当补充。

（二）家纺的识别

家用纺织品类别繁多，不同产品具有不同的性能、风格、技术特点、使用功能及应用场合。依据以下几个不同方面加以归类。

1. 按照原料来源主要有天然纤维和化学纤维两类

天然纤维有棉制品、毛织品、麻织品、蚕丝制品、竹纤维制品、大豆蛋白纤维制品、玉米纤维制品等。化学纤维类有黏胶纤维制品、涤纶纤维制品、锦纶纤维制品、维纶纤维制品等。也可进行天然纤维与化学纤维混纺或混捻，如涤/棉制品、涤/黏制品、丝/棉制品、维/棉制品、蚕丝/黏胶制品等。

此外还有天然皮革与皮草、乳胶等非纤维化材料。

如图1-3-1（彩图1～彩图5）为各种家纺材料及制品。

（a）棉制品（富玖科技提供）　　　　　　　　　（b）棉制品（富玖科技提供）

(c) 涤纶窗帘制品

(d) 涤纶蚊帐制品

(e) 桑蚕丝绸制品(罗莱家纺提供)

(f) 柞蚕丝绸制品(2008 年张謇杯中国国际
家纺设计大赛铜奖作品)

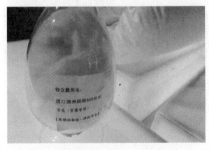

(g) 羊毛填充物(富玖科技提供)

(h) 木棉填充物(富玖科技提供)

(i) 涤纶和塑料组成的花边制品

(j) 涤纶窗帘

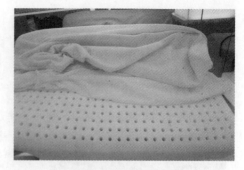

（k）竹藤材料　　　　　　　　　（l）乳胶填充物（富玖科技提供）

图 1-3-1　各种家用纺织材料

2. 按照生产加工及外观特点分有平素类、提花类、印花类、织印或烂印结合类，以及刺绣、抽纱、绗缝等工艺产品

平素类是指由原组织、变化组织或联合组织形成的表面素洁或者具有较小几何花纹的制品。如图 1-3-2 所示。

提花类是以小提花或大提花工艺制织的织物表面具有花纹效果的家用纺织品。如图 1-3-3（彩图 6～彩图 8）所示。

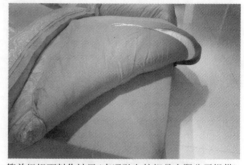

简单组织面料作被里（南通弘友纺织品有限公司提供）

图 1-3-2　平素家纺产品

（a）　　　　　　　　　　　　　　　（b）

（c）　　　　　　　　　（d）　　　　　　　　　（e）

图 1-3-3　提花家纺类

（图 b 为南通弘友纺织品有限公司提供，图 c、图 d 为 2006 年海宁中国国际家纺设计大赛展示产品，图 e 为南通桃李提花设计中心提供）

印花类是以印花工艺而得到的表面具有各种花纹效果的产品。如图 1-3-4(彩图 9、彩图 10)所示。

(a) 2008 年中国国际家纺设计大赛银奖,2008 年
南通纺院优秀毕业设计产品

(b) 2008 年南通纺院优秀毕业设计产品

(c) 2008 年南通纺院优秀毕业设计产品,2008 年
中国国际家纺设计大赛优秀奖

(d) 2006 年海宁中国国际家纺设计大赛展示产品

(e) 2012 年南通纺院优秀毕业设计、江苏省优秀毕业设计产品

图 1-3-4 印花类

织印或烂印结合类是以织花加印花相结合或烂花与印花相结合工艺而在织物表面形成花纹效果的产品。图 1-3-5(彩图 11)为提花加印花产品。

刺绣、绗缝、抽纱等工艺是按照所设计的图案,用刺绣、绗缝、抽纱手法在织物表面形成花纹图案的家纺产品,如图 1-3-6(彩图 12、彩图 13)所示。

图1-3-5　提花加印花餐厨用品(2010年南通纺院优秀毕业设计产品)

(a) 刺绣床品(2010年南通纺院及江苏省优秀毕
　　业设计一等奖;2010年中国国际家设计大赛
　　优秀奖产品)

(b) 刺绣加提花毛巾

(c) 绗缝产品线(南通世家家纺提供)

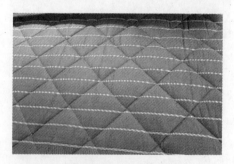

(d) 绗缝床垫(富玖科技提供)

图1-3-6　刺绣、绗缝家纺产品

3. 按照纺织品品种大类分为机织物、针织
物及非织造织物

机织物是由相互垂直的两系统纱线或丝
线在织机上按照一定规律相互交织而形成的
织物。适合于各种纺织原料。如图1-3-7(彩
图14)所示。

针织物是利用织针将纱线弯曲成线圈形
态,然后再将线圈相互串套而形成的织物。可
分为纬编和经编两种生产方式,如各种里、面
料。如图1-3-8所示。

图1-3-7　机织面料手绘床品(2011年南通
　　　　　纺院优秀毕业设计产品)

(a) 蚊帐

(b) 花边

图 1-3-8　针织物

图 1-3-9　非织造产品被芯
（南通世家家纺提供）

非织造织物又称非织造布、不织布、非织造织物、无纺织物或纺布。是将定向随机排列的纤维，通过摩擦抱合或捻合，或将这些方法组合后形成的片状物纤网或絮垫。

非织造家用纺织制品主要有：衍缝被、床垫、防尘罩、护手和背靠衬垫、尘垫、防尘布、裙边衬、拉链、拉条、弹簧包布、床垫、弹簧隔离层、毛毡、墙布、吸音墙覆盖材料、装饰被衬、枕头、枕套、窗帘、帷幕、地毯、席梦思床垫、干擦布、湿擦布、抛光布、过滤布、吸尘器集尘袋、百洁布、抹灰布、拖把布、餐布、熨烫毡、洗涤布等。见图 1-3-9 所示。

4. 按照用途分有寝具用品类、窗帘帷幔类、卫生盥洗类、餐厨杂饰类、家具覆盖类、地面铺饰类、墙面铺饰类以及酒店配套类等产品

寝具用品类包括：

(1) 被褥类：夏凉被、春秋被、冬暖被、多用被等。

(2) 枕垫类：枕头、抱枕、靠垫、靠枕、坐垫等。

(3) 毯类：毛毯、线毯、棉毯、绒毯、毛巾被等。

(4) 罩单类：床单、床罩、床围、托单、床笠、被套、枕套、枕巾等。

(5) 帐类：蚊帐、帐篷等。

见图 1-3-10(彩图 15)所示。

(a) 提花、衍缝、绣花一体寝具家纺
（金鑫家纺提供）

(b) 寝具家纺(2010 年南通纺院优秀毕业设计、
2010 年中国国际家纺设计大赛铜奖产品)

图 1-3-10　寝具家纺

窗帘帷幔类包括：

（1）帘类：薄型窗帘、厚型窗帘、遮光窗帘、百叶窗等。

（2）幕类：门帘、帷幔、幕布、屏风等。

图1-3-11（彩图16）所示为屏风、靠垫等。

卫生盥洗类包括：

（1）洗巾类：毛巾、面巾、浴巾、澡巾、方巾、擦背巾、搓脚巾等。

（2）洗浴类：浴衣、浴帘地巾、浴垫、卫生洁具垫（套）等。

图1-3-12（彩图17～彩图19）所示为卫生盥洗类家纺。

图1-3-11 屏风、靠垫等（2010年南通纺院优秀毕业设计）

(a)

(b)

(c)

(d)

图1-3-12 卫生盥洗家纺

餐厨杂饰类包括：

（1）餐用类：桌布、餐巾、茶巾、湿巾、餐具套、隔热垫等。

（2）厨用类：围裙、隔热手套、玻璃清洁布、洗碗布、防蝇罩等。

见图1-3-13所示。

家具覆盖类包括：

（1）覆盖类：家具布、台布、家用电器罩（套）、椅套、沙发巾、沙发布等。

（2）陈设类：抽纱刺绣工艺品、绳带饰品、织物插花、纤维艺术品、软雕塑等。

（3）杂饰类：布艺灯罩、电话罩饰、信插、报刊插、鞋插等。

图1-3-14所示为覆盖家纺。

图1-3-13　餐厨家纺（2012年南通纺院优秀毕业设计）　　　　图1-3-14　微波炉蒙罩

　　地面铺饰类包括：地毯、地毡、防滑垫、楼道垫、擦脚垫布、地垫等。见图1-3-15所示为地面铺设类。

图1-3-15　地面铺设类家用纺织品（右下图由亚振无锡家居馆提供）

　　墙饰类包括：贴墙布、壁挂、开关饰物、布艺玩具、墙上挂件等。如图1-3-16所示。

图 1-3-16　墙设类家用纺织品

酒店配套类包括：酒店里所有各种软装饰物件及服务人员的衣着配饰等。

5. 按照产品名称分类有：被类、巾类、帘类、毯类、袋类、厨类、艺类、带类、帕类等

被类包括床单、床罩、被套、被罩、枕套、羽绒被、羽绒枕心、蚕丝被、床罩、床垫、床裙等。见图1-3-17。

巾类包括枕巾、毛巾、浴巾、沙滩巾、地巾、方巾、澡巾及其他盥洗织物。

帘类包括窗帘、浴帘、装饰帘等。

毯类包括各类绒毯、毛毯、地毯、壁毯等。

袋类包括信插、衣物袋、洗衣袋、储藏袋、箱包、兜袋等。

图 1-3-17　提花被品（南通桃李提花
设计中心提供）

厨类包括桌巾、餐巾、围裙、防烫手套、清洁巾等。

艺类包括布艺沙发、靠垫、坐垫、玩具、抽纱制品等。见图1-3-18（彩图20、彩图21）所示。

（a）手工编织靠垫（金鑫家纺提供）　　　　　（b）南通纺院 2012 年优秀毕业设计产品

(c) 南通纺院 2011 年优秀毕业设计产品

图 1-3-18　沙发及靠垫

带类包括流苏、花边、缝纫线、绣花线及各种装饰带等。

6. 按照使用功能效果分有纯装饰类和实用装饰类

纯装饰类如流苏、花边、壁画、插花、纤维艺术品、软雕塑、刺绣工艺品等。

实用装饰类：如被、褥、床罩、窗帘、帷幔、椅垫、靠垫、台布、贴墙布等。

7. 按照使用位置以及主次布局分有面料及辅料两类

面料是指做成品主体部分的材料，如：被套、枕套、床单、窗帘、床垫沙发、餐桌布等产品的主体面料。辅料在产品制作中起到辅助作用的材料，如花边、窗帘穗头、窗帘钩、浴帘钩、被芯、枕芯、拉链、纽扣、床垫芯料缝纫线、绳带以及沙发内部无纺衬等。

如图 1-3-19(彩图 22～彩图 25)所示为各种辅料。

图 1-3-19　各种辅料

第二单元　岗位知识及其运用

情境一 家用天然纤维的认识与应用

• 本单元知识点 •

1. 熟练掌握天然纤维的主要品类。
2. 掌握棉、木棉、麻、毛、丝的组成及形态特征。
3. 掌握棉、木棉、麻、毛、丝的主要性能。
4. 熟悉各类常见天然纤维的家用纺织品价值。

天然纤维作为纺织品材料的历史悠久,我国早在9 000年前就已经掌握了棉、麻种植,羊、蚕养育的技术。1927年我国考古学家李济博士发掘仰韶文化遗址时,发现装有蚕茧的彩陶器物,证明劳动人民早在公元前4500年前就懂得如何养蚕产丝;而西方埃及于公元前4500年左右出现麻织物;印度则在公元前3000年左右有了棉织物。在化学纤维问世之前,天然纤维的发展经历了漫长过程,并被人类作为主要原料。

项目一
棉纤维认识与应用

棉纤维是锦葵科棉属植物的种子纤维,因产量高、生产成本低、制品价格低廉而成为纺织品的主要原材料之一。绝大多数亚热带国家都有生产,花朵呈乳白色,凋谢后留下绿色藏有棉籽的棉铃,棉籽上的茸毛从棉籽表皮长出,棉铃成熟时裂开,露出柔软的纤维,经采集轧制加工获得,如图2-1-1(彩图26)所示。棉纤维有白色的,也有白色带黄的,长约2~4 cm,含纤维素约87%~90%,水5%~8%,其他物质4%~6%,常用于家纺、服装、工业与产业用品。

一、棉纤维种类与品质

棉(cotton)别称草棉,一年生草本植物,是由种子表皮细胞长成的。根据棉纤维品质分析,适于纺纱织制面料的称为"原棉",不适于纺纱可供制作棉衣和被褥的称为"絮棉"。棉花品质优劣用皮棉占籽棉的百分比,即用衣分率来表示,衣分率越大,棉纤维品质越好。因棉株品种、产地、气候、土壤环境等不同,其纤维品种较多,可按品种、初加工和色泽做出详细分类。

(一)依品种分类

棉属植物很多,在纺织上有经济价值的栽培种类包括陆地棉、海岛棉、亚洲棉以及非洲棉等四类。结合纤维长短、

图2-1-1 棉纤维植株

粗细、品质,纺织领域将其分为细绒棉、长绒棉、粗绒棉三大品系,见表 2-1-1 所示。

表 2-1-1 棉花品种分类及特征

品类 / 项目	长 绒 棉	细 绒 棉	粗 绒 棉
别称	海岛棉	陆地棉	亚洲棉或印度棉
纤维细度（dtex）	1.18～1.43	1.67～2.22	2.5 以上
纤维长度（mm）	特长绒棉 35 mm 以上 中长绒棉 33～35	23～33	15～24
纤维强度（cN/tex）	33～55	26～32	14～16
棉属类别	海岛棉各品种棉花、海陆杂交棉	陆地棉各品类棉花	中棉、草棉各品种棉花
纤维色泽	色白、乳白或淡黄	精白、洁白或乳白	色白、呆白
产地集合	美国东南部、西印度群岛、埃及尼罗河流域、秘鲁沿海地区、中国西北部等	美国、墨西哥、巴西、俄国、巴基斯坦、中国等	印度、中国等
特征	高级纤维品,纤维细而长、雪白、柔软、富有光泽	中级纤维品,世界主要棉纤品种,纤维柔软有丝光	低级纤维品,纤维粗短略带丝光
用途	高档棉纺产品原料,适应纺制 10 tex 以下（60^S 以上）的高支纱,织成特别轻薄细匀和坚牢的高档产品	12 tex 以上（50^S 以上）棉织物主材,广泛用于一般日常衣料、室内寝具等	适应较粗厚的棉织物,或作为手工织物、混纺材料以及填充棉等

（二）依纤维颜色和质地划分

按颜色划分为白棉、黄棉、灰棉、彩棉,其成因及外观描述,见表 2-1-2 所示。

表 2-1-2 依纤维颜色和质地分类

项目 / 类别	成 因	色 泽
白棉	正常成熟的棉花	呈洁白、乳白或淡黄
黄棉	棉铃成长期间受霜冻或其他原因影响,纤维被铃壳色素所染;	纤维大部分呈黄色
灰棉	棉铃在生长或吐絮期间,雨淋、日照少、霉变等影响纤维色泽	色泽灰暗
彩棉	纤维细胞发育过程中色素沉积的结果	棕、绿、红、黄、蓝等

（三）依初加工方式分类

棉花依据物理形态分为从棉植株上摘下的籽棉和经去籽加工后的皮棉两类。籽棉经过晾晒干燥后除去棉籽,即轧棉或轧花。皮棉又称原棉,通常提到的棉花产量指皮棉产量,即对籽棉做初加工处理,以轧花机清除僵棉、排去杂质,目的是将棉纤维与棉籽分离,进而获得皮棉,皮棉再进入分级打包等系列工艺过程,根据此过程的加工机械不同可将皮棉分为锯齿棉和皮辊棉,使用锯齿轧花机加工出来的皮棉叫锯齿棉,使用皮辊轧花机加工出来的皮棉叫皮辊棉。目前我国棉花市场上绝大多数棉花为锯齿棉。见表 2-1-3 所示。

表 2-1-3　锯齿棉与皮辊棉基本性能对比

项目 \ 分类	锯齿棉——锯齿压花(细绒棉多属)	皮辊棉——皮辊压花(长绒棉多属)
纤维外观	纤维排列紊乱,蓬松均匀性好,颜色较匀	纤维排列平顺,厚薄不匀,成条块状
缺陷	纤维损伤明显,易产生疵点	杂质、短纤维含量高
杂质	叶片、籽屑、不孕籽等较少	棉籽、籽棉、破籽、籽屑、不孕籽、软籽表皮、叶片等较多
长度整齐度	纤维长度稍短,整齐率较高	纤维长度稍长,整齐率稍差

(四)新型棉花

1. 有机棉

又称生态棉或生物棉。是以有机肥、生物防治病虫害、自然耕作管理为主,不使用化学制品,从种子到农产品全天然无污染生产的棉。以各国或 WTO/FAO 颁布的《农产品安全质量标准》为衡量尺度,棉花中农药、重金属、硝酸盐、有害生物(包括微生物、寄生虫卵等)等有毒有害物质含量控制在标准规定限量范围内,生产中,除了需要保证光、热、水、土等栽培棉花的必要条件以外,还对耕地土壤环境、灌溉水质、空气环境等的洁净程度有特定要求。

2. 彩色棉花

简称彩棉,是利用现代生物工程技术选育出的一种吐絮时棉纤维就具有红、黄、绿、棕、灰、紫等天然彩色的特殊类型棉花。此类棉纤维柔软富弹,无需染色,减少了对环境的污染。我国于 1994 年开始彩棉育种研究和开发,现已育出了棕、绿、黄、红、紫等色泽的彩棉,其中棕色、绿色、驼色 3 个定型品系在新疆大面积种植获得成功。

二、棉纤维组成与形态结构

(一)棉纤维主要组成物质

棉纤维主要成分是纤维素,其化学组成在生长过程中不断变化,随着生长天数的增加,纤维素含量逐渐递增。正常成熟棉纤维的纤维素含量约为 94%～95%,另含有少量半纤维素、脂肪、糖类、灰份和一些水溶性物质等;原棉中则含有少量的蜡质、树脂、果胶质等,未精练前稍有防水性;彩棉中还含有色素。

其中,蜡质和脂肪是疏水性物质,能保护棉纤维防止其受潮,但会妨碍棉纤维吸湿性能、毛细效应和染色性,故棉纱线和织物漂染前需经煮炼去除棉蜡,以保证染色均匀;经脱脂处理,原棉吸湿性增加,吸水能力可达本身重量的 23～24 倍。而果胶、蛋白质等为亲水性物质,可增强棉纤维的吸湿性。

(二)棉纤维形态结构

棉纤维细而软,一端封闭、一端开口、中间稍粗、两头较细、呈中空纺锤形外观,横截面形态及纵向结构各有特色。

1. 棉纤维形态

正常成熟的棉纤维横截面呈不规则腰圆形,有中腔;未成熟的棉纤维横截面形态极扁,中腔很大;过于成熟的棉纤维截面呈圆形,中腔则很小。如图 2-1-2 所示。

棉纤维纵向具有天然转曲,呈现不规则的、沿长度方向不断改变转向的螺旋形。天然转曲是棉纤维特有的纵向形态特征,此点在纤维鉴别中将棉纤维和其他纤维区别开来,一般以 1 cm 棉纤维上扭转 180° 的个数表示。细绒棉转曲数一般为 39～65 个/cm;长绒棉转曲数较多一般为 80～120 个/cm。成熟度低的棉纤维纵向呈薄带状,几乎没有转曲;正常成熟的棉纤维转曲

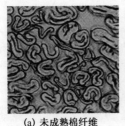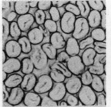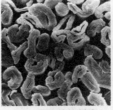

| (a) 未成熟棉纤维 | (b) 过于成熟棉纤维 | (c) 正常成熟棉纤维 | (d) 棉纤维中腔形态 |

图 2-1-2 棉纤维横断面形态

在纤维中部较多,梢部最少;成熟度过高的棉纤维外观呈现棒状,转曲较少。如图 2-1-3 所示。同时,天然转曲使棉纤维之间具有一定抱合力,使其具有较好的可纺性,保证纺纱正常进行及成纱质量,但转曲反向次数多的棉纤维强度较低。

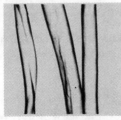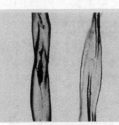

| (a) 过于成熟棉纤维 | (b) 未成熟棉纤维 | (c) 正常成熟棉纤维 |

图 2-1-3 棉纤维纵向形态

2. 棉纤维横断面结构构成

棉纤维横断面由外向内,由初生层、次生层及中腔组成。如图 2-1-4 所示。

（1）初生层

又称原皮层,是棉纤维最外层,即棉纤维在生长期形成的纤维细胞的初生部分。初生层外皮是一层极薄的蜡质与果胶,纤维素含量不多,表面有细丝状皱纹。蜡质能防止外界水分入侵,又能增润棉纤维光泽,有润滑作用,使棉纤维具有良好的适宜于纺纱的表面性能,在棉纱、棉布漂染前要经过煮炼以除去棉蜡,保证染色均匀。

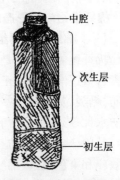

图 2-1-4 断面结构

（2）次生层

位于初生层下的薄层细胞,是棉纤维在加厚期淀积形成的主要部分,该层几乎都是纤维素,没有缝隙和孔洞。由于每日温差的原因,大多数棉纤维次生层逐日淀积一层纤维素,可形成类似树轮的棉纤维日轮。纤维素在次生层中的淀积以不均匀的束状小纤维形态与纤维轴倾斜呈螺旋形,并沿纤维长度方向形成转向,这是棉纤维具有天然转曲的原因。次生层的发育情况取决于棉纤维的生长条件、成熟情况,它能决定棉纤维主要的物理性质。

（3）中腔

中腔是棉纤维生长停止后,胞壁内遗留下来的空隙。同一品种的棉纤维,中段初生细胞周长大致相等;当次生层壁厚时,中腔就小;次生层壁薄时,中腔就大。棉铃成熟裂开时,纤维截面呈圆形,中腔亦成圆形,中腔截面相当于纤维截面积的 1/2 或 1/3;棉铃自然裂开后,由于棉纤维内水分蒸发,纤维胞壁干涸,棉纤维截面呈腰圆形,中腔截面也随之压扁,压扁后的中腔截面仅为纤维总面积的 10％左右。中腔内留有原生质细胞核的残余,残余物有洁白、乳白、浅黄等,这些颜色决定棉纤维的本色。

三、棉纤维主要性能

棉纤维性能主要指纺织生产中,原棉入厂后在专门实验室、检验室做常规工艺性能检验等各方面内容。棉纤维的性能决定其用途,影响着家纺原料、面料以及终端产品的加工、使用等各方面。

(一) 棉纤维化学稳定性能

棉纤维化学性质主要是在酸、碱、溶剂、染料等作用下所表现出来的。棉纤维主要成分为纤维素,故其化学性质主要与纤维素大分子羟基性质有关。

1. 酸碱作用

无机酸类如盐酸、硝酸、硫酸等对棉纤维有腐蚀作用,在热稀酸和冷浓酸中纤维素大分子会水解而溶解,冷稀酸对棉纤维无影响。一般情况下,棉纤维对碱较稳定,不会溶解;常温浓度 9％以下的碱溶液对棉纤维无破坏作用;当浓度高于 10％时,棉纤维膨化,纵向长度大大收缩而直径增大;碱液浓度达到 18％左右,在棉纤维膨化时对其进行机械拉伸,纤维表面半透明且光滑明亮,用水洗涤并经干燥后会获得光泽类似丝纤维的外观,称为"丝光处理",经过此类处理的棉纱或棉织物染色性能会更好,强力增大,不易断裂,不易拉长变形,不易起球起皱。

2. 耐光热性

棉纤维长期受光照射会受到损伤,强力稍有下降,同时光、氧气和水分能够引起纤维光氧化作用,破坏纤维素大分子,导致棉纤维强度下降。棉纤维在 110℃以下时,只会引起纤维水分蒸发,不会损伤纤维,但温度升高到 120℃时,纤维颜色变黄,以热裂解温度(150℃)为分界线,低于此温度时棉纤维水分降低,强度下降,长时间作用会导致纤维强度不可恢复;高于热裂解温度时,尤其是 270℃～350℃时,棉纤维会受到损坏而分解。

3. 耐生物性

由于棉纤维具有较好的吸湿性,所以在潮湿环境中,微生物极易生长繁殖,分泌出纤维素酶和酸,导致纤维发霉变质、变色、强力明显下降,且留有难以除去的色渍。

4. 耐溶剂性和染色性

包括乙醇、乙醚、苯、汽油等在内的有机溶剂不溶解棉纤维,但可溶解棉纤维中的伴生物。棉纤维在水溶液作用下会膨化,横截面积增大 40％～45％,长度增加较少,故有一定缩水性;同时由于棉纤维具有良好的亲水性,染料分子在染色过程中,能很好地进入纤维内原纤间的空隙而与大分子结合,使其着色,故具有很好的染色性。

(二) 棉纤维物理机械性能

1. 吸湿性

棉纤维具有良好的吸湿性能,在标准大气条件下,成熟棉纤维吸湿率为 8％～9％,国产原棉回潮率一般在 8％～13％。当空气相对湿度增加时,其吸湿能力会加大,在潮湿空气中吸湿能力最高可达 23％～30％。但温度升高时,吸湿能力会减弱,经过压力作用,其纤维织物形态会发生变化。

2. 导电、导热性

棉纤维是电的不良导体,但在潮湿状态下具有一定导电性。同时,棉纤维的导热性仅次于毛、丝,优于其他化学纤维,因此棉纤维织物具有良好的保温性能。另外,棉纤维本身具有多孔性、弹性等优点，在棉纤维内部结构和纤维填充层之间存在大量空气，空气不易传热，也增加了其织物保温性。

3. 密度与强度

棉纤维密度为 1.54 g/cm³，断裂伸长率为 3％～7％，弹性较差，干态断裂强度为 2.7～4.4 cN/dtex，湿态断裂强度为 2.9～5.7 cN/dtex，耐磨性较好。棉纤维织物有缩水性强、抗皱性差的特点，因而可根据织物用途和需要，在后整理时做必要的防缩整理、树脂加工等加工处理。

四、棉纤维在家用纺织品中的应用

天然棉纤维因具有良好的亲肤性、吸湿透气性、耐磨性而成为家纺床品类、卫浴类、靠垫类、餐厨类家用织品常用纤维，在具体使用中常常与涤纶纤维、黏胶纤维等混纺或交织。

（一）床品套件类

此款套件以 50 支纯棉纤维为原料，织制成色织提花面料，充分利用棉纤维细密柔软、吸湿亲肤、保暖透气、舒适耐用的特点，并结合格纹与实体色彩结合的立体格式图案，造型简约。如图 2-1-5(a) 所示。

（二）床垫类

此款中厚床垫表、里面料选择纯棉纤维织物作为包覆面料，制品表面丰满、光泽性好、健康、舒适。图案设计以间色条纹呈现简洁、雅致的特点。如图 2-1-5(b) 所示。

图 2-1-5(a)　纯棉色织小提花床品套件

图 2-1-5(b)　纯棉面里料包覆床垫

（三）卫浴类

如洗浴用毛巾、浴巾、浴袍、拖鞋、毛巾被、披风、头箍、车垫等巾被产品。

（1）以新疆长绒棉为材质，其纤维细长，强度高，韧性好，光泽洁白，弹性良好，毛圈细密，产品厚重，美观大方，采用先进的织造工艺可织造成素色高毛圈螺旋产品。如图 2-1-6 所示。

（a）　　　　　　　　（b）

图 2-1-6　新疆长绒棉卫浴产品

（2）选用天然环保,抗菌除臭的活性炭纤维纯天然材料,配以几何条格布局,彰显环保,简约,时尚,大气,彷如名仕般的脱俗和儒雅,一种古朴至美的情怀释然的色织产品。如图2-1-7所示。

图 2-1-7 抗菌除臭卫浴产品

（3）淡雅柔和的无捻纯棉产品,如图 2-1-8 所示。手感柔软舒适、吸湿性好;采用浮雕割绒效果,花型立体感强。配以扶桑花卉的妩媚、妖娆,饱满而鲜艳的花瓣,挥洒出迷人的魅力,现代清新的气蒸剪绒工艺的融入,使整个产品立体感更强,给人一种"天然合一"的美感。

图 2-1-8 淡雅柔和的无捻纯棉产品

（4）以新型甲壳素纤维为原料,经特殊工艺精心制作,具有显著的天然抗菌抑菌、吸湿防臭、促进皮肤再生、强化免疫功能,超高品质、功效长久,精制加工而成的提花产品。如图2-1-9所示。

图 2-1-9 新型甲壳素纤维为原料

（5）采用无捻纱工艺,底部花边缝制,与卡通、花卉为元素的绣花工艺相结合,花边更突出了花型的立体层次效果,给人以富贵、脱俗、沉稳之感。产品手感丰满、柔软,是一款自用和礼品兼宜的素色花边绣花产品。如图2-1-10所示。

图 2-1-10　无捻纱工艺产品

(6)印花产品。此套系为颜色艳丽,色彩丰富,图案精致。如图2-1-11所示。

图 2-1-11　印花产品

(7)按照使用功能划分,还具有以下几种缝制类毛巾产品种类。

① 头箍,干发帽系列产品。如图2-1-12所示。

图 2-1-12　头箍、干发帽系列产品

② 儿童披风,擦手挂巾,围巾系列产品。如图 2-1-13 所示。

图 2-1-13　儿童披风,擦手挂巾,围巾系列产品

③ 睡衣浴袍,拖鞋,家居服系列产品,如图 2-1-14 所示。

图 2-1-14　睡衣浴袍等产品

④ 沙发坐垫,靠背系列产品,如图 2-1-15 所示。

⑤ 春夏季节的毛巾被,空调被系列产品,如图 2-1-16 所示。

(四) 靠垫类

各种不同型号、不同大小靠垫均可采用棉纤维,如图 2-1-17 所示两款靠垫分别选择棉纤维与化学纤维、其他天然纤维混纺。

图 2-1-15　沙发坐垫,靠背系列产品

图 2-1-16　空调衣被系列产品

图 2-1-17　棉布绣花靠垫

（五）餐厨类用品

图 2-1-18　纯棉纤维餐桌用品(南通纺院 2012 毕业设计作品)

>>> 项 目 二 <<<
木棉纤维认识与应用

木棉纤维是锦葵目木棉科内几种植物的果实纤维,属单细胞纤维,其附着于木棉蒴果壳体内壁,由内壁细胞发育、生长而成。由于其在蒴果壳体内壁附着力小,分离容易,可以手工剔出或装入箩筐中筛动,使种子沉于底部获得木棉纤维。目前应用的木棉纤维主要指木棉属的木棉种、长果木棉种和吉贝属的吉贝种这三种植物果实内的棉毛。我国木棉主要生长和种植地区为广东、广西、福建、云南、海南、台湾等省。如图 2-1-19 所示。

图 2-1-19　木棉植株形态

一、木棉纤维形态结构

木棉纤维是天然植物生态纤维中最细、最轻、中空度最高、最保暖的纤维材质,细度仅为棉纤维的 1/2,中空率达到 80%～90%,是一般棉纤维的 2～3 倍。

纤维纵向外观呈圆柱型,表面光滑,不显转曲,光泽好。横断面为圆形或椭圆形,中段较粗,根端钝圆,梢端较细,两端封闭,截面细胞未破裂时呈气囊结构,破裂后纤维呈扁带状,细胞中充空气,胞壁薄,接近透明。如图 2-1-20 所示。

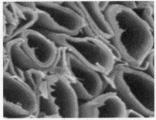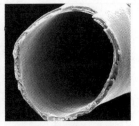

（a）木棉纤维纵向形态　　　　（b）木棉纤维横断面形态　　　　（c）中空横断面形态

图 2-1-20　木棉纤维形态

二、木棉纤维组成和基本性能

木棉纤维属植物纤维,其中纤维素含量约占 64% 左右,木质素约占 13%,此外还含有 8.6% 的水分、1.4%～3.5% 的灰分、4.7%～9.7% 的水溶性物质和 2.3%～2.5% 的木聚糖及 0.8% 的蜡质。

（一）物理性能

木棉纤维独特的中空纤维结构决定了它不同于其它天然纤维的基本性能。木棉纤维的基本物理性能，见表 2-1-4 所示。

表 2-1-4　木棉纤维的基本物理性能表

序号	指标项	数据项	序号	指标项	数据项
1	长度(mm)	8～34	4	断裂伸长率(%)	1.5～3.0
2	细度(dtex)	0.9～3.2	5	回潮率(%)	10～10.73
3	断裂长度(km)	8～13	6	密度(g/cm³)	0.29

木棉纤维的中空度较高，细胞壁薄，因而相对密度小，浮力好。纤维在水中可承受相当于自身 20～36 倍的负荷而不致下沉。由于其长度较短、强度低、抱合力差，难以单独纺纱，成为过去一直没有很好地应用木棉纤维的一大原因。木棉纤维的回潮率可达 10.73%，和丝光棉的 10.6% 相当，有良好的吸湿性能。木棉纤维的平均折射率为 1.717 61，比棉的 1.596 14 略高，这就导致木棉纤维光泽明亮，光滑的圆截面更增强了纤维表面的光泽度，负面影响是纤维显深色性差。

（二）化学性质

木棉纤维可用直接染料染色，但由于木棉纤维含有大量木质素和半纤维素，它们和纤维素互相纠缠，分子间力作用导致了纤维素部分羟基被阻止，染料分子不能顺利进入，使得其上染率仅为 63%，而同样条件下棉的上染率为 88%。

木棉纤维具有良好的化学性能，其耐酸性好，常温下稀酸对其没有影响，醋酸等弱酸对其也没有影响。但木棉纤维溶解于 30℃ 下的 75% 的硫酸、100℃ 下的 65% 的硝酸、部分溶解于 100℃ 下的 35% 的盐酸。木棉纤维耐碱性能良好，常温下 NaOH 对木棉没有影响。

（三）天然抗菌性能

由于木棉表面有较多的蜡质使纤维光滑、拒水、不易缠结，纤维具有天然抗菌、驱螨、防霉、防蛀的功能，其天然功能见表 2-1-5 所示。

表 2-1-5　木棉纤维抗菌性能

项　目	测试结果	说　　明
抗霉变	1 级	防霉等级 0～4，0 级最好，4 级最差
防蛀	有效	蛀虫测试中无充分能量源，被饿死
抗菌	有效	1. 大肠杆菌杀菌活性值 2.6(合格≥0)；抑菌活性值 6.0(合格≥0) 2. 抗真菌活性评估 1 级(0 级最好，4 级最差) 3. 葡萄球菌，无生长、无扩散 4. 肺炎克莱博菌，无生长、无扩散
驱螨	87.5%	最低 0%，最高 100%，药物可达 90% 以上

三、木棉纤维在家用纺织品中的应用

由于木棉具有无与伦比的"轻柔、保暖"等特性，使其被广泛应用在被褥、床垫、床单、床罩、线毯、毛毯、枕套、靠垫、面巾、浴巾、浴衣等家纺类产品中，例举如下。

1. 中高档家纺面料、毛巾

图 2-1-21(a)展示的毛巾类产品选择木棉与棉纤维混纺而成，利用两种纤维良好的吸湿、

通透性能,织制质地轻柔、爽滑、亲肤性好,有羊绒般触感的毛巾产品,在保证良好使用性的同时赋予其抗菌保健、清除异味的功能。

图 2-1-21(b)将木棉纤维吸湿透气性、良好悬垂性能、耐磨高强度与涤纶纤维的挺括保型性相结合,保持了天然木棉纤维的柔软舒适性,留有涤纶纤维的光泽感。

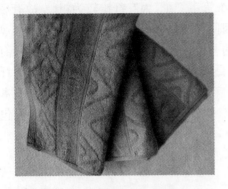 

图 2-1-21(a) 木棉与棉纤维混纺毛巾　　　图 2-1-21(b) 木棉与涤纶纤维混纺床上用品

2. 中高档床上用品絮片、枕芯、靠垫等的填充材料

图 2-1-21(c)中展示的枕头其面料选择了纯棉高密织物,利用棉织物良好的亲肤性;内里填充物含有优质木棉混纺填充物,充分利用木棉纤维短而细软、中空度高、耐压性强、保暖性好、抗菌防虫蛀、抗霉变等特点,结合严密的绗缝走线固定,产品既环保又耐用。

图 2-1-21(d)为被芯类,此款被服采用纺丝大提花面料,手感柔软舒适,吸汗透气性强,填充物是由蚕丝和木棉混合而成的混合材料,质轻饱满,牢度良好,该产品综合了蚕丝的柔软、质轻、亲肤性好和木棉强度高、压缩弹性好、保暖性能持久等特点。

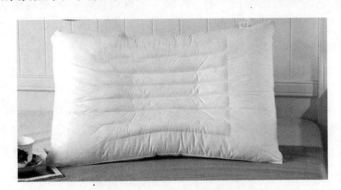 

图 2-1-21(c) 木棉混纺枕芯　　　　　　图 2-1-21(d) 木棉被芯

>>>> 项目三 <<<<
麻纤维认识与应用

近些年随着回归自然的渴求,麻纺织品因独特的粗狂、朴实、自然以及凉爽、挺括、吸湿、透气、不沾身、抗霉菌等特点,受到更多人的青睐。麻纤维是一年或多年生草本双子叶植物韧皮

纤维和单子叶植物叶纤维的总称。

一、麻纤维种类

麻纤维种类较多,按其特性分为两大类:一类是从双子叶植物的茎部剥取的韧皮部分,经过脱胶后制成的纤维称为韧皮纤维或茎纤维,因质地柔软称为软质纤维,如苎麻、亚麻、大麻、洋麻、黄麻等;另一类是单子叶植物叶鞘和叶身内的维管束纤维,因叶纤维较为粗硬,故有硬质纤维之称,如剑麻、蕉麻等。麻纤维虽然种类很多,因同属一种物质,所以在性能、品质和风格上有许多共性,用于纺织的有十多种。韧皮纤维中的苎麻、亚麻是优良的麻种,其纤维没有木质化、强度高、伸长小、柔软细长、可纺性好,是织造夏季织物的良好材料;大麻、黄麻等纤维则粗且短,适用包装材料麻绳、麻袋等。叶纤维剑麻和蕉麻纤维较为粗硬,其细胞壁木质化,长度较长,伸长小,强度好,耐腐蚀、耐海水浸泡,常用于工业用绳缆、编织粗麻袋、包装用布等。

(一)韧皮纤维种类

1. 苎麻

苎麻属荨麻科,是多年生宿根草本植物,分白叶种苎麻和绿叶种苎麻两种。白叶种苎麻叶背有白色茸毛,如图2-1-22所示,原产地为中国,其产量、质量都比较好,麻龄长达10～30年,单纤维长度为60～250 mm,是所有麻纤维中长度最好的。绿叶种苎麻叶背无白色茸毛,原产于印度尼西亚、菲律宾、马来西亚等东南亚的热带山区,其产量、质量较白叶苎麻差。脱去生苎麻上的胶质,即得到可进入纺织加工的纺织纤维,习惯上称之为精干麻,纤维品质好,适应性较强。

在各种麻类纤维中,苎麻纤维最长最细。纤维长度比最高级的棉花还要长二、三倍到六、七倍。苎麻纤维构造中的空隙大,透气性好,传热快,吸水多而散湿快,所以穿麻织品具有凉爽感。苎麻纤维强力大而延伸度小,它的强力比棉花大七、八倍。苎麻纤维不容易受霉菌腐蚀和虫蛀,而且轻盈,同容积的棉布与苎麻布相比较,苎麻布轻20%。广泛应用于门帘、窗帘、床上用品、沙发、抱枕、坐垫、靠垫、餐垫、桌布、台布、壁挂、灯罩等家纺产品中。

2. 亚麻

亚麻属于双子叶植物蔷薇亚纲亚麻科亚麻属,是古老的韧皮纤维作物和油料作物,如图2-1-23所示。纺织用亚麻均为一年生草本植物,又称长茎麻,茎高达30～120 cm,直根较细,淡黄色,种植范围较广,喜凉爽、湿润气候,适于在高纬度较寒冷地区生长,俄罗斯、比利时和我国东北、西北都是世界上的主要产区。按经济特征一般把有栽培价值的亚麻划分为纤维用亚麻、油用亚麻和油纤兼用亚麻三大类型。

（1）纤维用亚麻

从原茎到种子都可加工利用,有较高经济价值。

亚麻是一种优良的纺织原料。与棉花、羊毛相比,亚麻纤维柔软性和弹性不足,但强力高,在麻类作物中强力仅次于苎麻。用特殊的纺织技术可将亚麻纤维纺成高支纱并织成精美的织物。粗纺纤维可用于制造毛巾、席子、室内装饰布、工艺刺绣品、帆布、水龙带、背包、印钞纸、飞机翼布、军用布、消防、宇航、医疗和卫生保健服装等。

（2）油用亚麻

又称胡麻,在我国至少有1 000年栽培历史。亚麻种子含油量约40%,油质优良,营养价值高,可供食用、医药和工业原料用,榨油后的亚麻饼是优质的牲畜饲料。

图 2-1-22　苎麻植株　　　　　　　　　图 2-1-23　亚麻植株

3. 大麻和罗布麻

目前大麻、罗布麻的应用范围仅次于苎麻、亚麻,两种纤维在性能、风格上颇有特点,具有良好的发展前景。大麻是世界上最早栽培利用的纤维之一,又称为汉麻、线麻,属于一年生直立草木的桑科植物,是韧度最高的纤维,其生长中只需少量的水和肥料,不需用任何农药,并可自然分解,所以大麻纤维是环保的纺织原料,被誉为"麻中之王"。如图 2-1-24(a)所示。

大麻被广泛用于服装、家纺产品、帽子、鞋材、袜子等生产中。

（a）大麻植株　　　　　　　　　　（b）罗布麻植株

图 2-1-24　大麻与罗布麻植株

罗布麻纤维有"野生纤维之王"的美誉,如图 2-1-24(b)所示。它是一种名贵的中草药,具有平心悸、止眩晕、消痰止咳、强心利尿的功效。早在三百年前就被用作织布成衣或者做被子、床单。经全脱胶的罗布麻纤维洁白、光泽好,纤维长度略低于棉,其他性能均比棉差,纤维性能风格十分符合服用要求,并有药理作用。

4. 黄麻与槿麻

黄麻属椴树科黄麻属,别名络麻、绿麻,是一年生草本韧皮纤维植物,如图 2-1-25(a)(彩图 27)所示。中国栽培黄麻的历史悠久,主要产区在长江以南,以浙江、广东、台湾三省栽培面积较大。纤维白色有光泽、具有吸湿性能好、散失水分快等特点,主要用于织制地毯、窗帘以及麻袋、麻布、造纸、绳索等。

槿麻属锦葵科木槿属,是一年生草本植物,在热带地区也可为多年生植物,俗称洋麻、红麻,如图 2-1-25(b)所示。槿麻适应性强,分布于热带和亚热带及温带地区。经脱胶(俗称精洗)后取得的韧皮纤维称熟槿麻。与黄麻相似,其单纤维长度很短,约 2~6 mm,平均 5 mm;宽度 14~33 μm,平均 21 μm;纤维表面光滑无转曲,用于纯纺或与黄麻混纺制织包装用布和麻袋,也可用于装饰类家用和工农业用粗织物。

(a) 黄麻植株   (b) 槿麻植株

图 2-1-25 黄麻与槿麻植株

(二) 叶纤维种类

1. 剑麻

剑麻,常见的龙舌兰属多年生宿根草本植物,又称西色尔麻,如图 2-1-26 所示。原产于中美洲,我国剑麻主要产自南方省份,是当今世界用量最大,范围最广的一种硬质纤维。可广泛用于渔航、工矿、运输等所需的各种规格绳索,且有重要的药用价值。

2. 蕉麻

蕉麻又称马尼拉麻,属芭蕉属多年生草本植物的叶鞘纤维,如图 2-1-27(彩图 28)所示。主要产地是菲律宾和厄瓜多尔,我国台湾和海南也有较长栽培历史。由于茎和叶子跟芭蕉树相似,故名蕉麻,花黄色,叶柄内有纤维,其纤维细长、坚韧、强度大、柔软、质轻有浮力,抗海水侵蚀性好,因此主要用作船用的绳缆、钓鱼线、吊车绳索和渔网。有些蕉麻可用来制地毯、桌垫和纸。内层纤维可不经纺线而制造出耐穿的细布,主要被用来做衣服和鞋帽。

图 2-1-26 剑麻植株   图 2-1-27 蕉麻植株

二、麻纤维组成与形态结构

（一）麻纤维化学组成

麻纤维主要成分为纤维素，并含有一定数量的半纤维素、木质素、果胶、蜡质和水分等；纤维素含量高，麻纤维品质就好；木质素含量高，麻纤维粗硬、脆、弹性差、光泽差、染色困难。麻纤维成束聚集生长在植物的韧皮部位或叶中，单纤维是管状植物细胞，细胞两端封闭，纤维间以果胶粘结，经脱胶后纤维分离，具有初生层、次生层和第三层，内部纤维素分层淀积，纤维素大分子集成原纤结构。

（二）常用麻纤维形态特征

麻纤维中韧皮纤维单纤维都为单细胞，外形细长，两端封闭，有胞腔，其包壁厚度和长度因品种和成熟度不同而有差异；截面多呈椭圆或多角形；经向呈层状结构，取向度和结晶度均高于棉纤维，纤维的强度高而伸长小。叶纤维是由单细胞生长形成的截面不规则的多孔洞细胞束，不易被分解成单细胞。

1. 苎麻纤维形态特征

苎麻纤维横截面为腰圆形、扁平形、多边形、椭圆形或不规则形的中腔结构，胞壁厚度均匀，时而有辐射状条纹，未成熟纤维细胞断面呈带状。如图 2-1-28（a）所示。

纵向呈圆筒形或扁平带状、粗细不匀、头端钝圆、无明显转曲，外表面平滑或有明显纵条纹，两侧有结节状，裂纹左右倾斜或相交的无规则分布。如图 2-1-28（b）所示。

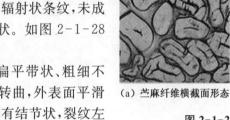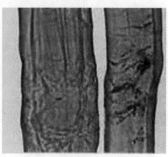

(a) 苎麻纤维横截面形态 　　(b) 苎麻纤维纵向形态

图 2-1-28　苎麻纤维横、纵形态

2. 亚麻纤维形态特征

亚麻单纤维为初生韧皮纤维细胞，一个细胞就是一根单纤维，单纤维构造在麻茎不同部位不一致，根部单纤维横截面呈扁圆形或圆形，细胞壁薄，层次多，髓大而空心；由根部起 1/6 到茎中部，单纤维截面大多是多角形，细胞壁厚；茎梢部单纤维细胞细小，有时无髓，但是截面纤维多边形占主体。如图 2-1-29（a）所示。纵向呈杆状粗细均匀，有清晰竹状较规律横节。如图 2-1-29（b）所示。

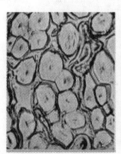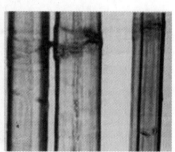

(a) 亚麻纤维横截面形态 　　(b) 亚麻纤维纵向形态

图 2-1-29　亚麻纤维横、纵形态

3. 大麻纤维形态特征

大麻纤维横截面形态多样且形状不规则，如三角形，长方形，腰圆形等。其中三角形、长方形占多数，外角较尖锐。中腔形状与外截面形状不一，中腔多为多角形、线形、椭圆形、腰圆形，长方形截面占多数。如图 2-1-30（a）所示。

纵向粗细不匀，部分呈圆管状，部分呈扁平带状，表面粗糙，有纵向缝隙和孔洞及横向刀刻纹,无天然转曲,单根纤维直径纵向不匀大。如图 2-1-30(b)所示。

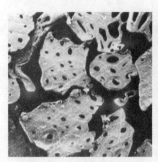 

(a) 大麻纤维横截面形态　　　　(b) 大麻纤维纵向形态

图 2-1-30　大麻纤维横、纵形态

4. 黄麻、槿麻纤维形态特征

黄麻、槿麻纤维束横截面是由数十根单纤维集合构成的,在各单纤维间靠胶质相联,纤维束纵向由纤维相互交错连接成网状,结构紧密、不易分开。见表 2-1-6 所示。

表 2-1-6　黄麻、槿麻纤维横、纵向形态特征

名　称	黄　麻	槿　麻
横截面形态特征	横截面大致呈五角形或六角形,中腔为圆形或椭圆形,中腔大小不一致。	横截面呈不规则多角形或圆形,中腔为圆形或卵圆形,大小不一致,细胞厚薄不规则。
纵向形态特征	光滑、无转曲,富有光泽,连接处无突起,偶尔会有横断的痕迹。	光滑、无转曲,富有光泽,连接处无突起,偶尔会有横断的痕迹。
图示		

5. 剑麻、蕉麻纤维形态特征

剑麻纤维是叶片纤维束,分为强化纤维束和带状纤维束。蕉麻纤维为叶鞘纤维,光泽性好。其横、纵向形态如表 2-1-7 所示。

表 2-1-7　剑麻、蕉麻纤维横、纵形态特征

名　称	剑　麻	蕉　麻
横截面形态特征	纤维细胞横截面呈多角形,中腔明显且大小不一,呈卵圆形或较圆的多边形。	横截面呈不规则椭圆形或多边形,中腔圆大,细胞壁较薄。

名　称	剑　　麻	蕉　　麻
纵向形态特征	纵向略成圆筒形,中间略宽,两端钝而厚,有时呈尖形或分叉。	纵向成圆筒形,末端尖形。
图示		

6. 罗布麻

罗布麻纤维成束的分布在植物的韧皮层中。与苎麻、亚麻相似,也是由皮层和芯层组成,芯层髓质组织较发达。单根罗布麻纤维是两端封闭、中有空腔,中部较粗,两端较细,纵向无扭转的厚壁长细胞。不同之处在于其纤维表面有许多竖纹和横节。罗布麻纤维表面的纵向,可以看到清晰的节结,在节结处的纤维直径稍微变粗,并且出现与轴向垂直的纹理。节结宽度也因节结位置而不同,一般约为 20～40 μm。纤维在经过比较宽的节结时会改变方向,使纤维发生弯折。单纤维上的节结越多,纤维在纵向的细度和密度不匀率就会越高,纤维也因此而更加粗糙。横截面为多边形或椭圆形,中腔小、胞壁厚,纤维粗细差异大。如图 2-1-31 所示。

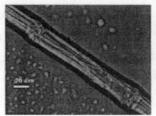 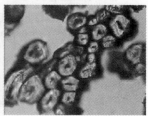

（a）罗布麻纤维纵向形态　　（b）罗布麻纤维横截面形态

图 2-1-31　罗布麻纤维横、纵形态

三、常用麻纤维主要性能

麻纤维种类较多,这里对苎麻、亚麻、罗布麻纤维的特殊性能加以概述。

（一）苎麻纤维功能特性

苎麻纤维的原麻为白、黄、青、绿等深浅不同的颜色,脱胶漂白后呈纯白色。一般情况下,苎麻越长,纤维越粗;苎麻越短,纤维越细;传统品类纤维细度 6.3～7.5 tex;细纤密度为 4.5～5.5 tex,最细类可达 3.0 tex。单纤长度一般为 20～250 mm,最长达 600 mm;纤维均宽 20～80 μm;纤维密度为 1.51～1.54 g/cm^3,纤维吸湿性、透气性非常好,纤维强力很高,一般为 0.37～0.63 N,居天然纤维之首。

1. 抗菌抑菌功能

苎麻纤维含有叮咛、嘧啶、嘌呤等微量元素,对金黄色葡萄球菌、绿脓杆菌、大肠杆菌等起到抑制效果,具有天然抑菌、防螨、防臭功能,同样数量的细菌在显微镜下观察,细菌在棉、毛纤维制品中能够大量繁衍,而苎麻制品上的细菌在 24 h 后被杀死 75％左右。且织物经 50 次反复洗涤后,其灭菌效果仍达 98％以上,可有效遏止纺织品的细菌、螨虫二次污染问题。

2. 除臭吸附功能

苎麻纤维内部特殊的超细微孔结构使其具有强劲的吸附能力,能吸附空气中的甲醛、苯、甲苯、氨等有害物质,消除不良气味。经过日晒后,可以将吸附的有害物质挥发掉,使得其吸附功能自动再生。

3. 吸湿透气功能

苎麻纤维有"天然纤维之王"的美誉,其独有的活性空腔导汗纤维结构可以使吸入的汗液渗透到空腔内并快速导出,让它具备优越的透气性和传热性,吸水多而散湿快,有着不同寻常的凉爽感。

4. 防霉耐磨功能

苎麻纤维十分坚韧,强力大而延伸度小,加上不易受霉菌腐蚀和虫蛀,被誉为"千年不烂软黄金",因而被广泛地应用于家纺等领域,具有超强的防霉耐磨功能,很好地延长了物品的使用寿命。

(二) 亚麻纤维性能

亚麻纤维以银白色、淡黄色或灰色为佳,且光泽较好,线密度一般为 1.9～3.8 tex;单纤长度一般为 10～26 mm,最长达 30 mm,纱线用工艺纤维湿纺长度为 400～800 mm,纤维均宽 12～17 μm,纤维密度为 1.46～1.54 g/cm³,吸湿导湿性能很好。

1. 散热性能良好

亚麻是天然纤维中唯一的束纤维,由亚麻单细胞借助胶质粘连在一起形成,因其没有更多留有空气的条件,故散热性能极佳,织物的透气比率高达 25％以上,并能迅速而有效的降低皮肤表层温度 4～8℃,因此亚麻纤维织物被誉为"天然空调"。

2. 吸湿放湿速度快

亚麻纤维天然的仿锤形结构和独特的果胶质斜边孔结构使其吸湿放湿速度快,能及时调节人体皮肤表层的生态温度环境,当它与皮肤接触时产生毛细孔现象,可协助皮肤排汗,清洁皮肤。同时,遇热张开,吸收人体的汗液和热量,并将吸收到的汗液及热量均匀传导出去,使人体皮肤温度下降;另外亚麻能吸收其自重 20％的水分,这在同等密度其它纤维织物中是最高的。

3. 保健功能

亚麻纤维属隐香科植物,能散发一种隐隐的香味,这种气味能杀死许多细菌,并能抑制多种寄生虫的生长。接触法科学实验证明:亚麻制品具有显著的抑菌作用,对绿脓杆菌,白色念珠菌等国际标准菌株的抑菌率可达 65％以上,对大肠杆菌和金色葡萄球菌珠的抑菌率高过 90％以上。

4. 抗静电性

静电是物体常见的现象,长期使用携带静电的纺织品会吸咐大量灰尘,导致寝食不安,影响身体健康。亚麻纤维携带正负电荷接近平衡,因而没有静电现象,不贴身,又不和其他织物粘贴,不易沾染灰尘和其他微生物。毛、亚麻、棉纤维在空气中摩擦产生的静电量,以亚麻最低。

5. 抗紫外线性能

人类长期受紫外线的照射,会损伤身体。而亚麻纺织产品中含有的尚未成熟的纤维素是吸收紫外线的最佳物质,亚麻纤维含有的半纤维素在 18% 以上,比棉纤维高出数倍。当它成为衣着时,可以保护皮肤免受紫外线的伤害。

6. 阻燃性好

亚麻纤维是所有纺织纤维中阻燃效果最好的纤维,该性能可用于开发高级宾馆、住所等装饰性或功能性用布,如窗帘、墙布、桌布、床上用品等。

(三)罗布麻纤维主要性能

罗布麻的光泽与真丝非常相似,柔和悦目,优于其他麻类纤维。随脱胶程度的不同,显灰白色、灰褐色、褐色等色泽;纤维长度平均为 25～53 mm,较棉纤维长,但长度差异波动幅度较大,一般在 10～40 mm;宽度约为 14～20 μm;罗布麻纤维壁密度为 1.55 g/cm³,与棉纤维相近。标准大气条件下罗布麻回潮率达 6.98%,吸湿速度较慢,放湿速度较快,因此其干爽性较突出,透气性较好。除具备其他麻纤维的一些性能外,其特有的保暖、保健性能受到家用纺织品市场开发的关注。

1. 保暖透气性

罗布麻纤维具有天然的远红外发射能力,其织物能发射 8～15 μm 的远红外光波,且罗布麻织物的远红外法向全发射率值不随水洗次数的增加而减少。能对人体内老化的大分子团产生共振,使分子团裂化重组及细胞内钙离子活性增强,从而增强了细胞的活性,使血液新陈代谢能力提高,减少动脉硬化等疾病,增强人体免疫能力;同时这种发射能力以及纤维横截面的带沟槽椭圆形孔洞结构,使其具有吸汗、透气、保暖的功能,8℃ 以下时保暖性是纯棉织物的 2 倍,21℃ 以上的透气性是纯棉织物的 2.5 倍。

2. 抗菌及医疗保健性

罗布麻纤维对一些致病菌类有明显的抑制作用,如金黄色葡萄球菌、大肠杆菌和白色念球菌的抑制作用均超过 90%。同时,因罗布麻纤维发射远红外线,具有活化细胞、促进血液循环、增强生物大分子的活性,起到调节机体代谢免疫的功能。罗布麻纤维含量达到 35% 以上的织物具有平喘、降压、清热解毒等作用,且对皮肤湿疹等具有一定的辅助治疗作用。罗布麻织物的药物功能,通过肌肤表层、穴位作用于经脉、脏腑,增强血液循环,促进新陈代谢,增加冠脉流量,达到明显的改善症状、辅助治疗和预防效果。由于药理是通过纤维实现的,所以洗涤后纤维的药用效果依然存在,洗涤多次后,疗效不减。罗布麻纤维制品具有天然抑菌、防霉、去臭汗异味之功效,无任何毒副作用,目前已开发出服饰用品、床上用品、装饰用品等多种纺织保健佳品。

3. 抗紫外线辐射穿透性

人类许多疾病都与过度的紫外线侵袭有关,如早衰、皮肤癌等疾病。罗布麻纤维具有较强的抗紫外线辐射穿透性,与棉纤维相比,罗布麻纤维大分子聚合度要高于棉纤维,从粗细程度上看,罗布麻纤维粗于棉纤维,所以进入纤维内部的辐射能量不同;另外,罗布麻纤维截面是不规则的腰圆形,有中腔,较小,纤维表面有许多竖纹,并有横节存在,因此通过反射、折射和透射程度引起的耐光性能也发生明显的差异。

四、麻纤维在家用纺织品中的应用

麻纤维用途广泛,经济价值很高,可与其他纤维混纺织制抽纱床品件套、床罩、台布、凉席、餐厨用品、窗帘、贴墙布和塑料地毯底布等家用织品,也可用于工业制造帆布、绳索、渔网、水龙带、鞋线、滤布、篷帐、皮带尺、纺织用弹性针布的底布及军用品、高级纸张,印制钞票和证券、无纺织布做抛光砂轮布。

1. 床品类

图 2-1-32(a)款为苎麻面料润肤被,被服正面材料为苎麻纤维,背面短毛绒。苎麻含有叮咛、嘧啶、嘌呤等微量元素使其本身对螨虫及各类有害细菌都有不同程度的抑制作用,对皮肤也起到天然保护作用;苎麻自身特定的纤维结构,使苎麻润肤被拥有更为优越的透气吸湿功能。

图 2-1-32(b)中凉席原料选为天然苎麻,选择精美大提花工艺,简单清爽花色;有优越的透气性、抑菌性、手感更舒适柔软。苎麻纤维独有的远红外功能促进人体微循环、缓解紧张情绪;能在睡眠时调节人体皮肤表层的生态环境,改善人体表皮细胞组织吸收营养和氧气的活动功能,爽身抑菌,保健肌肤,是天然的优质保健凉席,同时方便机洗,轻便保管。

（a）苎麻纤维润肤被　　　　　　　　（b）苎麻纤维凉席

图 2-1-32　麻纤维床品

2. 席垫类

图 2-1-33(a)和图 2-1-33(b)两款产品选择剑麻纤维、亚麻纤维作为地垫原料,采用先进的编织工艺,使地垫表面纹理呈现立体效果;使用麻类纤维增强耐用、除尘效果,能有效除尘、吸水、擦鞋,防水、防滑。底部采用优质橡胶,牢固耐用、防滑防水。

图 2-1-33(c)靠垫以黄麻纤维为原料,以刺绣花型作为装饰。黄麻具有无毒无污染、可降解、耐腐、抗压、耐磨、吸音、防火、防虫蛀、耐酸碱、高弹性、易清洁、无异味、尺寸稳定、无静电效应等特点,是新型环保、理想的家用纺织材料。适用于高级酒店和宾馆的客房、过道、休息厅,政府机关,咖啡厅,酒吧,图书馆,公共场地,会议中心,写字楼办公室,实验室,健身场所,汽车轮船内的铺设以及别墅、客厅、家居场所等。

图 2-1-33(d)款产品上层选择苎麻纤维作为婴儿尿垫原料,借助苎麻本身天然的抗菌性能,明显减少尿湿气味和细菌的滋生;同时苎麻纤维特殊的管状空腔结构会使汗液随着管壁导入空腔内部,通过空气的流通,快速挥发汗液,保持干爽洁净。底层选择防水透气膜,增强了功能性。

（a）剑麻地垫　　　　　　　　　　（b）亚麻地垫

（c）黄麻靠垫　　　　　　　　　　　（d）苎麻尿垫

图 2-1-33　麻纤维地垫产品

3. 其他类

图 2-1-34(d)是以质硬的剑麻纤维作为原料制成的沐浴球,利用剑麻重要的药用价值,有效的祛除污垢、油脂、死皮等,起到红润肌肤、延缓肌肤衰老的作用;配合沐浴露使用时可产生丰盈的泡沫,彻底清洁毛孔,去除皮肤的油脂、污垢和角质层死皮,从深层洁净肌肤、远离灰尘和环境污染的侵蚀。图 2-1-34(e)中原料为亚麻、棉混纺纤维的沐浴套件,亚麻柔软、强韧、有光泽、耐磨、吸水性小、散水快,纤维吸湿后膨胀率大,能使纺织品组织紧密,不易透水,对人体无害,无刺激、能彻底清洁毛孔,去除皮肤的油脂、污垢和角质层死皮;通过按摩可有效地促进血液循环,加速新陈代谢,保持皮肤弹性。

（a）亚麻墙布　　　　　　　　（b）亚麻窗帘　　　　　　　　（c）亚麻拖鞋

（d）剑麻沐浴球　　　　　　　　　　（e）亚麻沐浴套件

图 2-1-34　麻纤维其他应用

>>>> **项目四** <<<<
蚕丝纤维认识与应用

丝织品在中国有着悠久的历史,据考古发现,约在4 700年前中国已利用蚕丝制作丝线、编织丝带和简单的丝织品,商周时期用蚕丝织制罗、绫、纨、纱、绉、绮、锦、绣等丝织品。蚕丝中用量最大的为桑蚕丝,其次是柞蚕丝,其他蚕丝因数量有限未形成资源。中国、日本、印度、前苏联和朝鲜是主要产丝国,总产量占世界产量的90%以上。

一、蚕丝纤维分类

蚕丝是熟蚕结茧时分泌丝液凝固而成的连续长纤维,也称"天然丝",是桑蚕丝(桑)、柞蚕丝(柞)、桑绢丝(桑绢)、柞绢丝(柞绢)、桑䌷丝(桑䌷)、柞䌷丝(柞䌷)、蓖麻绢丝(蓖)的总称。与羊毛一样,是人类最早利用的动物纤维之一。工业应用中主要根据蚕食用植物的名称而将蚕丝分类。

(一)桑蚕丝

桑蚕以家养桑蚕所产之丝为主,是最早在我国利用的天然纤维,被织成绫罗绸缎等许多织物,是久负盛名的高级纺织原料,其纤维细柔平滑,富有弹性,光泽、吸湿好。如图2-1-35所示。

图2-1-35 桑蚕及桑蚕茧形态

(二)野蚕丝

野蚕丝种类很多,常见有柞蚕丝、蓖麻蚕丝、天蚕丝、樟蚕丝、柳蚕丝等。其中以柞蚕丝为主要产品,也是最早在中国利用的蚕丝。

1. 柞蚕丝

在国外称中国柞蚕,是以柞树叶为食料吐丝结茧的昆虫。品种很多,其春茧为淡黄褐色,秋茧为黄褐色,外层较内层颜色深,如图2-1-36所示。强伸度比桑蚕丝好,耐腐蚀性、耐光性、吸湿性、阻燃性、抗紫外线、蓬松性等好于桑蚕丝,但细度比桑蚕丝粗,长度稍短,适合作中厚丝织物,是地毯的最优材料之一。桑蚕茧与柞蚕茧对比见表2-1-8。

图2-1-36 柞蚕与柞蚕茧形态

表 2-1-8　桑蚕丝与柞蚕丝对比表

项　目	桑　蚕　丝	柞　蚕　丝
生产环境	出自于气候温暖的江、浙、四川等地区,由人工喂养庭院桑树叶长大	主产区为辽宁以及山东、河南、贵州等地,在野外山区自然环境中成长,属于生态环保材料
特点及区别	桑蚕成熟期 28 d,一年可养多次。 表面洁白、细腻、光滑、染色效果较好	柞蚕成熟期为 100 d,受气候影响,一年熟一次到两次。 纤维较粗犷,内部间隙大,强度、透气性和韧性好
生产工艺和用途	天然桑蚕丝为乳白色,一般无需漂白,主要用来制作家纺床品面料及针织制品	柞蚕丝天然黄褐色,有时根据需要进行漂白。主要用作床品面料及地毯

2. 蓖麻蚕丝

蓖麻蚕又称印度蚕,以蓖麻叶为食料吐丝结茧的昆虫,食木薯叶、鹤木叶,是一种适应性很强的多食性蚕。蚕茧呈洁白色,光泽不如桑蚕茧明亮,断面形状与桑蚕丝类似,但更为扁平。蓖麻蚕茧只能作绢丝原料。如图 2-1-37 所示。

图 2-1-37　蓖麻蚕与蓖麻蚕茧

3. 天蚕丝

天蚕丝是一种不需染色而保持天然绿色的野蚕丝。它特有的淡绿色宝石光泽、柔软手感和高强度耐拉性、韧性,无需染色而能织成艳丽华贵的丝织物,常被誉之"纤维钻石"、"绿色金子"和"纤维皇后",其经济价值极高,一般比桑蚕丝高 30 倍,比柞蚕丝高 50 倍。其纤度比桑蚕丝稍粗,与柞蚕丝差不多。由于产量极低,仅于桑蚕丝织品中加入部分作为点缀,用来制作服装面料、高雅庄重的饰品和绣品,是

图 2-1-38　天蚕与天蚕茧

日本市场和东南亚市场的紧俏商品。如图 2-1-38(彩图 29)所示。

二、蚕丝组成及形态结构

(一) 蚕丝组成

从单个蚕茧抽得的丝条称为茧丝,由两根单纤维借丝胶粘合包覆而成。缫丝时,把几个蚕茧的茧丝抽出,借丝胶粘合成丝条,统称蚕丝。除去丝胶的蚕丝,称精练丝。

蚕丝主要由丝素蛋白和丝胶蛋白两种物质组成,主要组成元素为 C、H、O、N 等。丝素蛋白质呈纤维状,称为纤蛋白,不溶于水;丝胶则是水溶性较好的球状蛋白质,利用该特性可以将蚕丝溶解于热水中进行脱胶精练;其次蚕丝纤维含有少量蜡质和脂肪,可以保护蚕丝免受大

气侵蚀;此外还有少量色素、灰分、蜡质、碳水化合物等分布于丝胶中。以上物质含量并不固定,常随蚕茧品种和饲养情况变化,桑蚕丝和柞蚕丝一般物质组成见表 2-1-9 所示,由表可知,柞蚕丝中丝素的含量大于桑蚕丝,丝胶的含量低于桑蚕丝。

表 2-1-9　蚕丝物质组成情况对比分析(%)

项目	丝素	丝胶	脂肪、蜡质、色素	无机物
柞蚕茧丝	83～85	12～14	1.2～1.3	1.3～1.7
桑蚕茧丝	70～80	20～30	1.6～3.9	0.8～1.5

(二) 蚕丝形态结构

蚕丝纤维由两根横断面呈三角形或半椭圆形的丝素外包丝胶组成。在未脱去丝胶的情况下,单根茧丝横截面呈现不规则的椭圆形,由两根丝素外覆丝胶组成;除去丝胶后的单根丝素横截面呈不规则的三角形。两根扁平纤维又由若干纤维束组成,纤维束内部有许多空隙,形成纤维多孔性,能吸收紫外线,抗日晒,不宜脆化。如图 2-1-39 所示。

 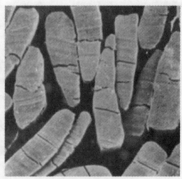

　　　(a) 桑蚕丝横截面形态　　　　　　　　　　(b) 柞蚕丝横截面形态

图 2-1-39　桑蚕丝与柞蚕丝横截面形态

蚕丝纤维纵向一般较平直光滑,因受外界条件及吐丝不规则等影响,没有除去丝胶的茧丝(茧层之丝)表面带有异状丝胶瘤节,造成外观毛糙;生丝(缫丝之丝)纵面形态比茧丝要光滑、均匀;熟丝(全脱胶之丝)表面光滑、粗细均匀、少数地方有粗细变化,光泽强而柔和。如图 2-1-40 所示。

 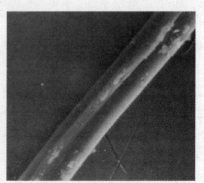

　　　(a) 柞蚕丝纵向形态　　　　　　　　　　(b) 桑蚕丝纵向形态

图 2-1-40　柞蚕丝与桑蚕丝纵向形态

三、蚕丝主要性能分析

(一) 蚕丝物理机械性能

从茧上缫取的茧丝可获得任意长度的连续长丝,不需要经纺纱即可织造;也可以将下脚茧丝、茧衣和缫丝废丝等经脱胶切成短纤维,由绢纺工艺获得绢丝以供织造用。柞蚕丝纤维与桑蚕丝纤维细度、密度等物理机械性能指标归纳如表 2-1-10 所示。

表 2-1-10　桑蚕丝与柞蚕丝物理机械性能简明表

项目	桑蚕丝纤维	柞蚕丝纤维
平均直径	13~18 μm	21~30 μm
长度	1 200~1 500 m	800~1 000 m
细度	(1) 按国家标准规定用特克斯表示,目前仍习惯以纤度表示。 (2) 生丝的线密度根据茧丝的粗细和缫丝时茧的粒数而定。 (3) 桑蚕丝细度约为 2.8~3.9 dtex(约 2.5~3.5 旦),脱胶后单根丝素线密度小于茧丝一半。 (4) 柞蚕丝纤维略粗,一般为 5.6 dtex(约 5 旦)左右。	
密度	蚕丝密度较小。 生丝密度为 1.3~1.37 g/cm³;精练丝 1.25~1.30 g/cm³。	
吸湿性	(1) 吸湿能力很强,散湿速度快。 (2) 吸湿后纤维膨胀,直径增加 65%。 (3) 在一般大气条件下回潮率可达 9%~13%,公定回潮率为 11%。 (4) 丝胶的吸湿能力大于丝素,精练丝吸湿能力略低于生丝。 (5) 吸湿性:毛>麻>蚕丝>棉。	
	11%左右	12%左右
强伸及断裂伸长率	(1) 蚕丝的强度和伸长率在天然纤维中是比较优良的。 (2) 强度:比羊毛大 3 倍,一般断裂长度在 22~23 km。麻>蚕丝>毛。 (3) 蚕丝的断裂伸长率略低于羊毛。 (4) 生丝,特别是精练丝弹性优良,手感柔软。 (5) 弹性回复能力:羊毛>蚕丝>棉。	
	强度:2.5~3.5 cN/dtex 湿强降低,下降 10%~15% 断裂伸长率为 15%~25%	强度:3~3.5 cN/dtex 湿强增加,略高 4%~10% 断裂伸长率为 23%~27%

(二) 蚕丝化学稳定性能

1. 蚕丝的酸碱作用

(1) 蚕丝是两性化合物,在一定条件下既能和酸作用又能和碱作用。

(2) 蚕丝对酸有较强抵抗能力,但比羊毛差些。强无机酸的稀溶液,常温下对蚕丝无明显破坏;高温下可引起蚕丝光泽、手感变差,强度、伸长率降低。如在浓酸中浸渍极短时间,立即用水冲洗,丝素可收缩 30%~40%,引起蚕丝酸缩现象,可用于丝织物的缩皱处理。

(3) 蚕丝耐碱性较差,即使常温下强碱稀溶液也可引起丝素蛋白质的水解。碱溶液浓度越大、温度越高,蚕丝水解程度越快。弱碱液如碳酸氢钠、碱性肥皂液等在短时间内能溶解丝胶,不会破坏丝素,但长时间煮沸,将引起丝素缓慢水解,从而破坏蚕丝外观。

2. 蚕丝的盐缩性质

蚕丝纤维在硝酸钙、氯化钙等中性盐类的热浓溶液中处理,丝素会发生显著膨润、收缩的现象,称为"盐缩"。利用蚕丝的盐缩性能,加工具有皱缩效果的蚕丝织物或获得局部收缩的立体图案等,可赋予蚕丝织物蓬松而富有弹性的风格。

3. 蚕丝的氧化性

蚕丝对氧化剂作用比较敏感,特别是在高温下长期处理会使蚕丝彻底破坏,蚕丝织物在加工、服用和贮存过程中容易泛黄,同时纤维发脆、强力降低、性能和外观质量下降,即出现老化现象。

(三)蚕丝光学性质

蚕丝耐光性较差,在光线照射下,丝素中的色氨酸、酪氨酸的残基氧化裂解,蚕丝发脆泛色,强力会下降。柞蚕丝泛色程度比桑蚕丝更严重。故蚕丝织物不宜于日晒,应晾置在阴凉处风干,风干后织物放凉后进行折叠,且不可重压。

(四)蚕丝电、热、声学性质

蚕丝是电的不良导体,用于工业、军事等方面,但其绝缘性会随着回潮率增加而下降。蚕丝耐干热性较强,能长时间耐受 100℃高温。温度升至 130℃时,蚕丝会泛黄、发硬,伸长无明显变化,强力不受损伤;温度达到 150℃左右,蚕丝会发生分解,颜色变化的同时强伸度明显下降。蚕丝导热率比棉要小,是热的不良导体,故其保温性能较差,凉爽。干燥蚕丝相互摩擦或者揉搓时会发出特有的清晰微弱的声响,称为丝鸣。丝鸣为蚕丝独具的风格特征。

四、蚕丝纤维在家用纺织品中的应用

蚕丝因质轻细长,织物光泽好,穿着舒适,手感滑爽丰满,导热差,吸湿透气等而广泛用于织制各种绸缎和针织品,并用于工业、国防和医药等领域。

1. 填充物

图 2-1-41 (a)款蚕丝被面料选择棉涤混纺缎纹织物,保持棉纤维天然舒适的同时,融合了涤纶纤维高强度、高耐磨、良好的保型性和稳定性的特点;填充物选择 100%柞蚕丝,具有良好的强力、弹性和保暖性。

图 2-1-41 (b)款蚕丝被面料选择 100%棉纤维,亲肤柔软,舒适吸汗;填充物原料为 30%柞蚕丝与 70%超细纤维的结合,具有抗静电、抗氧化、不起潮的特点。同时,保持超细纤维弹簧螺旋立体的造型,有利于纤维之间相互结合,紧密而有弹性、纤维之间和纤维内部的空隙能增加被胎内的空气含量;手感细腻柔滑,保暖性强,具有良好的导湿透气性、不含杂质,便于洗涤,抗菌性好,便于保存。

(a)柞蚕丝填充物　　　　　　　　　(b)柞蚕丝与超细纤维填充物

图 2-1-41　蚕丝作为填充物

2. 床品件套类

图 2-1-42 为纯桑蚕丝床品件套。

(a) 真丝套件　　　　　　　　　　　　　　(b) 真丝靠枕

图 2-1-42　桑蚕丝床品类

≫≫≫ 项 目 五 ≪≪≪
毛纤维认识与应用

天然动物毛纤维是从某些动物身上取得的纤维,为由角朊组成的多细胞结构,种类繁多。依据纤维性质和来源分析主要包括绵羊毛以及诸如山羊毛、马海毛、骆驼绒、兔毛、牦牛毛等在内的特种动物毛,是纺织品的重要原料,具有很多优良特性。

一、毛纤维品类

(一) 羊毛纤维

由于纺织原料使用最多的是绵羊毛,因此羊毛在纺织上狭义常专指绵羊毛。羊毛纤维分类方式多样,包括以纤维粗细和组织结构分类、以取毛后原毛的形状分类、按纤维类型分类、按剪毛季节分类、按加工程度分类等,表 2-1-11、表 2-1-12、表 2-1-13 列出部分分类方式。

表 2-1-11　羊毛分类——按产毛区分类

类别		特　点
国产羊毛		净毛率、长度等差异大,羊毛品质差异大,羊毛质量不稳定
国外羊毛	澳大利亚毛	属细毛性。毛纤维质量较好,品质支数 64～70 支;卷曲多,形态正常;手感弹性较好;毛丛长度较整齐,一般均为 7.5～8 cm;含油率多为 12%～20%;杂质少,洗净率为 60%～75%
	新西兰毛	多属半细毛。品质支数多为 36～58 支,其中以 46～58 支为最多;羊毛长度长,毛丛长度可达 12～20 cm;毛强力和光泽均好,油汗呈浅色,易去除;羊毛含脂量 8%～18%;含杂少,净毛率高
	南美毛	乌拉圭毛——改良羊毛,毛丛长度较短,为 7～8 cm;细度偏粗,长度差异大,有短毛及二剪毛;原毛色乳黄,不易清洗,净毛率较低
		阿根廷毛——一部分属改良羊毛,一部分属美利奴羊毛;毛丛长度较短,细度好;原毛色灰白,较难洗,含土杂率较高,净毛率低;手感较好,强度差
	南非毛	毛丛长度 7.5～8.5 cm,最短仅 7 cm 左右;细度较均匀,手感好;强力较差,含脂量多为 16%～20%;含杂率较多;洗净率低,洗净毛色泽洁白。

表 2-1-12　羊毛分类——按纤维组织结构分类

类别	特　点	类别	特　点
细绒毛	细度较细,一般无毛髓,卷曲	发毛	有髓质层,直径大于 75 μm,纤维粗长,无卷曲,在毛丛中常形成毛辫

55

续　表

类别	特　点	类别	特　点
粗绒毛	较细绒毛粗，直径30～52.5μm	腔毛	国产绵羊毛中髓腔长50μm及以上，髓腔宽为纤维直径1/3及以上
粗毛	有髓质层，直径52.5～75μm	死毛	除鳞片层外，几乎全是髓质层色泽呆白，纤维粗而脆弱易断，无纺织价值
两型毛	一根毛纤维有显著粗细不匀 兼备绒毛和粗毛特征 有断续髓质层		

表 2-1-13　羊毛分类——按纤维类型分类

类　别	分　级
同质毛：同一类型毛纤维	细　毛：品质支数为60支及以上的羊毛
	半细毛：品质支数在46～58支的羊毛
	粗长毛：品质支数在46支以下，长度在10cm以上的羊毛
异质毛：两种及以上类型毛纤维	一般按粗腔毛含量进行分级

（二）特种动物毛纤维

特种动物毛纤维指除绵羊毛外，可用于纺织的其他动物毛纤维，其产量与绵羊毛相比数量较少，又称为"稀有动物纤维"，其中绒山羊、牦牛、骆驼、羊驼等所产的毛的集合体中含有粗发毛和细绒毛，经加工以后所得绒毛是优良的纺织原料，称为"绒类纤维"，主要品种见 2-1-14 所示。

表 2-1-14　特种动物毛纤维分类表

品类	简　　介	
山羊绒（简称"羊绒"）	山羊身上梳取下来的绒纤维，原产于中国的西藏。高档纺织原料，国际市场称为"开司米"，有白绒、紫绒、红绒、青绒之分，以白绒最为珍贵，仅占世界羊绒产量的30%左右。	
马海毛（安哥拉山羊毛）	原产于土耳其。国际公认的有光山羊毛的专称。马海毛形态与长羊毛相似，属珍稀特种动物纤维，光泽好，触感柔软，以白色为主，洗后不像羊毛容易毡缩，不易沾灰。	
兔毛	兔毛纤维内部结构都有髓质层，纤维轻细，保暖性好，但纤维膨松，抱合力差，强度较低，单独纺纱困难，多和羊毛或其他纤维作混纺织物。	
骆驼绒	双峰驼绒质量较好，单峰驼毛无纺纱价值，骆驼毛由绒毛、两型毛及粗毛组成，俗称绒毛为驼绒，粗毛为驼毛，驼绒结构与羊毛相似，但纤维表面鳞片很少，强度高，光泽好，保暖性好，可织造高级粗纺织物、毛毯和针织物。	

品类	简　　　　　　　　　介	
牦牛绒	产量小,绒毛丰满柔软,有弹性,牦牛绒抱合力较好,缩绒性强,抗弯曲疲劳性较差。	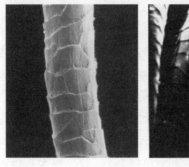
羊驼绒	羊驼绒细度与山羊绒相仿,光泽好,其保暖性优于羊毛、羊绒和马海毛织物;有丰富的天然色彩;市场上用"阿尔巴卡"指羊驼毛;"苏力"多指成年羊驼毛;"贝贝"为羊驼幼仔毛,相对纤维较细软;抗日光辐射性等。	

二、羊毛纤维组成结构

各类毛纤维主要物质是一种不溶性蛋白质,都是由角质细胞堆砌而成的。

(一)羊毛纤维的形态结构

羊毛纤维具有天然卷曲,纵向表面呈鳞片状覆盖的圆柱体。如图 2-1-43 所示。

图 2-1-43　羊毛纤维纵向形态

羊毛纤维的截面形态因细度变化而变化,越细越圆。细羊毛截面近似圆形;粗羊毛截面呈椭圆形。如图 2-1-44 所示。

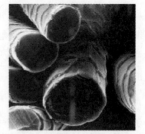

(a) 细羊毛纤维横断面形态　　(b) 粗羊毛纤维横断面形态　　(c) 羊毛纤维横断面显微结构

图 2-1-44　羊毛纤维横断面形态及显微结构

(二)羊毛纤维的组织结构

其纤维由包覆在毛干外部的鳞片层、组成毛纤维实体主要部分的皮质层和在毛干中心不透明毛髓组成的髓质层三部分组成,多数细绒毛无髓质层。如图 2-1-45 所示。

1. 鳞片层

又称表皮层,由角质化了的扁平状角蛋白细胞组成,包覆在毛干外部。鳞片是毛纤维所独有的表面结构,有环状覆盖、瓦状覆盖、龟裂状三种形态,主要用于保护毛纤维不受外界条件的影响,以免引起性质变化。

2. 皮质层

位于鳞片层里面,是动物毛纤维的主要组成部分,也是决定毛纤维物理化学性质的基本物质。皮质层由正皮质细胞、偏皮质细胞、间皮质细胞组成;其中正皮质细胞、偏皮质细胞对纤维卷曲形态有影响,而且皮质层中的天然色素使毛纤维呈现不同颜色。

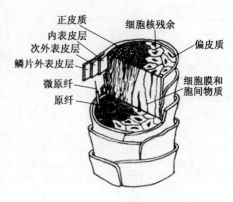

图 2-1-45 羊毛纤维组成结构

3. 髓质层

由结构松散和充满空气的角蛋白细胞组成,细胞间相互联系较差。细毛无髓质层;较粗毛中的髓质层呈点状、段状、连续或不连续分布,分布的宽窄程度不一样。

三、羊毛纤维的品质特征

(一) 羊毛纤维的物理性能

1. 纤维长度及密度

羊毛纤维长度随着动物品类、年龄、性别、毛生长部位、饲养条件、季节和剪毛次数等不同而差异很大。羊毛纤维存在天然卷曲,其长度可分为自然长度和伸直长度。

(1) 自然长度 指羊毛纤维自然卷曲状态下两端间直线距离,又称毛丛长度。

(2) 伸直长度 指羊毛纤维消除卷曲后的长度,一般用来评价毛纤维的品质。

一般细羊毛的毛丛长度为 6~12 cm,半细毛的毛丛长度为 7~18 cm,长毛种绵羊毛的毛丛长度为 15~30 cm。当毛纤维线密度相同时,纤维长而整齐、短毛含量少的羊毛,其成纱强力和条干较好。毛纤维的长度是决定纺纱线密度和选择工艺参数的依据。

(3) 羊毛纤维密度为 1.32 g/cm³,与丝相近,比麻、棉质轻。

2. 卷曲弹性

羊毛正偏皮质分布的特殊结构,使毛纤维具有天然卷曲。一般羊毛纤维越细,卷曲数也越多。卷曲度与卷曲形状影响毛织物的柔软度、弹性和丰满度,卷曲多、卷曲形状强的毛织物手感柔软,弹性优良,毛绒丰厚。其中山羊绒、牦牛绒、骆驼绒的卷取相近;兔毛卷曲少、细羊毛卷曲较多。羊毛纤维伸长 3% 时的恢复率达 99% 左右,良好的弹性使毛织品保持一定的平挺性,经过长时间的踩踏能够保持弹性。

3. 可塑性

羊毛纤维经过热湿等加工处理,纤维内部结构保持特定形态,使纤维制品的尺寸趋于稳定性能,形成羊毛与其他天然纤维不同的特点——可塑性,能够保持织物的平整外观,保型持久。

4. 吸湿性

羊毛纤维组成中的角蛋白中含有大量的亲水基因,因此具有良好的吸湿性,在标准大气条件下,其回潮率为 15%~17%。细羊毛最大吸湿能力可达 40% 以上,羊毛是一种多孔性纤维,由于毛细管作用,在含水量较高时,水分容易吸进纤维的孔隙中去或吸附在纤维表面,减少潮湿感;同时,吸湿后纤维截面积增加30％～37％,体积增大,长度也增加,其断裂强度下降,断裂伸长增加。其中山羊绒、牦牛绒、骆驼绒和品质支数为70支的澳毛的吸湿性相近,兔毛纤维含有大量髓腔,水蒸汽分子易于渗透,吸湿性最好。

5. 摩擦特性与缩绒

羊毛纤维表面有一层鳞片,根部附着于毛干,尖端伸出毛干表面指向毛尖,这一特点使羊毛织物具有良好的耐磨性能,摩擦效应以兔毛最大,澳毛、山羊绒、牦牛绒次之,骆驼绒最小。同时羊毛沿长度的摩擦性因为滑动方向不同,摩擦因数不同,导致其具有缩绒性。缩绒性是羊毛集合体在湿热和化学试剂作用下,经过机械外力反复挤压,该集合体中的纤维相互穿插纠缠,集合体慢慢收缩紧密,并交织毡化的性能。利用此特性,可以促使毛织物长度收缩,厚度和进度增加,而织物表面出现绒毛效果,获得优美外观、丰厚手感等。

6. 强伸性和抱合性

羊毛纤维的拉伸强度是常用天然纤维中最低的,一般羊毛细度较细,髓质层越少,强度越高,其断裂强度为0.9～1.5 cN/dtex,断裂长度为9～18 km。

羊毛纤维天然卷曲使其拉伸后的伸长能力成为常用天然纤维中最大的,其断裂伸长率干态时可达到25％～35％,湿态时可达25％～50％。其伸长弹性回复能力也是常用天然纤维中最好的,所以羊毛织品不易出皱。

7. 保温性及保养

羊毛纤维导热系数为0.052～0.055 W/(m·℃),与丝纤维相同,比其他纤维小,故保温性好;其纤维主要成分为蛋白质,是蛀虫最佳食品,因而保管时要注意防虫。

(二)羊毛纤维的化学稳定性

毛纤维分子结构含有大量碱性侧基和酸性侧基,因此毛纤维既呈酸性又呈碱性。

对酸性有较好的稳定性和抵抗性。用一定浓度硫酸在不加热和短时间内处理羊毛纤维,不会受损伤,所以在生产过程中常用酸处理植物纤维杂质,用酸性染料染色。

羊毛纤维最突出的化学性质是对碱不稳定,碱对羊毛角质有很大的破坏作用,随着碱种类、浓度、温度和时间不同,其破坏程度不一样。如将羊毛放在5％的碱液中煮20 min,羊毛纤维会全部溶解;若将羊毛放在浓碱低温下进行短时间处理,会使鳞片组织软化,而使鳞片紧密平滑地粘在毛干上,从而增加羊毛的光泽。在毛织物生产中常利用这一特性来改进质量和外观特征。

羊毛比纤维素容易受氧化剂的氧化而破坏,如漂白粉等对角朊有强烈的破坏作用,因此羊毛织物不能进行漂白处理。

(三)其他毛纤维组成、形态结构与主要性能

1. 骆驼绒(毛)形态结构与主要性能

骆驼绒纤维色乳白、杏黄、黄褐、棕褐等,品质优良的驼绒多为浅色。纤维纵向表面有较少鳞片,且平贴不连续,鳞片边缘光滑;横截面近似圆形。如图2-1-46所示。

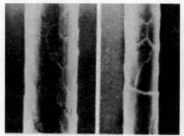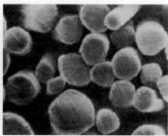

图2-1-46 驼绒纵向形态及横截面形态

骆驼绒纤维密度为 1.312 g/cm³，断裂伸长率为 40%～45%，断裂比强度为 1.3～1.6 cN/dtex，长度为 40～135 mm，平均直径 10～24 μm。骆驼毛鳞片少，边缘光滑，没有缩绒性，不易毡并，密度为 1.284 g/cm³，断裂伸长率为 40%～45%，断裂比强度为 0.7～1.1 cN/dtex，长度为 40～135 mm，平均直径 50～209 μm。

（1）耐磨　驼绒本身因为其纤维细长、拉力大、弹性强、光泽好，再通过先进的加工工艺更可使他具有超强耐磨的特点。

（2）保暖透气　驼绒纤维的多孔、中空竹节关结构极利于空气的储存，纤维细度高，有极强的保暖性。天冷时能降低热传导率，保暖性胜过皮、棉；天热时又能排出多余的热量，使绒内温度保持舒适。

（3）防湿防潮　驼绒在显微镜下可见其表面呈鳞片结构，表层有高密度的胶质保护层，绒质本身不吸收水分，因而具有极好的隔潮性。在空气潮湿地方能良好的吸收潮气，具有自动调温功能，其独特的分子结构可将水蒸气吸进中空结构，可以吸收自身重量 35% 以上的水蒸气而无潮湿感，并迅速排除，冬暖夏凉。

（4）柔软耐用　驼绒纤维自然卷曲，不含针毛、细度极细，质地柔软，驼绒长度优于山羊绒，整体稳固性强，持久耐用，不易变形，洗后不缩水。

（5）防尘防静电　驼绒含有天然蛋白质成分，不易产生静电、不易吸附灰尘，对皮肤无刺激过敏现象。

（6）天然阻燃　驼绒不易点燃，燃烧时不易释放大量热量，不产生明火，不熔化。

2. 兔毛纤维形态结构与主要性能

兔毛横断面呈不规则多边形，粗毛呈椭圆形或腰子形，枪毛呈哑铃状；纵向表面具有鳞片层。如图 2-1-47 所示。

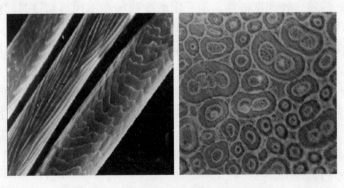

图 2-1-47　兔毛纤维纵向形态及横截面形态

兔毛表面有鳞片，鳞片花纹倾斜度大，通常羊毛鳞片花纹与纤维轴呈 80°或 90°夹角，而兔毛一般小于 45°；鳞片条纹平行排列且伸直程度高，呈直线条纹；因此，兔毛表面顺鳞片和逆鳞片的摩擦系数差异值很小。兔毛有 90% 直径为 5～30 μm 的绒毛和 10% 直径为 30～100 μm 的刚毛两类纤维。兔毛纤维平均长度在 25～45 mm，细绒毛比强度为 1.6～2.7 cN/dtex，断裂伸长率为 30%～45%。兔毛纤维密度小，为 1.10 g/cm³ 左右；含脂率较低，约 0.6%～0.7%；表面光滑、少卷曲，光泽好。

兔毛最为典型且区别于其他毛发类纤维的特征是其具有极好的滑糯性，即其表面的摩擦系数很小,尤其是在干态条件下;形成此特性的主要原因是兔毛表面有着一种具有自修补性的粉状物质,并在长久摩擦、日照、水洗中仍能保持一种不粘不附着的舒适感;在浸湿状态下,这种效应会消失,呈现出很强的粘附效应,使毛纤维相互纠缠而难以分离,但干燥后又自动恢复滑糯性。

3. 山羊绒形态结构与主要性能

山羊绒纤维由鳞片和皮质层组成,没有髓质层。纵向表面有鳞片层,鳞片边缘光滑,粗毛横截面近似圆形或椭圆形。如图 2-1-48 所示。

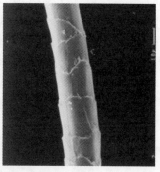

图 2-1-48　山羊绒纵向形态及横截面形态

山羊绒具有不规则稀而深的卷曲,直径比细羊毛还要细,平均细度多在 $14\sim16\ \mu m$,细度不匀率小,约为 20%,长度一般为 $35\sim45\ mm$,强伸长度、吸湿性优于绵羊毛,集纤细、轻薄、柔软、滑糯、保暖于一身。纤维强力适中,富有弹性,并具有一种天然柔和的色泽。山羊绒对酸、碱、热的反应比细羊毛敏感,即使在较低的温度和较低浓度酸、碱液的条件下,纤维损伤也很显著,对含氯的氧化剂尤为敏感。

4. 牦牛绒形态结构与主要性能

牦牛绒色黑、褐,或有少量白色;纤维由鳞片层与皮质层组成,髓质层极少;其纵向表面鳞片呈环状,边缘整齐,紧贴于毛干上,弹性好;横截面近似圆形。如图 2-1-49 所示。牦牛绒纤维平均直径约为 $20\ \mu m$,平均长度为 $30\sim40\ mm$,具有无规则卷曲,缩绒性与抱合力较小,断裂比强度在 $0.6\sim0.9\ cN/dtex$。

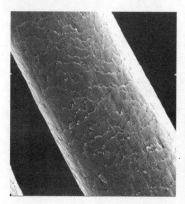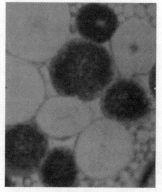

图 2-1-49　牦牛毛纵向及横截面形态

四、毛纤维在家用纺织品中的应用

1. 填充物

图 2-1-50(a)款澳洲羊毛被,选择羊毛作为填充物,羊毛纤维具有优良的吸湿排湿功能,可以吸收被子自身 30%～60% 的水分,而能保持干爽舒适;同时羊毛纤维具有良好弹性、保暖性和透气性能,既保有优质保暖性,又可导湿透气。面料选择纯棉纤维,舒适透气,布面光滑不钻毛。

图 2-1-50(b)款驼绒被以驼绒纤维为主要原料,驼绒纤维为中空竹节状结构,有利于空气的存储,具有极佳的保暖性、透气性、防虫蛀、无异味,加上驼绒长度优于羊绒,其整体稳固性更高,从而更加持久耐用。而且驼绒至少拥有 40% 的天然弹性,受压后可以恢复原厚度的 90% 以上,从而保持蓬松、柔软、不板结;驼绒吸湿性强,灰尘污垢不易沾附,在将水蒸气释放到外部前先将水分吸收到自身纤维中,所以适合哮喘、风湿病人。

图 2-1-50(c)及(d)款的驼羔绒被以 100% 的驼羔绒为原料,是我国阿拉善宇联公司经过多年努力创造的专利产品,其贺兰山驼羔绒被系列产品还是获得国家纤检局颁发的生态纤维制品标准证明商标的有机生态产品。

（a）澳洲羊毛填充物

（b）驼绒填充物

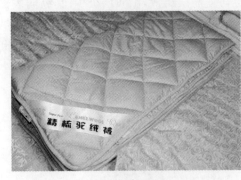

（c）100%驼羔绒被

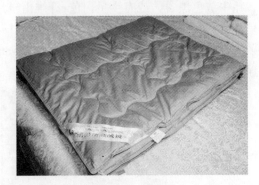

（d）100% 驼羔绒被

图 2-1-50 驼绒填充产品

此骆驼绒是目前保暖性、吸潮性、蓬松性、耐用性最好的稀缺天然动物纤维,是我国具有民族特色的高档被服絮填材料。

2. 垫、毯类

图 2-1-51(a)床垫面料采用 100% 优质美利奴羊毛纤维,基布为 100% 聚酯纤维,羊毛纤

维光泽柔和;具有极佳的吸湿、排湿、透气性、保暖性和极好的柔软度。产品绒长丰满平整,毛波清晰,绒面蓬松适宜,绒毛密,正反一致,能够达到最佳保暖性和持久耐用性。兔毛手感柔软舒适不扎手,色彩绚丽鲜艳,图案新颖美观,图 2-1-51(b)为兔毛床垫。

(a) 羊毛毯　　　　　　　　　　　　　　(b) 兔毛床垫

图 2-1-51　毛纤维垫类产品

>>>项 目 六<<<
羽绒纤维认识与应用

羽绒纤维是一种天然蛋白质纤维。其结构蓬松,质轻柔软,保暖性优良,也体现绿色环保和材料的再利用,但由于羽绒纤维长度较短,表面光滑,抱合力差,且羽绒纤维加工的设备尚不完善,羽绒的直接纺纱有一定难度,目前主要应用于原材料和初级产品加工。

一、羽绒纤维种类及组成

羽绒是长在鹅、鸭的腹部,成芦花朵状的绒毛,成片状的叫羽毛。由于羽绒是一种动物性蛋白质纤维,比棉花保温性高,且羽绒球状纤维上密布千万个三角形的细小气孔,能随气温变化而收缩膨胀,产生调温功能,可吸收人体散发流动的热气,隔绝外界冷空气的入侵。羽绒可以按以下方式分类:

(1) 羽绒来源:一般包括鸭绒、鹅绒、鸡、雁等毛绒,以鸭绒质量最好,鸡毛质量最差。如图 2-1-52(彩图 30) 所示。

(a) 鹅绒　　　　　　　　　　　　　　(b) 鸭绒

图 2-1-52　羽绒来源分类

（2）羽绒颜色：白绒、灰绒。白绒用于浅色面料而不透色，比灰绒适用性好。如图2-1-53所示。

羽绒组成：使用羽绒做絮填料常常用质地细密的防羽布包裹羽绒，先制成胆芯，然后充填于被褥中，其基本组成见表2-1-15所示。

图2-1-53 绒色形式

表2-1-15 羽绒组成说明

类别		形式	作用
羽绒	羽	不含毛干的羽毛，羽枝上有许多交错的簇细丝，形成稳定热保护层	增强保温性
	绒	鸭或鹅背部和尾部的带羽干的小羽毛，或长羽毛打碎后形成的碎毛	提高蓬松度

二、羽绒纤维的结构

（一）羽绒纤维微观结构

羽绒纤维的外表面由淄醇与三磷酸酯的双分子层组成的细胞膜包覆。淄醇和三磷酸酯均是不溶于水的物质。薄膜的里层是组成羽绒纤维主要成分的羽朊蛋白质，他由多种氨基酸缩合而成。各氨基酸之间以不同的形式相互结合成彼此缠绕的多肽链，多肽链扭结成一股，几股之间又进一步扭在一起，形成绳索结构，扭结形成较多空隙和空洞。同时表层包覆膜中的三磷酸酯有强吸附性，在外层吸附颗粒状蛋白质，这种蛋白质不易被酸碱破坏。由于羽绒纤维没有磷片，表面光滑，其摩擦系数比羊毛、蚕丝要小，不利于羽绒纤维的纺纱。

（二）羽绒纤维的形态结构

羽绒纤维是一种天然蛋白质纤维，但它的结构不同于一般的圆柱体蛋白质纤维。它不含羽轴，以朵绒的形式存在。朵绒存在一个核心，由核心出发，生出若干主纤维，称其为绒丝，每一根绒丝中又生长出许多细小的羽丝，羽丝作为一个次级主纤维，其周围也生出更为细小的羽丝，一般羽丝由根部向梢部角度逐渐变小，由十字状逐渐变为丫字状。其截面形状和直径变化较大，由扁平状向柱状过渡，细度逐渐变细，如图2-1-54所示。羽丝上存在一定间距的骨节，节点的有无和形态与绒的生长状况、在羽丝的位置及羽丝在主纤维的位置都有关。一般情况，羽丝末端小枝生有节点，而羽丝梢端的小枝往往不生节点。

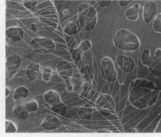

（a）朵绒形态　　　　　　　（b）绒丝形态　　　　　　　（c）羽丝结点

图2-1-54 羽绒外观形态

三、羽绒纤维的特性

在棉花、羊毛、蚕丝和羽绒四大天然保暖材料中，羽绒的保暖性能最佳。羽绒是星朵状结构,每根绒丝在放大镜下均可以看出是呈鱼鳞状,有数不清的微小孔隙,含蓄着大量的静止空气。由于空气的传导系数最低,形成了羽绒良好的保暖性,加之羽绒又充满弹性,以含绒率为50%的羽绒测试,它的轻盈蓬松度相当于棉花的2.5倍,羊毛的2.2倍,所以羽绒被不但轻柔保暖,而且触肤感也很好,几种天然保暖材料的测试结果见表2-1-16所示。

表 2-1-16 几种天然保暖材料的测试结果

材料	厚度 (mm)	平方米克重 (g/m²)	回潮率 (%)	透气量 (L/ms)	克罗值 (clo)	保温率 (%)	传热系数 (W/m·℃)
羽绒	8.7	200.0	2.5	2 304	7.583	90.20	1.102
驼绒	2.97	150.6	13.01	2 698	7.168	89.2	0.9
羊毛	5.65	153.9	12.92	2 554	6.752	92.5	0.6
驼毛	3.19	109.0	9.21	2 656	6.451	88.7	1.0
棉	4.18	133.2	7.36	1 578	1.433	66.5	4.5

1. 羽绒纤维的蓬松性

蓬松度是羽绒质量及其保暖性的代表性指标。羽绒纤维与其他的圆柱状的蛋白质纤维不同,它是以绒状形式存在,绒结构中的每根羽丝之间存在斥力,并使羽丝之间保持最大的距离,使得羽绒纤维具有蓬松性。含绒率越高,蓬松性越好,保暖性能就越好。

2. 羽绒纤维的吸湿性

羽绒形态结构、表面成分对其纤维的吸湿性能影响较大。羽绒纤维含有蛋白质成分,且其复杂的分枝状结构使其比表面积明显增加,一定程度上提高了纤维的吸湿性,但表面致密的拒水性分子层膜,加上纤维内部较为紧凑的排列结构,有效地控制了水分子的进入,使羽绒和其他天然纤维(羊毛、棉)相比吸湿性较低,这一特点对羽绒的保暖性能是非常有利的,在同等条件下,使集合体易于保持柔软蓬松状态,从而增加了静止空气的蓄含量,保持较高的保暖性。

3. 羽绒的稳定性

羽绒纤维受热不会因熔融而分解。羽绒在115℃时发生脱水,150℃分解,200～250℃时二硫键断裂,310℃开始炭化,720℃开始燃烧。由于含有15%～17%的氮,在燃烧过程中释放出来的氮可抑止纤维迅速燃烧,因此羽绒纤维可燃性比纤维素纤维低。羽绒纤维含有羽朊分子,对日光作用比较敏感,日光中一定波长的紫外线光子的能量就足以使他发生裂解。羽绒的耐酸能力较强,常温下羽绒在无机酸溶液中,对酸的吸收能力和保持能力很好,硫酸对羽绒几乎无损伤。碱对羽绒的作用比酸的作用剧烈,对羽绒有明显的破坏作用。与大多数蛋白质纤维一样,羽绒也能为微生物的生长和繁殖提供养分,所以羽绒对微生物的稳定性欠佳。尤其在潮湿状态和微碱性环境下,更易繁殖细菌,并使细胞膜和胞间胶质受到侵袭,纤维强力下降。但经过某些化学药剂处理后的羽绒比较耐受细菌的侵害。

4. 羽绒纤维的力学性能

羽绒纤维作为蛋白质纤维,其力学性能与羊毛相差甚微。其干湿态断裂强度差别较大,干态断裂强度为0.6～1.2 cN/dtex,比羊毛略小,接近蚕丝的1/3,相对湿强度为82%。断裂伸长率干态为20%～32%,湿态为22%～45%,均低于羊毛。由于羽丝上有骨节的存在,在受压的状态下,骨节对压力缓冲,压力去除,羽绒纤维变形恢复,使得羽绒弹性恢复性明显高于同为蛋白质纤维的蚕丝,但低于羊毛,弹性恢复率约为 69%～81%,几种天然蛋白质纤维主要性能比较见表 2-1-17 所示。羽绒被、蚕丝被、棉被、羊毛被综合对比结论见表 2-1-18。

表 2-1-17 几种天然蛋白质纤维的主要性能

主要性能		羊毛	蚕丝	羽绒
断裂强度（cN/dtex）	干态	0.9～1.5	3.0～3.5	0.6～1.2
	湿态	0.67～1.43	1.5～2.5	0.5～1.1
相对湿强度（%）	—	76～96	70	82
断裂伸长率（%）	干态	25～35	15～25	20～32
	湿态	25～50	27～33	22～45
弹性回复率（%）	—	99（2%）	54～55（8%）	75（6%）
初始模量（cN/dtex）	—	8.5～22	44～88	7.2～19
回潮率	20℃RH65%	16	9	15
	20℃RH95%	22	36～37	19
摩擦系数	纤维交叉	0.20～0.25	0.26	0.12～0.18
	纤维平行	0.11	0.52	0.10
热导率（W/MC）	—	0.052～0.055	0.050～0.055	0.048～0.054
耐热性	—	100℃开始变黄 130℃分解 300℃碳化 800℃燃烧	235℃分解 270～465℃燃烧	150℃分解 310℃碳化 720℃燃烧
耐日光性	—	发黄强度下降	强度显著下降	强度下降变质
强度损失 50% 的日照时间（h）	—	1 100	305	1 000
耐酸性	—	在热硫酸中分解 抵抗其他强酸	热硫酸中分解 抗酸力较羊毛差	热硫酸中分解 抗酸性略好
耐溶剂性	—	不溶于一般溶剂	不溶于一般溶剂	不溶于一般溶剂
耐虫蛀霉菌	—	耐霉菌不耐虫蛀	耐霉菌不耐虫蛀	耐霉菌耐虫蛀
染色性	—	较好	较好	较差

表 2-1-18 羽绒被、蚕丝被、棉被、羊毛被综合对比

特性 ＼ 种类	羽绒被	蚕丝被	棉被	羊毛被
纤维属性	动物纤维	动物纤维	植物纤维	动物纤维
纤维形状	立体球状	直线形	直线形	直线形
保温效果（冬天）	最优	中等	中等	良好
重量（冬被）	最轻	稍重	稍重	稍重
湿度含量	最低	中等	高	中等
透气性（夏天）	最优	优	中等	佳
压缩恢复性	最佳	中等	中等	佳

特 性 \ 种 类	羽绒被	蚕丝被	棉被	羊毛被
放湿发散性	最佳	中等	中等	佳
蓬松弹性	最高	普通	较差	普通
做成被胎后	羽绒(毛)个别独立	纤维做成片状	纤维做成片状	纤维做成片状
长期使用是否发硬结块	永远不会	会	会	会
冬天被内干燥感	干爽	感觉稍湿	感觉湿气重	不完全干爽
14℃以下时需加盖毛毯否(以 1.3 kg 做基准)	不需要	需要	需要	需要
耐久性	15 年以上	3~5 年	3~5 年	7~8 年

四、羽绒纤维在家用纺织品中的应用

羽绒纤维在家纺中主要用作羽绒被产品,如图 2-1-55 为灰鹅绒原料,图 2-1-56 为鹅绒被,内部采用立体衬工艺,使羽绒平均分布于每个方格内,更加蓬松、保暖,同时绗线中设计有圆孔,这种小孔有助于被子的透气、排湿,把人体释放出的水汽充分循环蒸发,更加保护好被子的质量不受损伤,保持被窝干爽透气。

图 2-1-55 灰鹅绒原料

图 2-1-56 鹅绒被

情境二 家用化学纤维的认识与应用

• 本单元知识点 •

1. 熟悉常见家用化学纤维的分类。
2. 了解并熟悉常见合成纤维组成和特性。
3. 掌握再生纤维的组成和性能。
4. 掌握新型天然纤维、化学纤维的主要品种和特性。
5. 掌握差别化纤维的主要品种和特性。
6. 熟悉功能性纤维种类及发展趋势。

化学纤维指以天然或者合成高分子化合物为原料,经化学方法及物理加工制成的纤维。自问世以来发展迅速,其品种和总产量已经超过天然纤维,并向天然化、功能化和绿色环保化发展。新品种、差别化纤维和功能化纤维层出不穷,改善了化纤的使用性能,扩大了应用领域。化学纤维常从原料来源、形态结构和纤维性能差别等角度做出分类,具体分类见表 2-2-1 所示。

表 2-2-1　常用化学纤维分类表

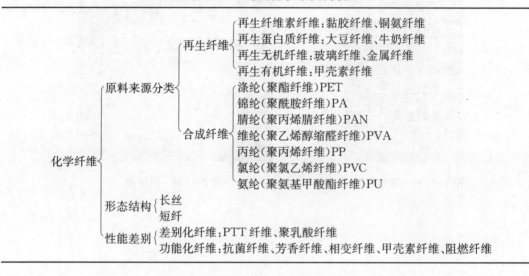

>>> 项 目 一 <<<
化学纤维的认识与应用

一、黏胶纤维

黏胶纤维是最早研制和生产的化学纤维,是再生纤维素纤维主要品种之一,其基本原料是天然纤维素,故与天然棉纤维某些性质极为类似。

(一) 黏胶纤维分类

黏胶纤维是从纤维素原料,如棉短绒、木材、甘蔗渣、芦苇等天然纤维素中提取纯净的纤维素,用烧碱、二氧化硫等溶剂做碱化、老化、磺化等工序制成可溶性纤维素纺丝原液,采用湿法纺丝加工而成。依据原料来源及浆液不同可以将黏胶纤维分为棉黏胶、木黏胶、竹黏胶、麻黏胶等;按结构不同分为四类。见表 2-2-2 所示。

表 2-2-2　黏胶纤维按结构分类表

分　类		基　本　性　质
黏胶纤维	普通黏胶纤维 短纤	(1) 棉型(人造棉):长度 33～41 mm,线密度 1.3～1.8 dtex (2) 毛型(人造毛):长度 76～150 mm,线密度 3.3～5.5 dtex (3) 中长型:长度 51～65 mm,线密度 2.2～3.3 dtex (4) 纯纺或与棉、毛、涤、腈等混纺,用于服装、家纺及产业用纺织品
	长丝人造丝	(1) 干态断裂强度 2.2～2.6 cN/dtex,湿干强度比为 45%～55% (2) 湿强较低,缩水率较大,易起皱 (3) 纯纺或与棉纱、蚕丝、合纤长丝等交织,用于床上用品及装饰织物
	高湿模量黏胶纤维 波里诺西克纤维	(1) 我国商品名称为富强纤维或莫代尔,日本称为虎木棉,通过改变普通黏胶纤维的纺丝工艺条件开发而成 (2) 纤维横断面近似圆形,厚皮层结构,断裂强度 3.0～3.5 cN/dtex,湿干强度比为 75%～80% (3) 织物尺寸稳定性好;但断裂伸长度小,耐磨性较差;其缩水率较普通黏胶纤维小,手感和坚牢度有所提高 (4) 此类纤维可纯纺或与棉、涤、腈等纤维混纺,织物外观较板挺
	高湿模量纤维	
	高卷曲、高湿模量纤维	
	强力黏胶丝	(1) 全皮层结构,高强度、良好地耐疲劳性,断裂强度 3.6～5.0 cN/dtex,湿干强度比为 65%～70% (2)用于运输带、胶管、帆布等工业用品生产
	新溶剂黏胶纤维	(1) 商品名称:Tencell(天丝)、Lyocell(莱赛尔) (2) 纤维横截面呈圆形,纵向平直无沟槽

(二) 黏胶纤维的结构特征

普通黏胶纤维主要组成物质是纤维素,纤维横截面呈不规则锯齿形,有明显的不均匀皮芯结构,皮层较薄;纵向外观平直有不连续条纹。如图 2-2-1(彩图 31)所示。

图 2-2-1　普通黏胶纤维横截面及纵向形态

利用特殊纺丝工艺,可获得厚皮层或全皮层的强力黏胶纤维,其截面均匀,轮廓圆滑,有微细而均匀的微晶结构,取向度适中。在改变纺丝工艺时,可得到全芯层富强黏胶纤维,具有较高结晶度,较大晶区尺寸和较高取向度。永久卷曲黏胶纤维横截面形状不对称,皮层厚度分布不均匀,在横截面各部分存在着大小不等的内应力,使纤维在纵向形成永久卷曲外形。

(三)普通黏胶纤维的主要性能

1. 吸湿性能

黏胶纤维中纤维素大分子排列不紧密,水容易渗入纤维大分子之间的空隙中,因此吸湿性优于棉纤维,属传统化学纤维中最高的。在温度 20℃,相对湿度 65％的标准大气条件下的平衡回潮率为 12％～15％,在相对湿度 95％时回潮率达 30％,因此黏胶纤维适合于织制床上用品,不会在其上积聚汗液中的脂肪和蛋白质,对皮肤不会产生刺激作用,而且其抗静电性能很好。同时,黏胶纤维润湿后,截面积膨胀率可达 50％以上,最高可达 140％,一般黏胶纤维织物浸水后会收缩并发硬。

2. 机械性能

黏胶纤维聚合度较棉纤维小,分子排列不如棉纤维紧密,因此,强度也是各种常见纤维中最差的一种;一般说来,普通黏胶纤维结构较为松散,断裂强度较棉纤维小,一般在 1.6～2.7 cN/dtex 之间;断裂伸长率大于棉纤维,为 16％～22％;湿润状态下纤维强力下降至干强的 50％左右,其湿态伸长增加 50％左右,所以黏胶纤维织物不耐水洗;普通黏胶纤维是化学纤维中比重较大的一类,其质地柔软、手感柔和,形态稳定性差,弹性恢复力差,织物不挺括、容易起皱、下垂变形。黏胶纤维染色性很好,染色色谱全,色泽鲜艳,染色牢度好,将各种黏胶纤维性能列表对比。见表 2-2-3 所示。

表 2-2-3　几种黏胶纤维机械性能对比

性　能	普通黏胶纤维	强力黏胶	变化型高湿模量黏胶	富强纤维
强度(cN·dtex^{-1})	1.8～2.6	3.6～4.4	3.1～5.3	3.1～5.7
伸长(％)	10～30	15～25	8～18	5～12
湿强度(cN·dtex^{-1})	0.9～1.9	2.6～3.1	2.2～4.0	2.4～4.0
模量(cN·dtex^{-1})	52.8～79.2	35.2～79.2	70.4～96.8	105.6～158.4
湿模量(cN·dtex^{-1})	2.6～3.5	2.6～4.4	8.8～22	17.6～61.6
钩强(cN·dtex^{-1})	0.3～0.9	1.3 以上	0.6～2.6	0.6～1.1

3. 热学性能

黏胶纤维与棉纤维相比耐热性较差,在加热到 150℃时强力降低比棉纤维慢,但在 180～200℃时,会产生热分解。

4. 酸碱霉变性

黏胶纤维的基本组成是纤维素,耐碱性较好,但不耐酸,其耐酸碱性均较棉纤维差;黏胶纤维对虫蛀具有充分的抵抗能力,但会受霉菌侵蚀。

(四)黏胶纤维在家用纺织品中的应用

1. 床品类

图 2-2-2 展示欧美风格婚庆六件套,利用提花工艺设计玫瑰图案,配以镂空花边;原料选择 A 版采用黏胶大提花 65％棉＋35％黏纤,B 版采用 100％全棉色布,结合黏胶纤维和棉纤维优点,具有良好的强力和耐疲劳性,手感柔软舒适,质轻;黏胶纤维染色性优良,易染色,绚

丽,不易褪色;良好的吸湿性使黏胶纤维符合人体皮肤生理要求,光滑凉爽且保有一定的悬垂效果。棉纤维的加入使产品透气保暖,不生静电。

图 2-2-2　棉/黏胶床品套件　　　　图 2-2-3　黏胶/棉/涤色织提花窗帘

2. 罩帘类

图 2-2-3 展示的窗帘产品原料选用黏胶/棉/涤纶,以色织大提花工艺织制,做布面压皱处理。织物布面手感舒适,绒面丰满,垂感好,厚实遮光,保温隔音。色织面料,色牢度好,水洗日晒不掉色。

3. 毯类

图 2-2-4 盖毯原料由黏胶纤维和棉纤维组成,两种纤维均具有良好的吸湿性,适合人体卫生健康,而棉纤维的加入可以弥补黏胶纤维吸潮后强力下降的趋势,从而使其保型性提高。同时黏胶纤维横截面形态使其具有良好的光泽,增强织物的光亮感。其次,棉纤维和黏胶纤维柔顺绵软,具有良好的亲肤效果。

图 2-2-4　棉/黏胶纤维盖毯产品

二、涤纶纤维

涤纶纤维是普通合成纤维主要品种,已经发展成为大宗类纤维,是服用、家纺原料的主要品类。

(一)涤纶组成

涤纶由有机二元酸和二元醇缩聚而制得的合成纤维,是目前合成纤维中产量最高的品种。涤纶是我国聚对苯二甲酸乙二酯(PET)纤维的总称,也称为聚酯纤维。国外对涤纶的商品名称叫法不一,如英国称特丽纶、俄国称拉芙桑、美国称达可纶、德国称涤奥伦或兰绒、意大利称特丽绸、荷兰称特纶卡等。涤纶性能好、用途广,已经成为合成纤维中发展速度最快的一个品种,其产量已经跃居合成纤维之首,有长丝和短纤之分,长丝又有普通长丝和变形丝,短纤则分为棉型、毛型和中长型等。

(二)涤纶纤维形态及主要性能

普通涤纶纤维横截面圆形实心,纵向光滑平直、无条痕,如图 2-2-5 所示。

1. 吸湿性及染色性

涤纶分子中无其他亲水性基团,结晶度较高,因此吸湿性差,在标准大气条件下回潮率只有 0.4% 左右,故纯涤纶织物有一定闷热性,易产生静电现象;染料分子难以进入纤维内部,

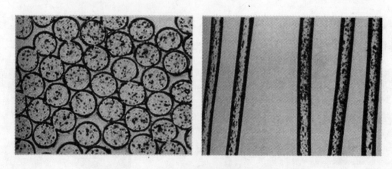

图 2-2-5　涤纶纤维横截面及纵向形态

一般染料难以染色,采用分散性染料并以高温高压染色,阳离子染料可染性使涤纶的染色性获得显著改善。

2. 热学性能

涤纶具有良好的热塑性能,在不同温度下有不同变形,耐热性优良,热稳定性较好,在150℃左右处理 1 000 h 稍有变色,强度损失不超过 50%。而其他常用纤维在该温度下处理200~300 h 即完全破坏,遇火后会熔融。

3. 力学性能

涤纶断裂强度和断裂伸长率均大于棉纤维,但随品种和牵伸倍数而异;涤纶长丝的断裂强度为 3.8~5.2 cN/dtex,断裂伸长率为 20%~32%。一般长丝强度较短纤高,牵伸倍数高的强度高、伸长小。由于涤纶吸湿性低,在水中溶胀度小,所以干、湿比强度和干、湿断裂伸长率皆近于 1.0。涤纶弹性优良,比其他合成纤维都高,织物挺括抗皱、保型性好;涤纶耐磨性优良,仅次于锦纶,但易起毛起球,且毛球不易脱落。

4. 化学稳定性

涤纶纤维对酸较稳定,尤其是有机酸类;但只能耐弱碱,常温下与浓碱或高温下与稀碱作用会使纤维破坏;对一般有机溶剂、氧化剂、微生物抵抗能力较强,即使在浓度、温度、时间等条件均较高时,纤维强度损伤也不会十分明显。

5. 光、电学性质

涤纶因吸湿性差,表面具有较高的电阻率,当与其他物体相互摩擦分开后,涤纶表面易积聚大量电荷不易逸散,产生静电,吸附灰尘;涤纶耐光性仅次于腈纶,优于其他纤维。

6. 密度

涤纶密度小于棉,大于羊毛,为 1.39 g/cm³ 左右。

(三) 涤纶纤维在家用纺织品中的应用

图 2-2-6(a)中国风花好月圆六件套原料由 55% 黏纤和 45% 聚酯纤维组成,色布则选择纯棉纤维。结合了涤纶优异的强度、耐磨性、保型性、抗皱性,同时保留了黏胶纤维良好的吸湿性、抗起球抗静电、悬垂感等优点;色布选择棉纤维获得贴身舒适感觉。

图 2-2-6(b)毛毯,选择涤纶超细纤维织物,质地细腻,不掉毛、不起球。此款产品面料光滑柔软,具有一定光泽,保暖性强。

图 2-2-6(c)、(g)为被服产品,面料及填充物均选择 100% 聚酯纤维,具有优良的抗皱性、弹性和尺寸稳定性,良好的电绝缘性,耐日光、耐摩擦、不霉蛀,有较好的耐化学试剂性能,能够耐弱酸或弱碱的洗涤。

（a）床品六件套

（b）毯类产品

（c）床褥

（d）窗帘类

（e）蚊帐类

（f）电器蒙罩类

（g）芯类

图 2-2-6　涤纶纤维家纺产品

三、腈纶纤维

腈纶是聚丙烯腈纤维的简称,用丙烯腈共聚的高分子聚合物所纺制的一种合成纤维,当纤维大分子中丙烯腈含量超过 85％时,称常规腈纶;当丙烯腈含量介于 35％～85％之间,而第二单体含量占 15％～65％时,称改性腈纶。

腈纶原料丙烯腈是从石油中提炼出来的。美国杜邦公司首先于 1942 年采用干法纺丝研制出腈纶,1948 年命名为"奥纶(Orlon)",1950 年进入工业化生产;日本称为"开司米纶";我国称为"腈纶",因其性质类似羊毛,通常又称为"合成羊毛"。腈纶性质优良,原料来源丰富,特别是随着各国纺织品难燃、阻燃等安全性能的重视以及社会中老龄人数的增加,对阻燃、难燃腈纶需求增加。

(一)腈纶纤维品类

1. 按形状分类

(1)腈纶短纤维

腈纶最主要的产品,又称为腈纶切断纤维。根据纤度以及切断或拉断长度,又分为毛型、棉型等短纤维。

> 毛型腈纶:又称为合成羊毛,线密度以及长度与羊毛相近(一般线密度为 2.8～10 dtex,长度在 65～130 mm 之间),富有卷曲性,是可在毛纺机上纯纺和与羊毛等混纺的腈纶品种。
>
> 棉型腈纶:线密度以及长度与棉纤维相近(一般线密度为 1.65～2.2 dtex,长度在 30～40 mm 之间),是可在棉纺机上纯纺和与棉混纺的腈纶品种。
>
> 其他腈纶:包括麻型和中长纤维等。中长纤维亦称仿毛型,是线密度和长度介于棉型和毛型之间的锦纶品种。其线密度为 2.8～5 dtex,长度在 5～76 mm 之间。

(2)腈纶毛条

将腈纶短纤维进行梳理或将腈纶丝束切断、拉断制成的腈纶条子,根据条子的性能分为正规毛条、高收缩毛条及膨体毛条。

(3)腈纶长丝

未经切断或拉断的腈纶丝束,主要用作碳纤维的原丝。

2. 按功能分类

(1)常规腈纶

包括常规长丝、短纤维和毛条三大类产品。

(2)差别化腈纶

包括复合、异型、超细、阻燃、抗起球、亲水、有色、高收缩、中空、导电、防污、混纤、易染色等腈纶产品。

(二)结构特征

腈纶采用空气固化的干法纺丝或者凝固浴固化的湿法纺丝,纤维横截面多为圆形或哑铃型,纵向平直有沟槽;当组分变化时,其形态结构会有所不同。如图 2-2-7 所示。

(三)腈纶纤维主要性能

1. 机械性能

腈纶强度较涤纶、锦纶低,断裂伸长与涤纶、锦纶相近,其断裂强度为 2.5～4.0 cN/dtex,

断裂伸长率为 25％～50％。纤维弹性较差，在重复拉伸下弹性恢复较差，尺寸稳定性较差，耐磨性较差。

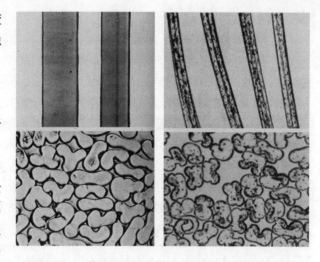

2. 密度

与锦纶相近，为 1.14～1.17 g/cm³；以 1.17g/cm³ 为多，在纺织纤维中属于较轻的纤维。

3. 吸湿、染色性

吸湿能力较差，较涤纶好，较锦纶差，在通常大气条件下为 1.2％～2.0％ 左右；相对湿度提高到 95％，回潮率也只能达到 1.5％～3.0％，因此腈纶织物易洗、易干。腈纶比电阻较高，较一般纤维易产生静电，腈纶纤维空穴结构使纤维的染色性能较好，且色泽鲜艳。

图 2-2-7　腈纶及双组分腈纶纤维纵向与横断面形态

4. 化学稳定性

浓度为 35％的盐酸、65％的硫酸及 45％的硝酸对其强度无影响；在 50％苛性钠和 28％氨水中强度几乎不下降；而且耐亚氯酸钠和过氧化氢，不溶于一般溶剂。但在浓硫酸、浓硝酸、浓磷酸中会溶解，在冷浓碱、热稀酸中会发黄，热浓碱能立即导致其破坏。

5. 热学性能

耐热性能较好，仅次于涤纶，比锦纶好；具有良好热弹性，可以加工膨体纱。

6. 耐光性和耐气候性

腈纶大分子中含有——CN(氰基)，使其耐光性和耐气候性特别好，是常见纤维中耐光性能最好的，经日晒 1 000 h，强度损失不超过 20％，因此特别适合于制作篷布、窗帘等织物。

(四) 腈纶纤维在家用纺织品中的应用

腈纶的优良性能在服装、装饰、家纺等产业都有应用，民用腈纶以短纤维为主，可以纯纺、与棉或毛及化纤混纺代替羊毛织制地毯、毛毯以及装饰织物等。

图 2-2-8(a)所示地毯，簇绒原料选择腈纶纤维。腈纶织物手感柔软，弹性强，不变形，方便清晰，干洗，不生灰尘，吸潮吸尘。全棉底布，止滑效果明显，耐磨性、弹性好、不易变形、耐脏耐污、环保、无异味、柔顺。

图 2-2-8(b)毛毯原料选用超细保暖腈纶纤维，手感柔软、舒适、细腻；保持了腈纶良好的保暖透气效用，成品蓬松丰满以及具有优质的保型性和尺寸稳定性，不掉毛。

（a）手工腈纶地毯

（b）腈纶毛毯

图 2-2-8　腈纶纤维垫、毯类产品

四、氨纶纤维

氨纶属聚氨酯系纤维,是一种高弹性纤维,泛指聚合物分子中聚氨酯链段占85%以上的纤维;国外称斯潘德克斯纤维,我国商品名为氨纶,简称PU纤维。目前常用的弹力长丝有假捻弹力丝、氨纶、PTT纤维等;假捻弹力丝是利用涤纶、锦纶等合成纤维热塑性特点,在纤维加捻扭转、卷曲变形时加热、定型,将其扭转、卷曲的膨松状态固定下来,获得弹性较好而无捻度的弹力丝,是我国早期用量很大的弹力丝。而PTT纤维的开发成功,由于其产业化后价格的低廉,获得了人们广泛的关注,并被一些人誉为"未来的纤维"。氨纶纤维研究始于20世纪30年代,1959年杜邦公司首先实现工业化生产。其主要有干纺、湿纺、化学反应法及溶纺挤压法,其中干纺比例最大,达80%;湿法占10%,其他两类占10%。氨纶丝在织物中用量很少,一般只占6%~8%,但性能优良,其中湿法和干法纺丝所得氨纶物理性比较见表2-2-4所示。

表2-2-4　湿法和干法纺丝所得氨纶物理性比较

性能＼名称	湿法纺丝	干法纺丝
强度(cN·dtex^{-1})	0.8~1.1	0.8~0.98
伸度(%)	450~600	450~700
300%伸长模量(cN·dtex^{-1})	0.19~0.35	0.19~0.29
300%回弹性(%)	93.5	95~96
纤维断面	非圆形	圆形

氨纶多为白色不透明的消光型长丝,横截面形状依据生产工艺的不同存在一定差异。干纺弹性丝为圆型、椭圆型截面;湿法纺丝法生产的弹性丝主要为粗大的叶形及不规则截面。各丝条之间在纵向形成不规则的粘结点,形成粘结丝;熔纺氨纶主要为圆型截面的单丝或复丝。氨纶纤维具有理想的弹性,能赋予面料优越的舒适性和平挺性,因而广受人们的喜爱,其性能比较见表2-2-5所示。

表2-2-5　氨纶的性能比较

性能＼名称		PTT	氨纶	PET(涤纶)	PA6(锦纶6)	PA66
强度(cN/dtex)		2.78	0.44~0.88	2.47~5.29	4.06~7.76	4.06~7.76
吸水(%)	24 h	0.03		0.09	1.9	1.9
	14 h	0.15	0.8%~1.0%	0.49	9.5	8.9
易染性		低	低	低	低	低
5%伸长时弹性回复率(%)		99~100	100	75~80	99~100	99~100
熔点(℃)		228	250	265	220	265
密度(g/mL)		1.34	1.0~1.3	1.40	1.13	1.14

(1)弹性:氨纶纤维的弹性伸长率可达400%~800%,比锦纶高弹丝的弹性高,回弹率达95%以上。

(2)强度:氨纶纤维的强度比较高,是弹性纤维中强度最大的一种。

(3)弹性模量:氨纶的弹性模量较小,丝的柔软性好。

(4)耐热性:由于氨纶分子间有氢键,分子内有结晶性,使氨纶纤维具有较高的耐热性,但不同品种氨纶的耐热性差异较大。

（5）染色性：氨纶的染色性较好，而且不易褪色。用于聚酰胺纤维的大多数染料都能用来氨纶纤维染色，特别是酸性染料、分散染料及含铬染料更好，可染成各种漂亮的色泽。

（6）具有很高的耐磨性，良好的耐化学药品性能，尤其具有耐油与耐溶剂性能。

在家用纺织品中主要用于椅套、工艺抱枕等。

五、其他纤维

（一）锦纶纤维

锦纶是世界上第一种工业化生产的合成纤维，由美国杜邦公司研制成功并于 1938 年投入生产并命名为"尼龙"，有普通长丝、变形纱和短纤维之分。根据化学成分和聚合情况不同，纺织工业上应用的主要品种有锦纶 6、锦纶 66。在我国这类纤维最早在辽宁省锦州化工厂试制成功而得名锦纶，也是对聚酰胺纤维的简称，国外生产锦纶因国家、地区、原料、用途等不同，有不同商业名称。见表 2-2-6 所示。

表 2-2-6　锦纶商品名称

商品名称	国家或地区	公司	备注
阿米纶（AMILAN）	日本	东丽	锦纶 6
安特伦（ANTRON）	美国	杜邦	锦纶 66、三角丝
阿夸纶（AQUALON）	意大利	阿夸菲尔	锦纶 6
布丽尼龙	英国	尼龙纺丝公司	锦纶 66
贝纶（PERLON）	德国	恩卡 格拉斯道夫	锦纶 6、锦纶 66
那纶	印度	印度人造丝	锦纶 6

1. 锦纶纤维结构特征

锦纶与涤纶一样采用熔体纺丝法制成，所以锦纶形态与涤纶相似，纵向平直光滑、呈圆棒形，横截面为近似圆形或其他形状。若为异性纤维，其截面形态因喷丝孔形状不同而不同。如图 2-2-9 所示。

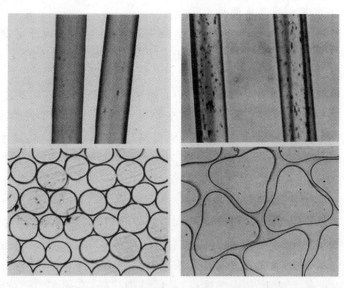

图 2-2-9　锦纶及异型锦纶纵、横向形态

2. 锦纶纤维的主要性能

（1）化学性质 锦纶具有良好的化学稳定性，防蛀、防霉，耐酸性较差，耐碱性较好。在95℃下，用浓度10％的氢氧化钠处理16 h，强度损失可以忽略不计。常温下他可以抵抗稀酸、稀碱以及一般的有机溶剂，但对各类浓酸和热的甲酸抵抗力极差，尤其是对无机酸的抵抗能力很差。

（2）力学性能 锦纶的化学组成为聚酰胺类高聚物，其代表产品有锦纶6、锦纶66，大分子含有酰胺键和氨基，其柔曲性较好，伸长能力较强。

① 断裂强度和断裂伸长率 锦纶可用纺丝改变纤维大分子的结晶度和聚向度，从而改变纤维强伸性和其他性能。锦纶强力高、伸长能力强，锦纶6的断裂强度为3.8～8.4 cN/dtex，伸长率为16％～60％；锦纶66的断裂强度为3.1～8.4 cN/dtex，伸长率为16％～70％，且弹性很好。

② 耐磨性 锦纶耐磨性是常见纤维中最好的，比羊毛高20倍，比棉纤维高10倍以上。但锦纶在小负荷下易产生变形，初始模量较低，因此锦纶纤维织物手感柔软，保形性和硬挺性差，与其他纤维混纺后可大大提高织物耐磨性。锦纶纤维耐疲劳性较其他纤维好，能经受数万次双绕曲，折绕能力比棉纤维高出7～8倍，比粘纤高出十几倍。因锦纶纤维容易起毛起球，很少单独用于织物。

（3）密度 除丙纶、乙纶外，纺织纤维中锦纶密度较小，约为1.14 g/cm³，其长丝适宜于做轻薄的丝织物原料。

（4）吸湿性与染色性 锦纶大分子中含有酰胺键，故吸湿性为合成纤维中较好的，通常大气条件下为4.5％左右，锦纶4的吸湿能力可达7％左右。锦纶染色性好，常温下即可进行，色谱较全。

（5）热学性能 锦纶耐热性差，随着温度升高，纤维强力下降；锦纶6的安全使用温度为93℃以下，锦纶66的安全使用温度为130℃以下，该纤维遇火种易产生熔孔；锦纶耐光性差，在长期光照下强度降低，色泽发黄。

3. 锦纶纤维在家用纺织品中的应用

锦纶分为长丝和短纤两种。目前，锦纶生产主要以长丝为主，短纤很少，只占产量的10％左右，常与羊毛或其他化学纤维混纺。锦纶于家纺产品常用于床品等的花边织制。

（二）维纶纤维

维纶是聚乙烯醇缩醛纤维的商品名称，也叫维尼纶；其性能接近棉花，有"合成棉花"之称。20世纪30年代由德国制成，主要用于外科手术缝线。1939年研究成功热处理和缩醛化方法，使其成为耐热水性良好的纤维。生产维纶的原料易得，制造成本低廉，纤维强度良好，除用于衣料、家用纺织品外，还有多种工业用途。但因其生产工业流程较长，纤维综合性能不如涤纶、锦纶和腈纶，年产量较小。

1. 维纶纤维的结构特征

维纶有短纤和牵切纱等品种，均有本色和原液染色纤维；短纤分棉型、毛型、粗毛型纤维、水溶性纤维、改性聚乙烯醇纤维以及高强度高模量纤维。

维纶可湿纺也可干纺，一般湿纺维纶纤维横断截面呈腰圆形，有明显皮芯结构，如图2-2-10所示，皮层结构紧密，结晶度和取向度高；芯层结构疏松，有很多空隙，结晶度和取向度低。改变纺丝工艺可使其横截面形状改变，干法纺维纶的截面形状随纺丝液浓度而变，浓度为

30％时横断截面呈哑铃形,浓度为40％的横断截面为圆形。

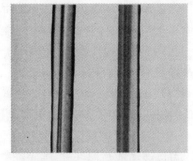

2. **维纶纤维主要性能**

(1)维纶吸湿性是目前合成纤维中最好的,其公定回潮率为4.5％～5％,所以其织物透气、吸汗;维纶染色性能较差,色谱不全,湿法纺丝制得的维纶色泽不够鲜艳,干法纺丝制得的较为艳丽;纤维缩水率较大,维纶织物易皱易缩。

(2)纤维密度比棉纤维、人造纤维小,仅为1.26～1.30 g/cm³,热传导率较低,因此维纶纤维轻且保暖。

(3)维纶断裂强度3.3～5.3 cN/dtex,断裂伸长率达12％～15％,耐磨稍低于涤纶,湿强度为干强度的80％,纤维耐用性强;维纶纤维弹性较其他合成纤维差,弹性回复能力差,保形性较涤纶差,但比棉纤维高。

(4)维纶耐酸碱性较好,受浓度为10％盐酸或浓度为30％硫酸作用无影响,但在浓硫酸、浓盐酸、浓硝酸中会发生溶胀和分解;在浓度为50％的苛性钠和浓氨水中强度几乎没有降低,对一般的有机溶剂抵抗能力强。

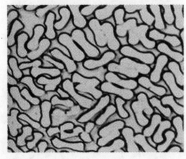

图 2-2-10 维纶纤维纵向、横断面形态

(5)维纶耐气候性优良,长时间日晒强度保持率为70％,且不霉、不蛀,不易腐烂,长期放在盐水中也没有任何影响。

(6)维纶耐干热不耐湿热,在沸水中收缩达5％。湿态110～115℃时,有明显变形和收缩,若在沸水中连续煮沸3～4 h,可使纤维变形或发生部分溶解。

维纶可以纯纺,也可以与棉花、黏胶等纤维混纺;维纶纯纺或混纺织物具有棉布和棉织物的风格。

(三) 丙纶纤维

丙纶学名聚丙烯纤维,于1957年率先在意大利问世,并实现工业化生产,直接利用石油裂解产物丙烯经聚合后熔融纺丝,原料来源丰富,生产能耗低,无污染,生产设备简易,制造工艺简单,发展迅速。聚丙烯纤维是继聚酯纤维、聚酰胺纤维、聚丙烯腈纤维之后的第四大主要合纤品种。

1. **丙纶品种**

(1)丙纶短纤维 丙纶短纤用途广泛,可以纯纺或与棉、羊毛、腈纶等混纺织制机织平布、针织品、针刺地毯、工业用布等。

(2)丙纶长丝 丙纶长丝主要为丙纶细旦丝、中粗旦丝、丙纶膨体丝等,另有少量弹力丝、丙纶超细旦丝品种。丙纶纤维刚性强,制品有粗糙、硬挺和蜡感。

(3)丙纶膜裂纤维 20世纪60年代初期发展起来的,丙纶薄膜在外力作用下,经过撕裂制成的纤维,可以制作地毯类织物的底纱,大量用于沙发布、絮棉、墙壁装饰布等室内织物。

2. **丙纶纤维主要性能**

(1)丙纶纤维密度0.9 g/cm³,仅为棉纤维的60％,是目前所有合成纤维中最轻的。导热系数在常见纤维中最低,其织物具有质地轻盈保暖的特点。

（2）丙纶纤维强度大，短纤维可达 2.6～5.7 cN/dtex，长丝达 2.6～7.0 cN/dtex，断裂伸长率为 20％～80％，近似锦纶和涤纶，浸湿以后，强度不降低，很耐磨。

（3）丙纶吸湿性很差，在标准大气条件下回潮率几乎为"0"，纤维基团中无亲水基团，因此染色性能很差；纤维具有芯吸效应，导湿性好，能很好地传导汗液，保持皮肤干燥。

（4）丙纶耐热性较差，耐湿热性较好，其熔点 160～177℃，软化点 140～165℃，较其他纤维低，抗熔孔性很差，织物遇火星易熔融。耐光性很差，光照射下极易老化。

（5）具有较为稳定的化学性质，对酸碱抵抗能力较强，有良好的耐腐蚀性。

可以纯纺或与棉纤维、黏胶纤维混纺，织制面料，丙纶可生产地毯等家用织物。

图 2-2-11 所示窗纱原料选择丙纶纤维，提花工艺。具有净爽，有光泽、垂感好、颜色花型饱满、不褪色、不起球、可机洗、易打理等特点。

（a）丙纶地毯　　　　　　　　　　　　　　（b）丙纶窗纱

图 2-2-11　丙纶纤维产品

（四）氯纶纤维

氯纶于 1913 年开始生产，由聚氯乙烯或聚氯乙烯占 50％以上的共聚物经湿法或干法纺丝制得，但发展速度较慢，氯纶原料丰富，生产流程短，是合成纤维中生产成本最低的一种。我国于 1965 年将聚氯乙烯纤维的商品名称定为"氯纶"，国际市场上，日本称为"天美纶"，意大利称为"毛维尔"，法国称为"罗威尔"。化学纤维中，氯纶是具有奇妙用途的合成纤维，从煤炭、石油、石炭石、天然气中提取原料合成，有短纤维、长丝和鬃丝等。

1. 氯纶纤维形态及性能

氯纶纤维横断面接近圆形，纵向平滑或带有 1～2 根沟槽外观。

（1）氯纶纤维分子中含大量氯原子，约占质量的 75％，一般情况下极难氧化，即使遇火燃烧，也只能使纤维接触火焰部分收缩熔化，故氯纶纤维具有难燃特性。

（2）纤维密度为 1.38～1.40 g/cm³，与涤纶相近。

（3）氯纶断裂强度与棉纤维相接近，约为 1.8～3.5 cN/dtex；断裂伸长率为 70％～90％，大于棉；弹性和耐磨性较棉纤维好，但在合成纤维中较差，具有质轻、弹性好的特点。

（4）氯纶大分子链上无吸湿性基团，因此在通常大气条件下几乎不吸湿，不易受潮，纤维绝缘性能较好，与人体相互摩擦时易产生阴离子负静电，面料水洗后易晾干。

（5）氯纶染色性很差，因为纤维耐热性很差，不适于较高温度下染色，染料难于进入氯纶内部,故纤维色谱不全。

（6）氯纶纤维耐腐蚀性能比锦纶、涤纶、维纶等合成纤维要好,将其放入浓盐酸、浓硫酸等强酸中,其强度几乎不变。

（7）氯纶保温性能比棉花高 50％～70％,比羊毛高 10％～20％,具有良好的保暖性。

（8）耐热性能差,软化点和熔点较低,在 60～70℃时纤维开始收缩,到 100℃时会分解收缩达到 50％左右,因而氯纶织物在洗涤和熨烫时必须掌握好温度。

（9）氯纶具有较好的耐晒性能,与涤纶相似,在日光照射下强度几乎不下降。

>>>> 项 目 二 <<<<
新型纤维认识与应用

一、新型天然纤维

（一）天然彩色棉

普通棉织品必须经化学漂染工艺才能变得五颜六色,而用天然彩色棉花制成的纺织品不用化工染整工艺就可以拥有缤纷的色彩,可谓真正意义上的绿色环保产品。20 世纪 80 年代前后,彩色棉花培植及其制品受到世界各国的充分重视。彩色棉目前产量较大的国家有美国、秘鲁等。我国目前彩色棉品种有绿色、褐色和棕色,分别在新疆、四川、甘肃等省市进行小面积种植,并扩大进行推广。

1. 天然彩色棉的形态特征

天然彩色棉中的棕色棉纤维纵向和本白棉一样,呈细长不规则转曲的扁平状体,中部较粗,根部稍细于中部,稍部更细。成熟度好的纤维纵向呈转曲带状,且转曲数较多;成熟度较差的纤维呈薄带状,且有很少的转曲数。

棕色棉纤维截面均呈腰圆形,且有中腔,但棕色棉的色彩呈片状,主要分布在纤维次生细胞壁内。成熟度差的纤维,截面扁平,中腔较大。如图 2-2-12 所示。

图 2-2-12 绿棉横截面与棕棉横截面

2. 天然彩色棉的性能

（1）物理性能 彩色棉长度偏短,强度偏低,整齐度较差,短绒含量高,棉结高低不一致;色棉产量低,衣分率低;因纤维色素不稳定,色泽不均匀,经日晒后色泽变淡或褪色,水洗后色泽会变深,部分彩色棉出现有色、白色和中间色纤维。见表 2-2-7 所示。

表 2-2-7　我国彩色棉的主要物理指标

物理指标	绿色	棕色	白色
主体长度(mm)	22～28	21～28	28～32
品质长度(mm)	25～31	25～31	30～32
强度($cN \cdot dtex^{-1}$)	16～17	14～16	19～23
整齐度(%)	45～47	44～48	49～52
短绒率(%)	15～20	15～30	≤12
棉结(粒·g^{-1})	100～150	120～200	80～200
成熟度系数	1.2～1.5	1.3～1.8	1.5～2.0

（2）化学性能　天然彩色棉经过碱或生物酶处理后,日晒色牢度都有下降趋势,不经过处理的天然彩色棉日晒色牢度较好。彩棉织物不能用酸性洗涤液,最好不用碱性洗涤液,不要接触氧化剂,不要经历长时间汽蒸、高温浸泡和熨烫。

（3）彩棉颜色的不稳定性　天然彩棉的色素不稳定性主要表现在两个方面:一是天然彩棉尤其是绿色棉在阳光的照射下极易变色,有时在摘花前颜色便开始变浅。在同一棉铃中,绿色棉纤维吐絮后呈绿色或淡绿色,光照后呈灰绿色,遇光时间长则变为黄绿色。二是受气候、土壤等条件影响,不同产地或同一产地的彩棉深浅不一,甚至同一棉株上的彩棉也可分离出有色、白色和中间色,色杂现象很突出。

3. 天然彩色棉在家用纺织品中的应用

图 2-2-13 所展示的产品选择天然彩棉作为原料。天然纤维舒适止痒,亲和皮肤,对皮肤无刺激。冬暖夏凉、质地柔软、通透性好,吸附人体皮肤上的汗水和微汗,使体温迅速恢复正常,真正达到透气、吸汗等效果。抗静电、防螨止痒、pH 值呈酸性,对皮肤无刺激,符合环保及健康要求。不易搓起,不卷边,由于粗布线粗、纹深,其表面形成无数个按摩点对人体有意想不到的按摩作用。

（a）天然彩棉床品件套

（b）天然彩棉毯

（c）天然彩棉浴巾、毛巾

图 2-2-13　天然彩棉产品

（二）天然彩色蚕丝

彩色蚕丝色素来自于桑叶或蚕体内自身合成，可避免化学染料对人体的危害，也避免了印染废水对环境的污染。彩色蚕丝织物色彩自然柔和，已公认为高档的绿色环保和保健织物，具有广阔的发展前景。

1. 彩色蚕茧的形成

目前彩色蚕茧主要由以下两种途径获得：

（1）利用现代育种技术获得彩色蚕茧品种

通过遗传手段，由野餐系列的彩色蚕茧和白色品种蚕茧正反交、经过多代选育或经过转基因培育而成。这种蚕茧的天然彩色色素是由蚕的主导基因控制的，饲养过程中对蚕本身及饲养没有经过任何色素处理。

（2）利用对桑蚕添食生物有机色素的彩色蚕茧

蚕的绢丝腺是控制蚕吐丝功能的器官，它的颜色决定了蚕丝的颜色。在绢丝腺的发育时期，通过在桑蚕的饲养过程中添加色素，使桑蚕吐出有色蚕丝。如红色取自 Lac 介壳虫的巢、Cham Poo 的果实等，黄色取自 Gamboge 的树皮或树脂、Knorl 树的芯材、Kee Lee 树等。但这种添食色素的方法由于色素来源有限，难以形成彩色蚕茧的产业化生产。

2. 彩色蚕丝的组成及性质

彩色蚕茧品种主要有黄红茧系和绿茧系两大类。黄红茧系包括淡黄、金黄、肉色、红色、蒿色、锈色等；绿茧系包括淡绿和绿色。彩色蚕丝系天然多孔性蛋白质纤维，颜色主要集中于丝胶中，其丝蛋白分子间空隙率比白色蚕丝大，由于彩色蚕茧受到近 20 个基因的调控，遗传规律复杂；同时食物差别也造成桑蚕从食物中获得的色素也不同，从而造成了不同蚕茧系、同一蚕茧不同茧层中色素的分布也存在差异。

彩色蚕丝纤维中含有芳香族氨基酸、黄酮色素和类胡萝卜素等，且黄酮色素含量和类胡萝卜素含量明显高于白色蚕丝，此类物质决定了彩色蚕丝的相关性质。

（1）良好的透气性和吸放湿性

蚕丝分子结构中的亲水基和缩氨酸键使桑蚕织物具有良好的透气性和吸放湿性，彩色蚕丝的丝蛋白分子间空隙率比白色蚕丝大，如黄色蚕丝的丝蛋白分子间空隙率比白色蚕丝大 37%～53%，所以彩色蚕丝织物的透气性和吸放湿性更佳。

（2）良好的紫外线吸收能力

在彩色蚕丝蛋白质中，能与紫外线发生光化反应的乙氨酸、酪氨酸、色氨酸和苯丙氨酸的含量占蚕丝蛋白质总量的比例很高，分子活性较大，对小于 300 nm 的紫外光具有良好的吸收性。织物的颜色对紫外线的透射率也有影响，颜色越深，紫外线透射率越小。彩色蚕丝织物较深的颜色可使紫外线的透射率减小。

（3）良好的抗菌能力

丝、棉、麻天然纤维的抑菌能力高于涤纶、尼龙等合成纤维。天然纤维织物中，丝绸的抑菌作用最强，因为蚕丝蛋白对微生物有抑菌作用。彩色蚕丝中较高的黄酮色素含量和类胡萝卜素含量使其织物具有良好的抗菌能力，彩色蚕丝织物对黄色葡萄糖球菌、MRSA、绿脓菌、大肠杆菌、枯草杆菌和黑色芽孢菌 G＋等有很好的抑制作用。

（4）抗皱能力差

彩色蚕丝织物极易起皱，因为丝素结晶度低，内部存在大量空隙，非结晶区的丝蛋白大分子之间有氢键、盐式键、范德华力等分子间作用力相联系,缺少化学交联。受外力或水分子作用时,这些键力断裂或减弱,分子链发生相对滑移。外力去除时,分子间没有足够约束力使其恢复到原来的位置,变形不能完全恢复,故而产生折皱。

（5）强力较小,伸长率较大

彩色蚕丝系天然多孔性蛋白质纤维,丝蛋白分子间空隙率比白色蚕丝大,故其抱合力不如白色蚕丝,但伸长率较大。

（6）容易黄变

彩色蚕丝织物易泛黄,因为在加工、服用和贮存过程中,氨基酸会与紫外线发生很强的光化反应,使蚕丝蛋白质分子主链的肽键发生断裂,分子链裂解,造成丝纤维的强力和伸度下降,光化反应中间产物形成的色素会使蚕丝泛黄变色,同时伴有表面龟裂、脆化,使彩色蚕丝织物的性能受到一定的影响。

（7）耐水洗不耐日晒

水洗对彩色蚕丝的影响较小,由于彩色蚕丝具有很好的紫外线吸收能力,因此蚕丝纤维耐光性能不够好。

二、新型化学纤维

（一）Tencel 纤维

Tencel 纤维是英国 Acocdis 公司生产的 LYOCELL 纤维的商标名称,在我国注册中文名为"天丝",是一种最典型的绿色环保溶剂型纤维素纤维,以针叶树为主的木浆、水和溶剂氧化胺混合,加热至完全溶解,在溶解过程中不会产生任何衍生物和化学作用,经除杂直接纺丝,其分子结构是简单的碳水化合物。

Tencel 纤维在泥土中能完全分解,对环境无污染;另外,生产中所使用的氧化胺溶剂对人体完全无害,几乎完全能回收,可反复使用,生产中原料浆粕所含的纤维素分子不起化学变化,无副产物,无废弃物排出厂外,是环保或绿色纤维。由于其具有棉的柔软性、涤纶的高强力、毛的保暖性等多项优良特性,是高档家纺面料的首选。品牌 Diesel、DKNY、ESMA 艾诗曼家纺等对天丝都有充分利用。

1. Tencel 纤维形态

Tencel 纤维纵向形态光滑,有的有断续、不明显的竖纹;截面形态为规则圆形,没有中腔,有皮芯层,其最大特点是聚合度、结晶度、取向度及沿纤维轴向的规整性均高于其他再生纤维素纤维。因此,纤维无定形区侧面横向连接少且弱,容易开裂而形成原纤,造成加工困难,形成结及短绒。如图 2-2-14 所示。

图 2-2-14　LYOCELL 纤维纵向、横断面形态

2. Tencel 纤维性能

Tencel 纤维规格包含以下几类:

1.1 dtex×38 mm 和 1.1 dtex×51 mm 用于棉型细支纱;

1.7 dtex×38 mm 和 1.7 dtex×51 mm 用于棉型纱;

2.4 dtex×70 mm 用于精梳毛型纱；

还有 1.4 dtex、3.7 dtex 以及纤维束 Tencel 纤维产品。目前生产的 Tencel 纤维大多数为有光短纤，由于聚合度高，结晶度高，纤维截面为圆形，因此与其他纤维素纤维及天然纤维相比，具有高强度、高湿模量、干强湿强接近等特点。其性能如下：

（1）Tencel 纤维的干强和湿强大大超过普通粘纤和棉纤维，干湿强比达到 85%；同时其湿态下强度损失小，不高于 20%。

（2）Tencel 纤维具有较高的溶胀性，干湿体积 1：1.4；其应力应变特点是与纤维素纤维间抱合力较大，较易混纺。

（3）Tencel 纤维织物在洗涤整理和染色加工时，收缩率很低，具有良好的尺寸稳定性和较高的适应性。

（4）Tencel 纤维的高强度适于制造超细纤维，可用于织造轻薄织物（80 g/m²）和厚重织物。

（5）Tencel 纤维具有较低的断裂伸长，故其织物经水洗后变形较小。

此外 Tencel 纤维还具有以下性能：

（1）Tencel 纤维具有圆形横断面，纵向良好的外观，故 Tencel 纤维织物具有丝绸般的光泽，优良的手感和悬垂性。

（2）Tencel 纤维具有原纤化的特性。Tencel 纤维生产属于干喷湿纺法，在空气中喷丝，然后立即浸入水中凝固成丝，其分子取向度较好，通过对原纤化的控制，可做成桃皮绒、砂洗、天鹅绒等多种表面效果的织物，形成全新美感，适合开发具有新的细条、光学可变性的新潮产品。

（3）Tencel 纤维的高湿模量使其能经受强烈的机械作用和化学整理，具有良好的耐碱性，其织物尺寸稳定性、耐洗性也相应提高。

（4）Tencel 纤维刚性强，其纱线容易脱散，易产生毛羽。

（5）Tencel 纤维对染料和印花的亲和性好，具有良好的染色性能，织物色彩丰富。

3. Tencel 纤维在家用纺织品中的应用

图 2-2-15（a）中宫廷奢华风格的床品四件套和韩式风格四件套原料选择纯天然再生性纤维天丝，具有优于棉纤维的吸湿性；高于真丝的柔软性，强于黏胶纤维的干强和湿强，具有非常高的刚性，轻薄易洗快干，且有良好的水洗尺寸稳定性。手感柔软，悬垂感好。图 2-2-15（b）款式为卫浴三件套，原料选择棉加天丝，织物手感柔软细腻，透气性佳，不易起球，不易褪色。

（a）床品四件套　　　　　　　　　　　　　　　（b）天丝纤维浴巾

图 2-2-15　天丝家纺产品

(二) Modal 纤维

莫代尔(Modal)是 20 世纪 80 年代由奥地利兰精(Lenzing)公司开发的高湿模量黏胶纤维的纤维素再生纤维,原料采用欧洲榉木,先将其制成木浆,再通过专门纺丝工艺加工成纤维,由于纺丝过程中所使用的溶剂 99% 以上可回收,整个生产过程基本没有污染,对人体无害,并能够自然分解,对环境无害,被人们称为绿色环保纤维。

1. Modal 纤维特性

Modal 纤维按制造方法分有波里诺西克纤维(又称经典的高湿模量纤维,我国的商品名称为富强纤维)和变化性高湿模量黏胶纤维两种。经不断改进后,现用的莫代尔纤维具有高结晶度和整齐度的分子结构,原纤结构明显,其产品具有特殊的手感、高湿强、高湿模量的性能,与同属纤维素纤维的棉、黏胶与原富强纤维在结构方面的比较。见表 2-2-8 所示。

表 2-2-8　莫代尔纤维与其他纤维的结构特征对比

项　目	莫代尔纤维	棉纤维	富强纤维	普通粘纤
横截面	皮芯结构圆形	有中腔,腰圆形	全芯结构,圆形	圆形皮芯结构,锯齿形
聚合度	450～550	20 000	500～600	300～400
微细结构	有原纤结构	有原纤结构	有原纤结构	原纤结构较少
结晶度(%)	50	50	44	30
晶区厚度(mm)	7～10		8～10	5～7
取向度(%)	75～80		80～90	70～80

(1) 优良的吸湿透气性　莫代尔纤维吸湿性能与黏胶纤维相近,但比棉纤维高出 50%,湿态伸长低,水洗收缩率低。由于莫代尔纤维分子结构有独特的亲水性,接触肌肤时,可产生较好的凉爽感,因此用他制成的面料舒适干爽、吸湿透气、着身舒适,有利于人体的健康。

莫代尔纤维长度、细度、均匀度好于棉纤维,由其制得的纱线和针织物毛羽少,表面光滑,相对来说,纱线中纤维间、织物中纱线间的孔隙较大,使得对空气和气态水的阻力要比棉针织物小,所以,透气性和透湿性好于棉针织物。

(2) 高强力　莫代尔纤维具有高湿模量、高强度、纤维均匀的特点,其纱线缩水率仅为 1% 左右,而黏胶纤维纱线的沸水收缩率高达 6.5%。干态时具有合成纤维的强力和韧性,干强接近于涤纶;湿强与棉纤维接近,湿强力约为干强力的 59% 以上,优于黏胶的性能,具有较好的可纺性与织造性。黏胶、莫代尔和棉的干湿强度对比,见表 2-2-9 所示。

表 2-2-9　Modal 纤维与黏胶、棉、Loycell 纤维强度等特性对比

项目	Modal	Loycell	棉	黏胶
强度(cN·tex^{-1})	34～36	40～42	24～28	24～26
湿强(cN·tex^{-1})	20～22	34～36	25～30	12～13
相对湿强(%)	60	85	105	50
湿伸长(%)	13～15	17～19	12～14	21～23

莫代尔纤维的干湿强度都优于黏胶纤维,其高强度使他适于生产超细纤维,同时原纤化程度小,使其具有较好的可纺性和织造性。

(3) 良好的表面摩擦特性　莫代尔纤维具有良好的吸湿溶胀性能,其回潮率为 12.5%,膨胀率为 63%,且纤维表面顺滑耐磨,可避免清洗过程中纤维的相互缠结,在再生纤维中莫代尔纤维耐磨性是较好的。因此,莫代尔织物耐用,不易收缩、变形或失去光泽。

（4）对染料的亲和力好　染色主要发生在纤维分子结构的无定形区,与纤维分子结晶度的高低有关。莫代尔纤维可用传统的纤维素纤维的预处理、漂白和染色工艺加工,传统的纤维素纤维染色用的染料,如直接染料、活性染料、还原染料、硫化染料和偶氮染料都可用于莫代尔织物的染色,且相同的上染率,莫代尔织物的色泽更好,鲜艳明亮,与棉混纺可进行丝光处理,且染色均匀、浓密、色泽保持持久。

（5）光泽和手感　莫代尔纤维良好的外观使其织物具有丝绸般的光泽,莫代尔纤维充分细且化,其纵截面的结构平滑,使他具有丝一般的柔软和润滑,织物的手感特别滑爽、悬垂性好,适合与肌肤接触。

（6）起毛起球明显　莫代尔纤维属于再生性纤维素纤维,大分子聚合度在 2 500～4 000之间,比棉小 300 倍左右,无定型区比棉稍高,纤维干模量低,这些大分子特性决定了他具有良好的吸湿溶胀性能,但湿模量较高,在水中纤维间的移动增多,摩擦系数增大,容易产生严重的原纤倾向,表现为易起毛起球。

2. 莫代尔纤维主要应用

莫代尔纤维分为有光、半光、卷曲和未卷曲 4 种花式的 6 种规格。

未卷曲纤维的两种规格是:1. 33 dtex×38 mm 有光和 1. 70 dtex×38 mm 有光、半光;

卷曲纤维的四种规格是:1. 33 dtex ×38 mm 有光,1. 70 dtex ×38 mm 有光,3. 3 dtex×100 mm 有光、半光及无光,0. 5 dtex×100 mm 有光、半光及无光。

莫代尔是柔软、舒适针织和机织物的理想纤维原料,可以纯纺,但纯莫代尔原料形成的织物松软、无骨架、保形性不好、染整定型困难,经摩擦,极易造成织物起绒、起球,影响织物外观风格。为了改善纯莫代尔产品的挺括性差的缺点,多采用与其他纤维混纺、交织,发挥各自纤维的特点。

（1）莫代尔/氨纶　含氨纶的莫代尔织物,既有棉的舒适性及强度,又有良好的悬垂性,柔和的光泽和蚕丝般的手感,具有良好的弹性,适合作高档产品的面料。

（2）莫代尔/天然棉、彩棉　莫代尔与棉类同属纤维素纤维,其强度、光泽、柔软性、吸湿性、染色性、染色牢度均优于棉纤维,但莫代尔织物易起毛起球,与棉混纺或交织可以弥补其缺陷,又能产生丝光效果,散湿凉爽。

（3）莫代尔/麻类纤维

① 苎麻纤维织物吸湿、透气性好、抗菌防霉点,但该纤维刚度大,有刺痒感。与莫代尔混纺,可借助莫代尔纤维优良性能来弥补苎麻纤维固有的缺陷,使之柔软、自然朴实。例如,利用莫代尔/苎麻混纺纱线的粗结来设计仿竹节纱织物,可增强面料的立体感;利用涤/莫/麻混纺纱设计提花织物,可使织物有较好的悬垂性,柔软滑爽。

② 亚麻纤维具有吸湿放湿快、透气性好等特点,但刚度大,延伸度小,耐摩性差。将亚麻与涤纶和莫代尔纤维混纺、交织,既能保持亚麻纤维吸湿透气和亚麻纤维易洗快干、挺括、凉爽的优点,又能充分展示莫代尔柔软、高湿强、高湿模量性能。亚麻莫代尔混纺织物经紫外线遮断剂处理后,隔热性能提高,可以改善空间微气候。

③ 大麻纤维内部有沟状空腔,壁多孔隙,含有抗霉抑菌物质,但纤维粗,刚性大,无天然卷曲,纤维间抱合力差,长度整齐度差,严重影响纺纱织造工艺的进行,将莫代尔和大麻纤维分别染色后再混纺而织成的色纺织物既美观舒适又绿色保健。

（4）莫代尔/聚酯纤维　莫代尔纤维因其优良透气性、吸湿性、柔软度等而多用于床上用品,为克服莫代尔挺括保型欠佳、抗皱性差的缺点,采用适量挺括保型性好的涤纶纤维混纺或交织织成织物,提高织物的抗皱保型性,并借助莫代尔优良的性能弥补涤纶织物吸湿散湿性差的缺陷,使织物既挺括悦目,刚柔相宜,又穿着舒适,华贵朴实,并获得良好亲肤性。

(5)莫代尔与羊毛 用少量莫代尔与羊毛混纺,可提高织物耐洗性、抗菌防霉变、面料色泽感、织物触摸感,有助于降低纯毛织物对人体的刺痒感;同时可降低莫代尔与毛混纺产品的制造成本,提高经济效益。

图 2-2-16(a)中春秋被,面料选择聚酯纤维,做磨毛工艺处理,手感柔软,可以增加与被套之间的摩擦力,减弱使用时跑被现象,聚酯纤维染色后不褪色不缩水,透气保暖。填充物为莫代尔和聚酯纤维,莫代尔良好的柔软性和吸湿性,使产品蓬松有型,饱满密实温暖舒适。图 2-2-16(c)床品款式选择莫代尔纤维为原料,利用其纤维柔软,光洁,易染色及高吸湿性的特点,织制手感滑爽,布面光泽亮丽,具有悬垂性的织物。

(a) 芯类　　　　　　　(b) 毛巾　　　　　　　(c) 床品件套

图 2-2-16　莫代尔纤维产品

(三) 丽赛纤维

丽赛(Richcel)纤维是一种新型的高湿模量再生纤维素纤维,由丹东东洋特种纤维公司引进日本东洋纺的波里诺西克纤维纺丝技术生产而成。该纤维以天然针、阔叶林树木精制专用木浆为原料,克服了普通黏胶纤维的缺点,秉承了再生纤维素纤维的优点,具备了其他高湿模量纤维素纤维不具有的优良性能,是一种全新可降解的亲肤纤维。

1. 丽赛纤维的结构

丽赛纤维原料为天然针叶树木浆,全芯结构,无皮层,容易制成桃皮绒风格的纺织品;纤维横截面呈圆形,纵向具有光滑表面,使纤维具有很多独特的性能。

2. 丽赛纤维性能

丽赛纤维从根本上克服了黏胶纤维的缺点,秉承了该系列纤维的所有优点,具有超爽、超滑、超软的"超棉"特质。

(1)柔软亲肤 源于纤维素大分子无规则的粒子型结晶和全芯结构,与天然棉纤维微结构相似,但柔软性比棉好,且经多次洗涤后,织物仍然能保持柔软性,而棉织物经多次洗涤后,由于易吸附钙皂而逐渐变糙变硬。丽赛纤维的亲肤性来源于植物纤维素大分子上的亲水性基团以及天然纤维素的柔韧性,其吸湿导湿性比棉纤维好,接近羊毛,亲肤性和舒适性胜过羊毛。

(2)悬垂性和弹性 丽赛纤维内部大分子取向度很高,并具有圆形横截面和全芯性结构,其断裂强度高,接近于涤纶,湿断裂强度是黏胶纤维的 3 倍,大大改善了纤维纺、织、染的加工性能和使用性能,同时纤维光泽好,易制成桃皮绒风格的纺织品,具有极好的悬垂性和滑爽感,丽赛纤维与其他纤维机械性能比较。见表 2-2-10 所示。

表 2-2-10　丽赛纤维与其他纤维机械性能比较

项目	Lyocell 天丝	Richcel 丽赛	Modal 莫代尔	Viscose 普通黏胶纤维	棉	Polyester 聚酯纤维
干强(cN/dtex)	4.0~4.2	3.4~4.2	3.2~3.4	2.2~2.6	1.8~3.1	4.2~5.2
干伸长(%)	15~17	10~13	13~15	22~23	3~10	25~35
湿强(cN/dtex)	3.4~3.6	2.5~3.4	1.9~2.1	1.3~1.6	2.2~4.0	4.2~5.2
湿伸长(%)	17~19	13~15	14~16	18~24	25~30	25~35
湿干强度比(%)	85	75	60	60	115	100
水膨润度(%)	67	60	70	90	45	3
结晶度(%)	40	45~50	25	25	(60)	
标准回潮率(%)	11.65	13%	12.5%	13.0	8.0	0.4
吸水率(%)	65	—	—	90	50	3

（3）**染色性**　丽赛纤维具有纤维素纤维的属性,使该纤维可染性好,鲜艳度极佳,并适合所有纤维素纤维的染整工艺和染料应用。

（4）**耐碱性**　在 NaOH 的作用下,天丝和高湿模量再生纤维素纤维(莫代尔和丽赛纤维)的强度均有所下降。但天丝耐碱性较好,而高湿模量纤维素纤维相对较差;就莫代尔和丽赛两种纤维看,丽赛纤维耐碱性比莫代尔纤维略好,使其在 NaOH 浓度 230 g/L 以上进行纱线或织物丝光时,仍然可以保持很好的强力与光泽,这对与棉的混纺织物来说,无疑是个优秀的搭档,是其他再生纤维素纤维所不能及的。

3. 丽赛纤维的应用

丽赛纤维广泛应用于服装、家纺等领域,有纯纺、混纺、复合纺产品及交织产品。目前产品有丽赛纯纺;与棉、亚麻、大麻混纺;与羊毛、羊绒混纺;与天丝、PTT 等复合,此外,还能生产一些特殊产品,如针织色纺纱、花式纱、色织布等。由该纤维制成的家纺产品较为柔软,且富有弹性,对人体皮肤具有很好的亲和性,是新一代家纺产品的良好选择。

丽赛纤维具有良好的吸湿性能、手感柔软,非常适合制作毛巾产品,直接将该纤维用来生产毛巾产品,而不需像棉一样先要对棉纤维进行丝光处理,除掉纤维上的蜡质,然后再用来生产成品。丽赛纤维本身具有极佳的弹性,通过与弹力丝混纺制成弹力布,不但使织物具有良好的弹性,而且还兼有丽赛纤维本身所具有的系列优良性能。

富安娜公司于 2006 年 9 月推出的丽赛纤维被就是高科技和自然科学的结晶,目前有"金杉丽赛被"、"云杉丽赛被"、"云杉丽赛四季被"三款;选择棉和丽赛纤维的混纺面料,利用丽赛纤维超细、线条直、色泽好的特点,与棉混纺,不仅保证了面料的良好质地,还具有柔软、舒适、丝绸般触感等优点。

浙江恒美实业集团有限公司利用竹纤维和丽赛纤维开发了床上用品、卫浴用品、厨房用品等一系列居家用品,如毛巾类:小提花毛巾、色织提花方巾、毛巾、浴巾、浴衣;厨房类:各类图案、格子、条纹的桌布桌巾;床上用品:丽赛四件套、丽赛六件套、丽赛七件套、丽赛九件套等。

（四）竹纤维

1. 竹纤维分类

用于纺织原料的竹纤维分为原生竹纤维和再生竹纤维。

（1）竹原纤维（天然竹纤维）　又称麻竹纤维或原生竹纤维，以毛竹或原生竹为原料，用物理、机械方法通过浸煮、软化等多道工序，将竹子反复轧压后除去部分或大量非键合型非纤维素物质，再用生物、化学或两者结合的方法辅助脱胶，去除木质素、戊聚糖、果胶等杂质，直接提取原生纤维，用余胶将竹子纤维相互连接，形成所需束状竹纤维。其细度一般为20～50 tex；硬丝、并丝很多，含水量达13％；目前天然竹纤维主要用于工业、建筑、环境保护等领域。

（2）竹浆纤维（再生竹纤维）　竹子切片风干后采用化学方法将竹片精制成符合纤维生产要求的浆粕，经溶解、纺丝而成。可根据要求做成短纤维、长丝、纯纺纱或与其他天然纤维、化学纤维混纺，品种较多，该纤维细度、白度与普通黏胶纤维接近，但强度、韧性、耐磨性较高，可纺性能优良，吸湿导湿、透气性强，有天然抗菌性，产品用后可生物降解，主要用于床上用品和医疗保健用品等。

2. 竹纤维的结构

（1）竹纤维化学组成

竹纤维化学成分主要是纤维素、戊聚糖和木质素，另含有少量灰分等。其中纤维素含量约占50％、戊聚糖占20％～25％、木质素约占20％～30％；品种、产地不同，含量有所差异。

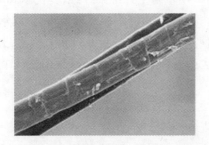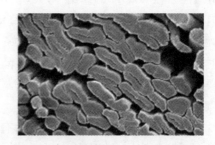

图 2-2-17　天然竹纤维纵向、横断面形态

（2）竹纤维微细形态结构

天然竹纤维纵向表面有竹节，粗细分布不均匀，并有无数微细凹槽；横截面呈椭圆形、腰圆形等，内有环状天然中腔，布满大小不一空隙，边缘有裂纹，如图2-2-17（彩图32）所示。再生竹纤维纵向表面光滑均一，有深浅不等沟槽，基本形态与黏胶纤维相似；横截面具有锯齿或梅花瓣状形态结构，如图2-2-18（彩图33）所示，利于吸湿和放湿，具有良好的透气性能，纤维有较好的摩擦力和抱合力。两者外观较相似具有蚕丝般光泽，纤维粗硬，粗略看似苎麻纤维，但比苎麻纤维细，竹原纤维比竹浆纤维略白，竹原纤维手感较竹浆纤维柔软。

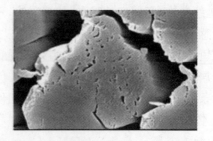

图 2-2-18　竹浆纤维纵向、横断面形态

3. 竹纤维主要性能

（1）竹纤维的物理性能 竹纤维吸湿后溶胀，降低纤维分子间作用力，利于分子链间或结构单元间相对滑移，故竹纤维干强大于湿强；纤维伸长率、断裂比功在干、湿状态下相差大，但断裂功及断裂比功数值较大，体现了竹纤维的耐用性能；竹纤维的湿态弹性回复率较干态大，弹性回复率较好，因而具有一定的抗皱性能。竹原纤维干湿断裂强度比竹浆纤维高，但经过吸湿后强力下降，断裂伸长度比竹浆纤维低，其部分机械性能指标及对比，见表 2-2-11、表 2-2-12 所示。

表 2-2-11 竹原纤维与竹浆纤维的力学性能

纤维	断裂强力（N）		断裂强度（cN/dtex）		断裂伸长		断裂伸长率（%）	
	干态	湿态	干态	湿态	干态	湿态	干态	湿态
竹原	43.98	40.64	8.62	7.96	0.451	0.460	4.5	4.6
竹浆	3.81	3.68	1.47	1.42	1.76	1.76	16.7	15.6

表 2-2-12 竹纤维和其他纤维的性能对比

纤维	短纤 lyocell 纤维	黏胶	高湿模量黏胶	竹纤维	棉	涤纶
线密度（dtex）	1.7	1.7	1.7	1.5～1.7	1.65～1.95	1.7
干强度（cN/tex）	40～42	22～26	34～36	25～30	20～24	40～52
湿强度（cN/tex）	34～38	10～15	19～21	12～17	26～30	40～52
干断裂伸长（%）	14～16	20～25	13～15	17～22	7～9	44～45
湿断裂伸长（%）	16～18	25～30	13～15	20～25	12～14	44～45
回潮率（%）	13	13	13	13	8	0.5

（2）竹纤维的吸湿放湿性能 竹纤维横截面呈天然高度中空，纵向表面有多条较浅沟槽，能产生毛细管"芯吸"效应，使水分子沿纤维表面形成毛细管上升，并从另一端析出水珠，因而皮肤上的有形汗液能较好地通过纤维毛细孔隙向外排放，使肌体保持清爽，故竹纤维具有优良的吸湿放湿性能；其吸湿能力大于棉纤维而小于黏胶纤维；竹原纤维回潮率为 13%，竹浆纤维为 12%，两种纤维的吸湿和放湿速率较快，室内相对湿度高时吸收水分子，干燥时再将水分子释放，可起到调节湿度的作用，适合作夏季家纺织物等。

（3）竹纤维的良好染色性 竹纤维截面多孔隙性及纵向沟槽特征，使染料易渗透到纤维内部，具有色泽鲜艳、匀染性好、固色率高、染色牢度好的特点。

（4）抗菌与抗紫外线功能 竹纤维纺织品 24 h 抗菌率可达到 71%，大大高于其他纤维，且纤维中含有优良的紫外线吸收剂，能产生负离子特性，对波长 200～400 nm 紫外线的透过率几乎为零，可阻挡紫外线辐射，不会对皮肤产生任何刺激作用。

4. 竹纤维在家用纺织品中的应用

竹纤维还可以生产各种装饰用品，如地毯、凉席、玩具、毛巾、浴巾、床单等。图 2-2-19（a）所示为卫浴套装，原料选择毛圈为 100% 再生纤维素纤维（竹浆纤维），基布为 100% 棉。图 2-2-19（b）所示为竹纤维凉席件套，款式 A 版采用 100% 竹纤维，清爽舒适；B 版采用全棉面料，凉席手感细腻柔滑，织物挺括，干爽透气。图 2-2-19（d）产品为竹纤维床垫，该产品面料选择竹纤维加聚酯纤维，里料为棉纤维，填充物为聚酯纤维。

(a) 竹纤维浴巾件套

(b) 竹纤维凉席套件

(c) 竹纤维盖毯

(d) 竹纤维床垫

图 2-2-19　竹纤维家纺产品

原料选择依据：竹纤维中含有"竹琨"抗菌物质，有除异味防臭的功效；竹纤维中含有人体必需的氨基酸，而其中的抗氧化物质能有效清除体内的自由基；纤维本身具有优质的吸湿排湿性能，能有效排除体内多余的水分和热气。而棉纤维则具备一定强度和耐磨性，能够形成贴身舒适的感觉。

(五) 大豆蛋白纤维

从天然动物牛乳或植物(如花生、玉米、大豆等)中提炼出的蛋白质溶解液经纺丝而成再生蛋白纤维，分为再生动物蛋白纤维和再生植物蛋白纤维。再生动物蛋白纤维包括：酪素纤维、牛奶纤维、蚕蛹蛋白纤维、丝素与丙烯腈接枝而成的再生蚕丝等；再生植物蛋白纤维包括：玉米、花生、大豆等蛋白纤维。大豆蛋白纤维采用化学、生物方法从榨掉油脂的大豆豆渣中提取球状蛋白质，通过添加功能性助剂，与含有羟基等高聚物接枝、共聚、共混，制成一定浓度的蛋白质纺丝溶液，改变蛋白质空间结构，经湿法纺丝而成；其生产过程对环境、人类等无污染。

1. 大豆蛋白纤维组成及形态

纤维本身主要是大豆蛋白质组成，易生物降解，主要成分是大豆蛋白质和高分子聚乙烯醇；纤维单丝线密度低，密度小；横截面呈扁平状、哑铃形或腰圆形等不规则形态，具有一定的抗弯性能；纵向形态呈现不规则沟槽和海岛状的凹凸，表面不光滑，对纤维的光泽、刚度及导湿性能有重要影响。

2. 大豆蛋白纤维主要性能

(1) 舒适性　纺丝过程中可以制成大豆蛋白质分布在纤维外层的皮芯结构纤维，在纤维纺丝牵伸中，由于纤维表面脱水，取向较快导致纤维表面具有沟槽，从而使纤维具有良好的导湿性，因为蛋白质分子中含有大量的氨基、羧基、羟基等亲水基团，该种纤维具有良好的吸湿性，其吸湿性与棉相当而导湿透气性远优于棉，保证了穿着的舒适与卫生。

（2）外观　大豆蛋白纤维柔软、蓬松，单纤细度 $0.9\sim3.0$ dtex，密度轻，约为 $1.28/cm^3$，保暖性强，具有羊绒般的手感及外观效果。

（3）染色性好　大豆蛋白纤维本色为淡黄色，像柞蚕丝色；可用酸性染料、活性染料染色，尤其是用活性染料染色后，鲜艳有光泽，同时日晒、汗渍牢度又非常好，与真丝产品相比解决了染色鲜艳与染色牢度差的矛盾。

（4）物理机械性能　该纤维的单纤维断裂强度比羊毛、棉、蚕丝的强度高，仅次于涤纶等高强度纤维。目前，用 1.27 dtex 的棉型纤维在棉纺设备上已纺出 6 dtex 的高质量纱，可开发高档高质高密面料。由于大豆蛋白纤维的初始模量偏高，沸水收缩率低，故面料尺寸稳定性好，常规洗涤时不必担心织物收缩，抗皱性出色且易洗快干，大豆蛋白纤维及其他纺织纤维性能比较见表 2-2-13 所示。

表 2-2-13　大豆蛋白纤维和其他纺织纤维性能比较

性能	大豆纤维	棉	黏胶	蚕丝	羊毛
断裂强度（cN·dtex^{-1}）（干）	3.8～4.0	2.6～4.3	1.5～2.0	2.6～3.5	0.9～1.6
断裂强度（cN·dtex^{-1}）（湿）	2.5～3.0	2.9～5.6	0.7～1.1	1.9～2.5	0.7～1.3
干断裂伸长率（%）	18～21	3～7	18～24	14～25	25～35
初始模量（cN·dtex^{-1}）	53～98	60～82	57～75	44～88	8.5～22
相对钩接强度（%）	75～85	70	30～65	60～80	80
相对打结强度（%）	85	90～100	45～60	80～85	85
回潮率（%）	5～9	7～8	13～15	8～9	15～17
密度（g·cm^{-3}）	1.29	1.50～1.54	1.46～1.52	1.33～1.45	1.32
耐热性	差，120℃左右变黄，发粘	好，150℃以上长时间处理变棕色	较好，150℃以上长时间处理强度下降	较好，148℃以下稳定	较差，100℃左右变黄
耐碱性	一般	好	好	较好	差
耐酸性	好	差	差	好	好

（5）保健功能　大豆蛋白纤维除具有良好的导湿性和吸湿放湿性外，还含有多种人类所必需的氨基酸，对人体肌肤具有明显的保健作用。如果在纺丝过程中添加杀菌消炎类药物或紫外线吸收剂等助剂，可获得抗菌保健纤维或抗紫外线等功能性大豆蛋白纤维。

大豆纤维用于家用纺织品常用于填充物，主要利用其保健功能，如图 2-2-20 所示，大豆纤维与聚酯纤维混纺主要作为芯类填充物，利用大豆纤维的强吸湿性，透气性，质轻柔软，使用过程中对人体具有一定保健功能。

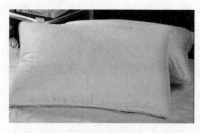

（a）芯类　　　　　　　　　　　　　（b）床垫

图 2-2-20　大豆纤维家纺产品

（六）牛奶蛋白纤维

20 世纪 90 年代初,国内外开始致力于开发再生动物和植物蛋白纤维,日本东洋纺公司以新西兰牛奶为原料与丙烯腈接枝混制成再生蛋白质纤维 Chinon,上海正家牛奶丝服饰有限公司在 1995 年开发出牛奶纤维长丝,山西恒天纺织新纤维科技有限公司 2005 年研制了牛奶短纤维。牛奶蛋白纤维称为继第一代天然纤维和第二代合成纤维后的新一代纤维,用生物工程的方法把牛奶酪蛋白纤维导入合成纤维。其生产方式有两大类:纯牛奶蛋白纤维和牛奶复合蛋白纤维。

1. 牛奶蛋白纤维的组成及形态

牛奶纤维主要成分为蛋白质、水、脂肪、乳糖、维生素和灰分等,蛋白质是加工牛奶纤维的基本成分,含固量 11.4%,水分 88.6%;固体成分中无脂乳固体占 8.1%,脂肪占 3.3%;无脂乳固体包括 2.9% 的蛋白质和 4.5% 的乳糖,其余是维生素和无机物质。牛奶蛋白纤维的横截面呈近圆形、扁圆形或不规则形,属于异形纤维,截面有细小微孔和较多凹凸;纵向形态类似大豆蛋白复合纤维,表面有很多长短、宽度不等的不规则沟槽,粗糙表面有利于光线漫反射,所以牛奶蛋白纤维光泽柔和。如图 2-2-21 所示。

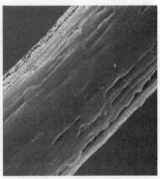

图 2-2-21　牛奶蛋白纤维横截面、纵向形态

2. 牛奶蛋白纤维的性能

牛奶蛋白纤维既具有天然蚕丝的优良特性,又具有合成纤维的物理化学性能,满足了人们对穿着舒适性、美观性的追求,符合环保、保健的潮流。

（1）吸湿导湿好　牛奶蛋白纤维无定形区比蚕丝大,标准状态下,回潮率约为 7.65%,略低于蚕丝的标准回潮率 8%～9%,牛奶纤维的蛋白质含有的许多亲水基团和天然保湿因子使其具有优良的吸水性,干燥速度快,放热性能好,保湿性优于其他纤维,不会使皮肤干燥。

（2）染色性能良好　牛奶蛋白纤维本色为淡黄色,似柞蚕丝色,可用酸性染料、活性染料染色。尤其是产品采用活性染料染色后,色彩艳丽、光泽鲜亮,且耐日晒、汗渍牢度良好,与蚕丝产品相比解决了染色鲜艳与染色牢度之间的矛盾。

（3）物理性能良好　牛奶蛋白纤维耐磨强度比较低,主要是牛奶蛋白纤维初始模量较高,摩擦系数大,干、湿态断裂伸长率高,不利于缓解摩擦,受力时磨损程度大,所以牛奶蛋白纤维的耐磨性较差;牛奶蛋白纤维的吸湿速率低于羊毛,这是因为纤维中蛋白质含量较低的缘故,但是其回潮率较好;牛奶蛋白纤维的断裂强度较大,而湿态下强度损失较小;初始模量大于羊毛,说明其受到较小拉伸力时有较好的抵抗变形的能力,这对织物具有良好的保形性很重要;其受力后卷曲的回复能力较差,从而使其织物容易起拱变形,这在织物的生产服用过程中值得注意。牛奶蛋白纤维与其他纺织纤维性能对比,见表 2-2-14 所示。

（4）保健功能优异　牛奶蛋白纤维与人体肌肤亲和性好,含有多种人体所必需的氨基酸,具有良好持久保健作用;牛奶纤维具有保洁功能,能够抑制金黄色葡萄球菌、大肠杆菌,抑菌率达 99.9%。

表 2-2-14　牛奶蛋白纤维与其他纺织纤维性能对比

性能	牛奶纤维	棉	黏胶	蚕丝	羊毛
断裂强度(cN·dtex^{-1})	2.8~4.0	1.9~3.1	1.5~2.0	3.0~3.5	0.9~1.6
干态断裂伸长率(%)	25~35	7~10	18~24	15~25	25~35
初始模量(cN·dtex^{-1})	60~80	60~82	57~75	44~88	8.5~2.2
钩接强度(%)	75~85	70	30~65	60~80	80
打结强度(%)	85	92~100	45~60	80~85	85
回潮率(%)	5~8	7~8	8~9	12~14	15~17
密度(g·cm^{-3})	1.22	1.50~1.54	1.50~1.52	1.33~1.45	1.34~1.38

（5）易产生静电　牛奶蛋白纤维的比电阻与天然纤维相比偏高,较大多数合成纤维来说偏低,因而牛奶蛋白纤维静电现象比较严重。牛奶蛋白纤维的密度、初始模量较大,强度高,伸长率大,接结和打结强度高,吸湿较好;牛奶蛋白纤维的质量比电阻低于真丝和聚丙烯腈纤维。

（6）化学性能　牛奶蛋白纤维具有较低的耐碱性,尤其是碱性较强的碱(如磷酸三钠);耐酸性稍好,除在硫酸质量浓度为 800 g/L、100℃条件下溶解及 90℃部分溶解外,其他条件均不溶解、不变色。适合双氧水漂白,不适合次氯酸钠漂白;在保险粉还原剂溶液中稳定。

（7）吸热放热耐热性　纤维立体多隙微孔结构和纵向表面的沟槽结构决定了纤维有冬暖夏凉特性。纤维经紫外线照射后,强力下降很少,具有较好的耐光性。

3. 牛奶蛋白纤维在家纺产品中的应用

生产牛奶纤维的重要原料是牛奶蛋白质不仅含有十七种富有营养的氨基酸,同时还具有天然持久的抑菌功能,对金黄色葡萄球菌、白色念珠菌、真菌、霉菌的广谱抑菌率达到80%以上、抗菌率达99%以上。以牛奶蛋白纤维与其他纤维混纺交织的家纺面料,质地细密轻盈,透气爽滑,面料光泽优雅华贵,色彩艳丽。以牛奶蛋白纤维绒为填充物制成的牛奶被温顺松软,保温性能良好且富有弹性,具有促进睡眠,防螨抗菌,有益健康的功能,特别适用于过敏体质的人群;牛奶蛋白纤维家纺用品保管方便,除洗涤时注意不要使用强碱性洗涤剂外,不需要任何特殊处理,它卓越的功能,在日常使用能持久保持亮丽如新,并且容易打理。

图 2-2-22(a)夏凉被面料选择纯天丝纤维提花工艺,填充物为牛奶蛋白纤维加桑蚕丝;图 2-2-22(b)毛巾原料为牛奶蛋白纤维。该类纤维所具有的优于羊绒的柔软性、亲肤性、耐磨性、抗起球性、着色性、强力,以及横断面中布满的空隙和纵向沟槽、表面蛋白质分子的分布、含有天然蛋白保湿因子和大量亲水基团,可迅速吸收人体汗液,通过沟槽快速导入空气中散发,使人的肌肤始终保持干爽状态,同时抗起毛、起球性较好。

（a）芯类填充　　　　　　　　（b）毛巾类

图 2-2-22　牛奶蛋白纤维

(七) 圣麻纤维

我国麻资源丰富,以黄麻和红麻种植面积最大,其产量居世界第三,为圣麻纤维的生产原料提供了充足的保障。圣麻纤维以黄麻、红麻为原料,采用自有专利技术开发的一种新型再生纤维素纤维,该纤维具有干湿强度高、吸湿透气性好、抑菌防霉等特性,是一种新型、健康、时尚、绿色环保的生态纺织纤维,可纯纺或与其他化纤混纺,生产品种丰富的机织、针织产品。

1. 圣麻纤维形态结构

圣麻纤维与竹纤维、Modal 纤维形态相似,沿纤维纵向有许多条纹,有部分微弯和扭转;横截面似梅花型和星型,不规则,纤维中间部分结构不致密,有较大空腔,如图 2-2-23 所示。由于再生纤维素纤维大分子间氢键较少,再加上他的截面结构特点,表面有沟痕,决定了其吸湿性、透气性较好,给人一种吸湿排汗、凉爽的感觉。

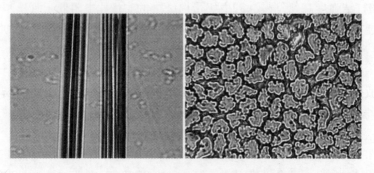

图 2-2-23 圣麻纤维纵向形态及横截面结构

2. 圣麻纤维主要性能

(1)染色性 具有独特的结构,有利于活性染料迅速吸附于圣麻纤维并在纤维中扩散。上染率高,固色性好,染色鲜艳亮丽,色牢度强,不易褪色。

(2)物理机械性能 圣麻纤维排列整齐,边沿有不规则锯齿形,这种结构使纤维表面有一定摩擦系数,纤维动、静摩擦系数差值相对较大,保持较好的摩擦力和抱合力。纤维比重小,手感轻柔滑糯,适合加工手感柔软、悬垂性佳的高档产品。

圣麻纤维素纤维的初始模量大,勾结强度和结节强度好,纤维具有较大的抵抗变形的能力;常温干态下,圣麻纤维干态断裂强力大,但断裂强度小于黏胶纤维,其断裂强度为黏胶纤维的 84.4%,断裂伸长率大于黏胶纤维,为黏胶纤维的 1.19 倍。圣麻纤维湿态下断裂强度小于干态下的断裂强度,为干态下断裂强度的 83.9%,其湿态下断裂强度的下降程度明显小于黏胶纤维,湿态下的断裂伸长率为干态下断裂伸长率的 1.29 倍,圣麻纤维湿态下的初始模量明显高于干态下的初始模量,是干态下初始模量的 1.43 倍。见表 2-2-15 所示。

(3)吸湿放湿性 在标准状态下,圣麻纤维素纤维回潮率与普通黏胶和竹纤维的回潮率接近,有良好的吸湿性、渗透性和放湿性及透气性能,给人一种吸湿排汗、凉爽的舒适感觉。

(4)化学性能 圣麻纤维素纤维耐碱性好,耐酸性稍差,溶解后有少量残留物质,吸收性好,渗透性强,其白度与黏胶纤维和竹纤维的白度接近。圣麻纤维不溶于一般有机溶剂,如乙醇、乙醚、丙酮、汽油等。

（5）耐光热性　圣麻纤维素纤维经红外线照射后强力下降很少，具有较好耐光性。圣麻纤维在230℃开始微黄，强力有明显下降，360℃开始炭化，变为褐色。

（6）抗菌性　圣麻纤维素纤维还具有天然的抑菌抗菌防霉性能，纤维在服用上不会对皮肤造成任何过敏反应，同时原料在种植时不需释放农药和杀虫剂，纤维在生产过程中全部实施绿色生产，加工时不但把黄麻和红麻中纤维素提取出来，而且还保留了黄麻和红麻中的天然抗菌物质，他属于天然的绿色环保型纤维，具有保健功能，并具有生物可降解性。

圣麻纤维素纤维各项性能指标见表2-2-15所示。

表2-2-15　圣麻纤维素纤维的性能

纤维性能	指　标	纤维性能	指　标
长度(mm)	38.00	卷曲弹性回复率(%)	68.6
细度(dtex)	1.5	耐日光性	强度有所下降
回潮率(%)	12.8	耐碱性	好
质量比电阻	8.1	耐酸性	稍差
动摩擦系数	0.152	耐热性	180℃～190℃长时间处理变色,强力下降
静摩擦系数	0.251	抗紫外线	一般
干断裂强度(cN·dtex^{-1})	2.62	抗菌性	抗虫蛀,不受霉菌侵蚀,天然杀菌性能
湿断裂强度(cN·dtex^{-1})	1.72	染色性能	适应性强,染色性能良好,吸色均匀透彻,色牢度强,多次洗涤后仍能保持鲜艳颜色
干断裂伸长(%)	25.20	吸湿性能	吸放湿快干性能佳
湿断裂伸长(%)	27.15	初始模量(cN·dtex^{-1})	82.3
密度(g/cm³)	1.265	弹性回复率(%)	76～65

3. 圣麻纤维在家用纺织品中的应用

图2-2-24展示的是圣麻纤维织制的毯子，产品手感柔软细腻，透气性佳，不易起球，不易褪色。圣麻纤维素纤维初始模量大，耐磨性好，产品悬垂性好；利用圣麻纤维吸湿透气性好，抑菌抗菌防霉性好，亲肤性好，对人体皮肤无副作用，但产品有一定缩水率。

图2-2-24　圣麻纤维毯

三、差别化纤维

差别化纤维一词源于日本，指对常规化纤品类进行创新或某一特性的改良，形成有别于普通常规性能的化学纤维，即通过化学或物理等手段，其结构、形态等特性发生改变，从而具有了某种或多种特殊功能的化学纤维。其起因于普通化学纤维的一些不足，大多采用简单仿天然纤维特征的方式进行，以便改进纤维形态或性能。

（一）差别化纤维的获取

差别化纤维主要通过对化学纤维的化学改性或物理变形制得，包括在聚合及纺丝工序中进行改性及在纺丝、拉伸及变形工序中进行变形的加工方法。见表2-2-16所示。

表 2-2-16　差别化纤维获取方式

获取方式	含　义	主　要　内　容
物理改进	改变纤维高分子材料的物理结构,使纤维性质发生变化的方法。	1. 改进聚合与纺丝温度、时间、介质、浓度等条件。 2. 改变高聚物的聚合度及分布、结晶度及分布等。 3. 改变喷丝孔形态来改变纤维截面。 4. 两种或多种高聚物或性能不同的同种聚合物通过同一喷丝孔纺成单根纤维。 5. 利用聚合物的可混合性和互溶性,混合两种或两种以上聚合物纺丝。
化学改性	改变纤维原来的化学结构达到改性目的的方法。	1. 两种或两种以上单体在一定条件下的共聚。 2. 以化学方法使纤维大分子链上接入所需要基团的接枝。 3. 控制一定条件使纤维大分子链间用化学链连接的交联。 4. 对纤维表面进行有控制溶解与腐蚀的溶蚀。 5. 使纤维表面的金属物质或电解质沉积的电镀。
表面物理化学改性	采用高能射线、强紫外线或激光辐射和低温等离子对纤维表面进行蚀刻、火花、接枝、交联、涂覆等改性处理。	—

(二) 差别化纤维的功能及类型

1. 差别化纤维的功能

纤维差别化是一种手段,目的是为了进一步完善纤维性能,增加纤维品种,提高织物的有关性能,扩大使用范围,开发更多的新产品,提高竞争能力。主要作用有:

(1) 提高适应性、应变性,适合不同纤维领域、品种、用途的产品;

(2) 克服合成纤维的某些缺陷,如吸湿性、静电性、染色性、阻燃性等;

(3) 改善或完善纤维性能;天然纤维化、自然化、仿真化;

(4) 差异化、特殊化、个性化;增加花色品种,开发新品种;

(5) 增加新功能、高功能,获得高感性;提高纺织、可织、可染性能。

差别化纤维本质未变,但对纤维和产品有极大的影响,通过差别化处理可以改善产品特性,提高产品性能,制成不同风格的织物,是实现差别化产品的一种有效途径。

2. 差别化纤维的类型及改性

差别化纤维数量众多,其类型见表 2-2-17 所示。

表 2-2-17　差别化纤维的类型

特点	示　　　例
聚合物	特殊聚合物、特殊共轭、不规则分子链排列、异种特性聚合物、超不规则、任意取向、聚合物中渗入无机物和有机物、特殊高密度陶瓷聚合物、无定形、非结晶、低模量、双组分、多组分
异性截面	多角、多叶、扁平、超扁平、多层扁平、字形、特性、变截面
中空	单中孔、多中孔、异性中孔
卷曲	高卷曲、螺旋卷曲、多维卷曲、多维中孔卷曲、微卷曲、随机卷曲、微多层卷曲
微孔穴	微孔、中空加微孔、微坑和微穴、超微坑、微沟、微纹
收缩	高收缩、高应力高收缩、异收缩、不等收缩率、多段收缩、多重异收缩、多段高异收缩
构造	二层构造;芯鞘、并列、辐射、并列复合;多层构造
易染	阳离子可染、常温常压可染、低温阳离子可染;多组分阳离子易染共聚酯纤维
功能	防静电、抗起球、阻燃、抗污;吸水、放湿;防尘、防菌、防臭;导电;防紫外线、抗辐射;保温、保健、清凉、干爽、芳香;感性;全气候性;超级功能纤维;高感性;智能(形、色、温、光、化学);高分离功能;生物功能;光、电、磁功能等

差别化纤维改性包括:(1) 舒适性改性;(2) 外观结构改性等。分别见表 2-2-18 及表 2-2-19。

表 2-2-18 舒适性改性

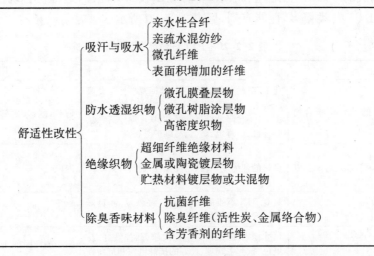

表 2-2-19 外观结构改性

外观结构改性	仿丝 仿麻 仿毛	截面改性:Sillook Royal(东丽)、Fontana(旭化成) 超细的截面改性丝:Sillook lefaune(东丽)	
		混纺(或混纤)丝	异线密度混:Duo 2(旭化成)、Mixel(帝人)、Nymphus(可乐丽)
			异截面混:Mixie(龙你机卡)、Nymphus(可乐丽)
			异缩率混:Ajentry(帝人)、Greena(东洋纺)、sillook siledw(东丽)
			异材质混:Mexel A/T(帝人)、Latetas(东丽)
			变形混纤丝:Newmoronna(帝人)、Milpa(旭化成)
		粗细节花式丝:Razy(帝人)、Delis(旭化成) 微膨体结构丝:Silmie Lnoraine(尤尼吉卡)、Pureace(帝人) 表面微凸的丝:Silfil(东丽) 截面改性中空纤维:Solosowaie(旭化成) 高密度丝:XY-E(可乐丽)	
	仿革	超细纤维	间接法:Ecuaie(东丽)、Belina(钟纺)、Amara(可乐丽)、Hilake(帝人)
			直接法:Lamous(旭化成)、Glore(三菱)、Conoept 21(旭化成)
		尖头化纤维:Furtasi(东丽)	
	高色 光与 高光	微凹凸纤维:SN-2000(可乐丽)　　　　高光泽纤维:Dephort(可乐丽)、Audaria(旭化成) 热致变色纤维:Sway(东丽)　　　　　　光反射纤维:Milar(旭化成) 超高速纺丝:TEC(旭化成)	

(三) 差别化纤维品种

1. PTT 纤维品种、性能及用途

20 世纪 40 年代由美国 Calico Printers Ass 公司成功合成,是由对苯二甲酸(TPA)和 1, 3-丙二醇(PDO)经酯化缩聚而成的聚合物,简称聚对本二甲酸丙二醇酯;分子链螺旋状排列, 这种结构犹如弹簧,在外力作用下伸长,去除外力后恢复原状。1995 年壳牌化学公司正式向市场推出 PTT 树脂,商品名"conem";2000 年杜邦公司推出 PTT 树脂,商品名"Sorona",2002 年东丽工业公司与杜邦协议后,东丽生产 PTT 与涤纶形成的双组分纤维和共纺纤维。PTT 纤维综合了锦纶的弹性、耐磨性和耐疲劳性;腈纶的蓬松性、柔软性、染色性和优良的色牢度;

涤纶的抗性皱、尺寸稳定性和良好的耐热性,加之自身固有的三维拉伸回复弹性,将多种纤维的优良性能集于一体,其 PTT 产业链的研究开发和产业化工作越来越受到国内外的重视。由 PTT 纤维制成的产品,包括地毯和服装,都存在回收的可能性,这也符合现代社会发展讲求环保的原则。PTT 种类繁多,性能有别,见表 2-2-20 所示。

表 2-2-20　PTT 纤维品种、性能及用途

品　种	性　能	用　途
Somalor 纤维 美国杜邦最新的 Sorona 聚合物制造的高性能纤维	比 PET 或尼龙更柔软;拉伸回复性比尼龙高 2~3 倍;无载体沸点下的易染性;热定型温度低,不会降低纤维的弹性;快不褪色、抗氯、延伸性、防静电、防污、易维护等特点	内衣、泳衣、室内装饰品及家居织品
Solo 纤维 日本旭化成以丙二醇及对苯二甲酸经缩聚反应合成	良好的伸缩复原性、耐洗涤性,透气性好	内里类
Soloflex 复合纤维 旭化成开发的复合新纤维	具有 PTT 纤维的柔软质感、高恢复力、良好耐气候性,良好的卷缩性	
贝特纶纤维	尺寸稳定性好、手感蓬松柔软、回弹性好、易染色、抗起毛起球、良好的抗静电性和抗污性	家用装饰用布、地毯类
SoftarTMM 纤维	断裂强度 3.18 cN/dtex 以上,纱线强度、抗起球性能提高	

2. 聚乳酸(PLA)纤维

近年来,生物可降解高分子材料的研究日趋活跃,在各种可降解材料中,聚乳酸(PLA)有许多突出的优点,如生物相容性好、降解产物为二氧化碳和水、不会对环境产生污染、毒性低、原料廉价;该纤维是以乳酸为主要原料聚合得到的高分子聚合物,而乳酸的原料是所有碳水化合物富集的物质,例如粮食(玉米、甜菜、土豆、山芋等)以及有机废弃物(玉米芯或其他农作物的根、茎、叶、皮等),因此从原料到废物完全可以再生利用。目前 PLA 的制备主要有两种方法:一是直接缩聚法,指乳酸在高温高压下直接脱水而制得 PLA,有溶液聚合法和本体聚合法,该方法制得的聚合物的分子量较低;二是间接聚合法,是由乳酸脱水制得环状的二聚体—丙交酯,丙交酯精制后进行开环聚合制得 PLA,该方法可以制得性能较好、分子量较高的聚合物。

日本钟纺公司开发的聚乳酸纤维与涤纶、锦纶纤维性能对比,见表 2-2-21 所示。

表 2-2-21　"PLA"纤维与涤纶、锦纶纤维性能比较

性　能	聚乳酸	涤纶	锦纶
密度(g/cm^{-3})	1.27	1.38	1.14
折射率(%)	1.4	1.58	1.57
熔点(℃)	175	265	215
回潮率(%)	0.5	0.4	4.5
拉伸强度(cN/dtex^{-1})	4.0~5.0	4.0~5.0	4.5~5.3
伸长率(%)	25~35	30~40	40
初始模量(kg/mm^{-2})	400~600	1 200	300
结晶度(%)	>70	50~60	
染料种类	分散染料	分散染料	分散染料
染色温度(℃)	100	130	100

（1）物理性能　聚乳酸纤维密度在纤维中较轻，其织物轻盈舒适。

（2）机械性能　聚乳酸纤维强度、伸长与涤纶和锦纶差不多，但初始模量较低，在小负荷作用下容易变形，具有良好的手感；弹性回复率较高，弹性和保型性能较好。

（3）吸湿性　聚乳酸纤维吸湿性优于涤纶纤维，在标准状态下，回潮率为 $0.4\%\sim0.6\%$。尽管吸水性差，但拥有良好的水扩散性、芯吸性，可以与棉混纺制成排汗吸汗复合纤维。

（4）染色性能　聚乳酸纤维染色以分散性染料为好，能染浅、中或深的色泽，由于其折射率低，能染成深色。染品耐洗牢度和染料移染速率良好，色牢度高于 3 级。

（5）光学性质　聚乳酸纤维具有较低的光折射指数，光泽柔和，其织物具有丝绸般的光泽，比涤纶织物外观好；耐紫外线，经日晒 500 h 后，仍然能够保持 90% 的强度，洗涤后基本上不变色。

（6）热学性质　聚乳酸纤维熔点为 175℃，明显低于涤纶和锦纶。

除纤维一般性能外，聚乳酸纤维还具有一些特殊性能：

（1）生物可降解性　聚乳酸是一种完全可生物降解的聚合物，其降解最终产物为二氧化碳和水。聚乳酸纤维降解的主要方式之一是酯键的水解，水解导致了低分子量水溶性物的产生，且水解反应可通过水解所产生的酸性基团自动催化，起先酯键水解较慢，随后逐步加快，水解从聚合物表面逐步深入到整个聚合体内部，从无定形区逐渐深入到晶区，但一般结晶度较高，残余单体少的 PLA 纤维，其降解速率较慢，往往要 1～2 年，要加快其降解速率可以制得表面多孔并含残留单体的 PLA 纤维。

（2）聚乳酸阻燃性和抑菌性　聚乳酸纤维的极限氧指数是常用纤维中最高的，约为 26%～27%，和羊毛的极限氧指数（24%～25%）相似，优于涤纶纤维。接近于国家标准对阻燃纤维极限氧指数 28%～30% 的要求，燃烧时发热量低，是涤纶纤维的 16%，易自熄，火灾危险性小。同时纤维聚合物链上酯键水解作用，使纤维抑菌效果优良，抑菌率达到 90%。

（3）聚乳酸的人体可吸收生态性　聚乳酸纤维在人体内可以经过降解而吸收，故用于医药领域。聚乳酸纤维稳定性好、发烟量小，燃烧热低的特点使其在家用装饰市场中具有吸引力，并且他优异的弹性更拓宽了其在该领域的应用，如悬挂物、室内装饰品、面罩、地毯、填充物等。

3. 竹炭纤维

竹炭纤维是用竹材资源开发的又一个全新的具有卓越性能的环保材料。将竹子经 800℃高温干燥炭化工艺处理后，形成竹炭，再运用纳米技术将其微粉化（纳米级竹炭微粉）经过高科技工艺加工，然后采用传统的化纤制备工艺流程，即可纺丝成型，制备出合格的竹炭纤维，在日本市场有"黑钻石"的美誉。竹炭纤维有单丝、复丝、短纤，可以纯纺也可以与羊绒、棉等混纺。竹炭纤维生产有两种途径：一是在纺丝液中加入纳米级竹炭粉乳浆；二是在合成纤维切片中加入制作好的竹炭聚合物母粒进行复合纺丝。目前开发研制的有黏胶基竹炭纤维、涤纶基竹炭纤维、锦纶基竹炭纤维、lyocell 基竹炭纤维等。

（1）竹炭纤维结构

竹炭主要由碳、氢、氧等元素组成，质地坚硬、细密多孔。是采用生长在南方五年以上的毛竹，经过土窑烧制而成，其外部及内部结构如图 2-2-25 所示。竹炭纤维横截面内有丰富的空隙分布特征，边沿为不规则的锯齿形，纵向表面光泽均一，有多条较浅的沟槽。这种多微孔结构使其具有极好的透气及导湿性能。该纤维最大的与众不同之处，就是每一根竹炭纤维都呈内外贯穿的蜂窝状微孔结构,竹炭纤维的优异性能源于其内部的微多孔结构。

(a) 竹炭外观

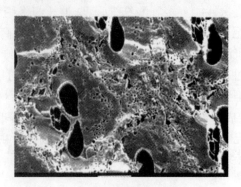

(b) 竹炭内部横截面特征

图 2-2-25　竹炭外观及竹炭内部横截面特征

（2）竹炭纤维特殊性能

① 超强吸附力　竹炭的比表面积是木炭的 3 倍以上,吸附能力更是木炭的 5 倍以上,其多孔质致密结构对硫化物、氮化物、甲醇、苯、酚等有害化学物质能够实现充分吸收,同时具有分解异味和消臭的作用。普通黏胶纤维的氨去除率只有 17.4%,而将竹炭纤维与黏胶纤维相结合后,新纤维的氨去除率可达到 54%。竹炭纤维对以下物质的吸附率分别为:甲醛,16.00%～19.39%;苯,8.69%～10.08%;甲苯,5.65%～8.42%;氧,22.73%～30.65%;三氧甲烷,40.68%,且对这些物质的持续吸附时间均可达 24 天以上。

② 蓄热保暖性能　竹炭纤维的远红外线发射率高达 0.87,比一般远红外发射材料高出 0.05,能蓄热保暖,升温速度比普通面料快得多,加上竹炭纤维表面、截面均为蜂窝状微孔结构,由其制成的厚实织物,微孔中能够储存大量热能,利用不同的织造工艺,可以使织物有阻隔空气流通、防止冷空气入侵的功能。

③ 调湿除湿功效　高于黏纤、棉、真丝的高平衡回潮率和保水率赋予竹炭纤维调湿功能,以达到除湿与干燥的功效,使人体局部湿度降到感觉舒适的 60% 以下,而在干燥环境下竹炭纤维又可把吸入的水分释放出来,形成一个温、湿度良好的小局域空间。由其制成的轻薄织物,利用竹炭纤维中微孔结构可快速吸收皮肤散发的湿气和汗液,并向周围空气快速扩散,保持皮肤干爽。

④ 负离子发射浓度高　负离子被称为空气中的维生素,有镇静、催眠、镇痛、止咳等功效,有利于提高睡眠质量,增强人体免疫力。

⑤ 抗菌防霉性能　竹炭纤维与枯草芽孢杆菌、大肠杆菌 8099、金黄色葡萄球菌、巨大芽孢杆菌、荧光假单孢菌等 5 种细菌的菌液 24 h 接触,抗菌率高达 84%;纯竹炭纤维制成的针织布在 14 天内的防霉程度为 1 级。

⑥ 矿物质含量高　竹炭纤维富含钾、钙等有益于身体健康的矿物质;人体长时间接触竹炭纤维可以补充多种微量元素,从而保持生理平衡。

（3）竹炭纤维常见家用纺织品应用实例

由于竹炭纤维具有吸附有害气体、吸湿、防潮、防霉等功能,在家纺产品中同样得到了较好的应用,目前已成功开发出竹炭床垫、枕头、保暖被等床上用品。

① 竹炭暖被　保暖、调温、调湿、防螨、抗过敏的远红外竹炭暖被是利用超细竹炭粉末,以

熔融纺丝制成具有良好抗菌、保暖功能的功能性床上用品。通过竹炭高效吸收与发射远红外和抗菌等功能使产品具有保温、促进人体血液循环、抑制微生物生长等保健功能。远红外竹炭暖被不会像棉被、羽绒被、七孔被等容易滋生螨虫等微生物，能预防皮肤瘙痒、哮喘、打喷嚏等过敏症状。

②抗菌毛巾　将竹炭纤维和棉纤维交织，使其底布和线圈形成抗菌层，再在纳米抗菌材料溶液中浸泡 60~120 min，利用竹炭本身具有的抗菌性并结合具有抗菌功能的纳米材料，使毛巾具有较强的杀灭和抑制各种致病菌的功能。

③饰品　在居室里放置竹炭饰品可作为污染气体的消除器，既能吸收人体排出的大量二氧化碳、氨等有害气体，以及高湿的气体（如汗气），使人体感到舒适；又能在吸收的同时产生热效应，使睡眠环境温度适宜（尤其在冬天）。竹炭饰品在使用一段时间后，在太阳下晒 30 min，仍可以恢复其功能。此外靠垫、床垫等制品能除湿、除臭，特别是竹炭的负离子与远红外发射特性以及竹炭颗粒对人体的按摩作用，对关节炎患者、褥疮患者、皮肤病患者等有辅助治疗作用。

图 2-2-26 凉席席面为 100% 天然竹，复合上层为 100% 聚酯纤维，复合中层为 100% 竹炭纤维，竹炭具有超强的吸附能力和辐射远红外线的功能，可以吸附湿气、异味以及有害气体；竹炭纤维与皮肤接触时，产生毛细孔现象，可以协助皮肤将汗液排出，保持

图 2-2-26　竹炭纤维凉席

床位干燥；而对白色念珠菌、大肠杆菌和金黄色球菌有抑制作用，不易霉变，不易折断，具有良好的抗菌性。

4.超细纤维

(1) 超细纤维分类

超细纤维最早诞生在 20 世纪 60 年代，国际上在研制和生产该纤维方面以日本最为活跃，东丽、钟纺、可乐丽、旭化成等公司以聚酯、聚酰胺为原料研制和生产了不同类型的超细纤维，有长丝也有短纤，美国 PET 委员会认为，单丝细度（dpf）为 0.3~1.0 dtex 的纤维可称为超细纤维，但业内多数人认为只要细度小于 1.0 dtex 的纤维就是超细纤维，而细度小于 0.1 dtex 的纤维则可称为超极细纤维。目前，超细纤维较为常见的分类方法主要有两种，见表 2-2-22 所示。

表 2-2-22　超细纤维分类表

分类方式	类别	单纤/单丝线密度	应　　用
按照合成纤维与蚕丝细度接近或超越程度	细特纤维	0.44~1.1 dtex	纺丝绸类织物
	超细纤维	0.44 dtex 以下	人造麂皮、仿桃皮绒
按照现有化纤生产技术水平	细旦丝	0.55~1.4 dtex	性能和细度与蚕丝接近，一般在仿真丝织物中应用
	超细旦丝	0.33~0.55 dtex	用于高密防水透气织物及一般起毛织物和高品质的仿真丝织物
	极细旦丝	0.11~0.33 dtex	人工皮革、高级起绒织物、擦镜布、拒水织物等
	超极细旦丝	0.11 dtex 以下	仿麂皮、人工皮革等

超细纤维的制造方法有四种：海岛法、剥离法、分裂法和直纺法。

（2）超细纤维的性能

超细纤维耐磨性、撕破性等力学性质优于真丝；收缩性、光泽、褶裥保持性、耐酸碱性优于真丝；易生静电。

（3）超细纤维功能性应用

超细纤维的最显著特点是其单丝线密度大大低于普通纤维，单丝线密度的急剧降低，决定了超细纤维有许多不同于常规纤维的特性，具有丝般柔软、手感滑爽、光泽柔和、织物覆盖力强及服装生理效果好等优点，其产品具有许多异乎寻常的性能，因此在许多领域应用广泛。

5. 三维卷曲棉

全称为螺旋三维卷曲中空涤纶纤维，中空纤维是横截面沿轴向具有空腔的一种重要的异形纤维，中空结构赋予纤维良好的保暖性、蓬松性等特定性能与风格。由熔融纺丝或湿法纺丝技术纺制而成的，国内外研究较多的是熔纺的保暖性三维卷曲中空纤维及湿纺或熔纺中空纤维膜。其原料从涤纶发展到锦纶、丙纶、黏胶、维纶、聚砜、碳纤维等；纤维孔数从单孔发展到四孔、七孔、九孔等；中空截面也从圆形发展到三角形、四边形、梅花形等；同时，经过特殊纺丝工艺或后整理得到的抗菌、远红外、阻燃、芳香、阳离子改性等功能中空纤维也不断涌现，见表2-2-23所示。中空纤维从最初主要作为具有保暖和蓬松性能的絮填料发展到广泛用作膜分离、填充、玩具制品、地毯、人造毛皮、高级仿毛面料、高级无纺制品等的材料。

表 2-2-23　中空纤维主要品种

名称	品　种	性能及特点	用　途
中空纤维系列	单孔三维卷曲中空纤维 2.0 dtex～30.0 dtex	中空度高，蓬松性好、恢复弹性速度快，保暖性好	其纤维可以制成枕芯、被子、玩具等，有较好保暖性和蓬松性及弹性
	超滑中空纤维	该产品松散性好、不易起球、硅油滑度特佳，手感滑爽	主要用在高级防寒服、沙发、抱枕、高级玩具等方面，性能远优于二维中空纤维和三维中空纤维
	七孔三维卷曲中空纤维	将多孔和三维卷曲两项技术合二为一，具有中度高，蓬松性能优异、回弹性好、保暖性强、手感滑爽等诸多优良特性	主要用作絮填材料、装饰及过滤材料
	日本、韩国波纹型中空纤维	该产品具有外观形态好、可洗涤、不起球、膨松性高、平滑性好等特点	主要用在高级保暖物品中、被子，沙发、抱枕、高级玩具等方面
导湿纤维	—	导湿透气，柔软干爽，服用后穿着舒适，易洗耐用	是新一代高级保健内衣、高档运动服饰等的最佳原料
三角异型纤维	—	良好折光性能、较佳染色效果，织物耐磨、耐穿、耐污性好，具有天然纤维的手感，抱合力大，起毛、起球现象较少	多用于制作仿真丝织物；在仿毛织物中，可利用纤维的闪光性能，与毛混纺，制作起绒织物，绒毛竖立性能好，可用于织造毛毯等
Y型纤维	—	更佳的折光性能及染色效果，色泽更鲜艳，织物耐磨及耐污性好，具有天然纤维的手感，抱合力好，起毛、起球现象少	主要用于制作各种高档仿真丝织物及仿毛织物等
功能型纤维	—	阻燃，抗静电，抗电磁辐射，抗菌，抗紫外线，远红外，防螨纤维	可与中空纤维系列、异型化纤维及普通纤维等相组合，适用于填料、踏花被、服装、面料等各个领域，具有各种特殊的功能

用于家纺用品的中空纤维主要是三维卷曲中空纤维。三维卷曲中空纤维具有比重轻、蓬

松、保温、透气、覆盖力强等特点,三维卷曲棉不同类别的基本性能,见表 2-2-24 所示。

表 2-2-24 三维卷曲棉不同类别的基本性能

种类	细度	横截面孔数	吸湿性	散湿性	透气性	回弹性
单孔棉	6D	1				
四孔棉	8D	4	增强	增强	增强	增强
七孔棉	10D	7				

三维卷曲中空纤维主要用作非织造布的生产原料,适用于棉被、合纤絮绒、仿羽绒等。

(1)保暖面料和絮料 中空结构减轻了纤维的重量并使他的内部富含静止空气,大大增加了单位质量产品的保暖性,被用来作保暖面料和保暖絮料。采用具有弹簧结构的永久性三维卷曲中空涤纶做喷胶棉,其膨松性和弹性要好于普通的喷胶棉,纤维之间能保留更多的空气,保暖性更佳。

(2)填充料 良好的膨松性和弹性使三维卷曲中空纤维成为优良的填充材料,经过有机硅整理后将使纤维更光滑。尤其是多孔纤维,当纤维受力时,中空纤维各孔之间的支撑结构分担压力,相对比单孔结构有更高的抗压缩性和压缩回弹性,是枕芯、睡袋、靠垫和高级软体玩具等的理想填料。

(3)地毯 尼龙异形中空纤维具有良好的保暖性、隐污性、蓬松性和抗压缩性,日本已有多家公司开发出地毯用中空纤维。如东洋纺开发出三角单孔纤维"Isumabura",其单纤维呈空间立体卷曲并具有三角形这一稳定的异形支撑结构,在重负荷下能保持原来的形状;可乐丽公司开发的三角三孔中空涤纶"Victoron"以及东丽和钟纺开发的方形四孔中空纤维都是作为地毯的优异原料。

图 2-2-27 (a)及图 2-2-27 (b)床垫和抱枕内层填充物选用中空涤纶纤维,产品具有良好的吸湿、透气、散湿性,而且纤维优异的回弹性能增加了使用寿命。

(a) 中空纤维床垫   (b) 中空纤维抱枕

图 2-2-27 中空纤维产品

除以上应用外,微孔中空纤维由于具有芯吸效应,水分在中空部分很容易通过微孔向外散发,具有较好的吸湿快干性,可作为吸湿面料;另外中空纤维也可用于服装衬里、汽车内饰等高档非织造布、轻质织物和复合材料中。

四、功能性纤维

(一)功能纤维的概念及分类

功能纤维是指除一般纤维所具有的物理机械性能以外,还是有特殊物理化学结构而产生特定功能或用途的纤维,其某些技术指标显著高于常规纤维。按照功能及属性不同,功能纤维可做如下划分：

1. 物理性功能

包括抗静电性、导电性、电磁波屏蔽性、光电性以及信息记忆性等电学功能；耐高温性、绝热性、阻燃性、热敏性、蓄热性以及耐低温性等热学功能；光导性、光折射性、光干涉性、耐光耐候性、偏光性以及光吸收性等光学功能；异形截面形状、超微细和表面微细加工性等物理形态功能。

2. 化学性功能

光降解性、光交联性、消异味功能和催化活性功能等。

3. 生物适应性功能

其中医疗保健功能如防护性、抗菌性、生物适应性等；生物功能如人工透析性、生物吸收性和生物相容性。

（二）常用功能纤维

1. 抗菌防臭纤维

抗菌纤维在20世纪80年代初开始崭露头角，具有耐久性、安全性、经济性等优势，受到大众的喜爱，在80年代末抗菌织物的发展进入抗菌纤维阶段。抗菌防臭纤维指具有除菌、抑菌作用的纤维。一类是本身带有抗菌抑菌作用的天然纤维，如大麻、罗布麻、甲壳素纤维以及金属纤维等；另一类是借助纳米、粉末添加等技术，将抗菌剂在纺丝或改性时加入纤维中而制成的人工抗菌纤维，但其抗菌性较为有限，而且在使用和染色整理加工中会衰退或消失。人工抗菌纤维加工方法有共混纺丝法、复合纺丝法、接枝改性法、离子交换法、湿纺法和后整理法等。

抗菌防臭纤维种类繁多，下面介绍几种常用类别：

（1）Amicor 抗菌纤维

Amicor 抗菌纤维是英国阿考迪斯公司生产的一种新型功能型抗菌纤维。该纤维具有保暖、质轻、卫生性好等优良特点，且不会污染环境，与人体接触不会发生不良反应。由于 Amicor 抗菌纤维在加工过程中使用了安全有效的抗菌剂，所以能抑制细菌和真菌的繁殖，消除纺织品的异味、真菌感染和螨虫。目前有两种类型 Amicor 抗菌纤维：一种是 Amicor AB 型纤维，主要起抵抗细菌作用；另一种是 Amicor AF 型纤维，主要起抵抗真菌作用。两种纤维既可单独使用，也可以混合使用，其中 Amicor AB 型抗菌纤维含有抑菌成分，对大部分细菌有较强的抑制能力。Amicor 抗菌纤维可以使细菌不产生抗体，抗菌率较高，耐久性较好。抗菌纤维 Amicor 的性能及特点包括以下几个方面：

① Amicor 抗菌纤维颜色鲜艳，手感和光泽较好，其吸放湿性能、透气性能、保暖性能、物理机械性能和染色性能均较佳，同时还具有优良的日晒牢度和汗渍牢度。

② Amicor 抗菌纤维对人体皮肤常见的有害菌种，如金黄色葡萄球菌、克雷伯氏肺炎菌、爬行曲霉菌等有强烈的抑制作用，同时上面还有不伤害人体皮肤的常驻有益菌群。Amicor 抗菌纤维中的 AB 型抗细菌型和 AF 型抗真菌型纤维可以混纺或交织，生产出的产品同时具有抗细菌和抗真菌的双重抗菌性能和作用。

③ Amicor 抗菌纤维的抗菌针对性较强。Amicor 抗菌纤维能抑制真菌和细菌的繁殖，而不是将他们杀死，即使永久性使用也不会产生抗体。

④ Amicor 抗菌纤维的母体纤维是柯泰尔腈纶，生产过程中大部分添加剂同纤维能够有机结合，只有少量遗留在纤维表面，洗涤时，表面涂层会渗入纤维和基质产生保护区域。在洗

涤和使用的同时逐渐消除添加剂,由于添加剂不断脱落,纤维基质表面便形成了药性浓度的梯度,而使用的腈纶纤维具有多孔结构特征,所以他容易吸收和填充,其抗菌作用是在纤维使用和洗涤中慢速释放的。

（2）Chitcel 抗菌纤维

Chitcel（康特丝）纤维改变传统做法,以黏胶生产工艺为基础,利用甲壳素的生物相容性、生物可降解性、无毒性、抗菌消炎作用和易被人体吸收的特点,通过甲壳素与黏胶纤维素混合原液双相再生方法,保证了甲壳素与黏胶混合均匀,抗菌稳定,利用甲壳素自身结构含有的官能团,可以杀死大量微生物,并防止微生物产生的恶臭发生。抗菌纤维 Chitcel 的性能及特点包括以下几个方面:

① 康特丝抗菌防臭纤维大分子排列规则,形成紧密的纤维结构;有较好的强力和拉伸性能,吸湿性好,染色性好,抗菌性持久,防臭效果好,安全无毒性,可自然降解,上染率高于棉纤维。

② 康特丝抗菌纤维采用的共混纺丝法可以根据用户需求,加工成多种规格长丝和短纤维,纤维中甲壳素自身结构含有的官能团可以阻止或杀死织物上的微生物,并能防止微生物产生恶臭,使纺织品不易滋生细菌,达到安全和健康目的。

③ 康特丝抗菌纤维抗菌作用持久,并具有优良的物理机械性能。在生产中通过对纺丝工艺的控制,尽量使抗菌成分分布在纤维表面,在保证纤维抗菌效果的基础上,减少抗菌成分用量,降低生产成本。康特丝抗菌纤维是把甲壳素溶液混入黏胶中,使甲壳素可以牢固地结合在纤维中加上抗菌作用,所以其织物经反复洗涤后,仍具有良好抗菌效果。

④ 康特丝抗菌纤维分子结构和特有的成形条件,决定了该纤维具有良好的物理机械性能和使用性能,随着共混纤维中甲壳素含量增高,纤维力学性能指标有所下降,但吸湿性和染色性明显提高。

⑤ 康特丝抗菌纤维对大肠杆菌、白色念珠菌等都有很好的抑菌能力,本身有抗菌性,并能抑制纤维细胞生长,在酶作用下,会发生分解,并降为低分子物质,其制品用于一般的有机组织均能被生物降解而吸收。

⑥ 康特丝抗菌防臭纤维不收缩,具有良好的耐热性,无论是长丝还是短纤,都具有明显的抑菌作用。

（3）Cupron 铜基抗菌纤维

铜是人体中含量仅次于铁和锌的生命元素,他是细胞内部氧化过程的催化剂,对细菌和病毒有抑制作用,已经被广泛应用于水净化、灭藻、灭真菌等领域。美国卡普诺（Cupron）公司利用铜的特殊性能,开发了以 Cupron 为品牌的铜基抗菌纤维,具有抗菌、抗病毒等性能。铜基抗菌纤维可制成枕套等床上用品及眼罩等;含铜离子织物与皮肤接触时能产生物理作用,刺激肌肤中胶原蛋白的生长;与眼睛接触时可以改善眼部血液循环,明显淡化皱纹和黑眼圈。利用这种特殊的性能,可以将 Cupron 铜基抗菌织物加工成枕套与眼罩。一系列的临床试验证明,睡觉时使用含铜的枕套与眼罩后,能有效减少皱纹、细纹和雀斑,并能改善整体肤色,皮肤上的痘痘不再出现,皮肤明显光滑,眼角皱纹明显减少。使用这种抗皱纹枕套不仅能使皮肤健康,更具活力,而且还能消灭枕套上的细菌,抑制细菌对皮肤的侵害。

（4）抗菌家用纺织品

各种家用纺织品如床单、被罩、毛巾、手套、抹布、布玩具等,也开始使用抗菌织物。用抗菌织物制成的床单、被罩能有效抑制和灭杀多种致病菌,对多种湿疹、皮炎、褥疮、去除汗臭及预防交叉感染等具有特殊作用。

2. 芳香纤维

芳香纤维即20世纪70年代初开发,80年代中期迅速发展起来的一种新型功能纤维,并在发展中取得实质性突破,目前已有多条生产路线。纺制芳香纤维技术脱颖于芳香织物的涂层技术,其所制织物比芳香涂层织物具有更加良好的使用性能,如耐洗性好、芳香强度大、芳香性持久等。

芳香纤维是指在纤维中添加香料而使纤维具有香味的纤维,此类纤维能持久散发天然芳香,产生自然清新的气息。芳香物质的作用众多,具体见表2-2-25所示。

表 2-2-25   芳香物质的作用

功　　能	芳香物质及制剂
醒神	薄荷、桉树、柠檬、马鞭草、香茅、麝香、茉莉、玫瑰、谜迭香
催眠	檀香、橙花油、熏衣草等
抑制食欲	艾蒿、迷迭香、桉树、松藻
促进食欲	麝香草、月桂叶、柠檬、肉豆蔻
抗偏头痛	橙香、柠檬、佛手柑、熏衣草、迷迭香、欧薄荷、樟脑、桉树
清心镇静	熏衣草、佛手柑、柠檬、迷失香、欧薄荷、玫瑰、肉豆蔻、肉桂

目前,芳香型纤维及纺织品主要用于床上用品,室内装饰物和内衣、服装等领域。日本三菱人造丝公司开发的"库利比-65"芳香纤维,是一种多芯芯鞘结构的短纤维产品,具有柏木的清香,可用作被褥、枕垫、床垫的絮棉,也可制成芳香无纺布;可乐丽公司开发的"拉普莱托"芳香纤维,具有中空结构,其香型有茉莉香型、熏衣草香型、可可香型和柑桔香型等,其芳香徐徐释放,持久性达一年以上,主要用于制作工艺品、布玩具和用作贴身薄被絮棉;森林浴纤维"泰托纶GS"是帝人公司的产品,它使环境充满一种林深树密的自然气息。

3. 相变纤维

相变纤维技术起源于相变材料技术,该技术是美国国家航天航空局(NASA)于上世纪70年代末至80年代初开发的成果。相变纤维含有相变物质,能起到蓄热降温、放热调节作用,也称为空调纤维,纤维中的相转变材料在一定温度范围内能从液态转变为固态或由固态转变为液态,在此相转变过程中,使周围环境或物质的温度保持恒定,起到缓冲温度变化的作用。相变纤维织物与传统纤维织物的区别在于保温机理的不同,传统的保温衣物主要是通过绝热方法来避免皮肤温度降低过多,而相变纤维的保温机理则对变形、水分和气压不敏感,也无过闷、厚重感觉,能为人体提供舒适的微气候环境。其加工方法主要有:浸渍法、复合纺丝法、微胶囊法。

相变纤维织物除去必须具有与相变材料相同的相变特性外,由于要适应人类使用和纺织加工,其必须具备一定的物理、机械性能和纺织可加工性。这些性能主要体现在下述几个方面。

(1)热传导性   相变纤维需要灵敏地感应温度而激发相变,提供或吸收热能;同时又要低热阻的传导热量,所以它的热传导系数应该偏小,导热性弱,具备良好保温性。

(2)循环性   相变的循环性表示相变材料的反复可使用性和有效性,即在经过有限次冷热交换循环后,织物热储放的可复演性仍很好。

(3)纤维的形状尺寸 目前相变纤维的形态尺寸一般都偏粗,不管是微胶囊混合的纤维,还是中空纤维,或是复合纤维。其原因是相变材料的力学性质较好,相变时纤维的径向尺寸增大而轴向尺寸减小。

(4)纤维可纺织染加工性及相变物质的稳定性 相变材料在高温下会分解,复合纺丝存在困难,中空纤维填充法,因存在泄漏问题,所以染织后相变材料损失较多,且成本较高。

(5)温度可控性 相变纤维能根据外界环境温度变化,在一定的温度范围内自由调节纺织品内部温度,当外界环境温度升高时,可储存能量;当外界环境温度降低时释放能量,使纺织品内部温度波动相对较少,人使用时会感觉更加舒适。相变纤维的保温机理无论对变形、水分或气压都不敏感,无过闷、厚重感觉,能为人体提供舒适的微气候环境。其原因在于相变材料是提供热调节,而不是热隔绝。

用相变纤维制成的纺织品用途很广,可制成多种温度段和适合人体部位形态的热敷袋、被褥、窗帘等。

4. 高吸湿纤维

高吸湿纤维是一种高功能纤维,为了得到所期望的舒适性,要求面料具有短时间内将人体皮肤表面汗液吸入的吸湿作用,并且让汗液通过纤维很快转移,在织物表面快速蒸发,以保持皮肤表面和织物环境干燥。高吸湿纤维的开发途径主要有:化学方法,例如将吸水性基团接枝到纤维上,聚合物单体的共聚,或与高吸水性聚合物共混;物理方法,例如采用纤维表面的粗糙化、截面异型化,采用多孔、中空的纤维结构,纤维的超细化;复合纺丝,与吸湿性聚合物复合纺丝;高吸水的天然纤维和化学纤维的开发与利用。

(1)高吸放湿聚氨酯纤维

聚氨酯纤维由于良好的弹性,应用广泛。随着消费者对于舒适性要求的不断提高,聚氨酯纤维技术开发已从单纯伸缩功能扩大到与用途相适应的高功能性纤维开发。日本旭化成公司首创的高吸放湿聚氨酯纤维,其特点是吸湿量大,放湿速度快,能迅速的把蒸汽和汗液向外面释放,保持舒适感。其吸湿性能几乎与棉在同一水平上,且高于棉,而且放湿速度极快。高湿度环境下纤维从皮肤吸收水分,在低温度环境下可以迅速的放湿,又能重新发挥吸湿性能,因此也把这种纤维称为"能呼吸的纤维"。

(2)超吸水性纤维 LANSEAL

超吸水性纤维 LANSEAL 以聚丙烯腈纤维为原料,占纤维 30% 的表层部分经碱性水解制得。水解后表层部分成为含有羧酸基的水溶性高分子的交联体,具有高吸水性能;70% 的芯部是没有发生变化的聚丙烯腈纤维,表层部分是近于粉状高吸水树脂的材料;与水接触时,构成表层的水溶性高分子的分子间隙中就会吸入大量的水,在纤维直径方向大约膨胀 12 倍,具有很好的保湿性能,可用于卫浴产品等。

(3)细旦丙纶纤维

"芯吸效应"是细旦丙纶纤维织物所特有的性能,丙纶单丝纤度愈细,这种芯吸湿透湿效应愈明显,且手感越柔软,因此细旦丙纶纤维织物导汗透气,穿着时可保持皮肤干爽,出汗后无棉织物的凉感,也没有其他合成纤维的闷热和汗臭感,从而提高了织物的舒适性和卫生性。在纺丝过程中添加陶瓷粉各种功能性产品、防紫外线物质或抗菌物质,可开发出各种功能性产品。

（4）高去湿四沟道聚酯纤维

杜邦公司用于生产 coolmax 织物的四沟道（Tefra-Channel）聚酯纤维,具有优良的芯吸能力,将疏水性合成纤维制成高导湿纤维,将高度出汗皮肤上的汗液用芯吸导到织物表面蒸发冷却,具有优良的保暖防寒作用。

（5）高吸放湿性尼龙 QUUP

日本东丽公司的 Quup 是在尼龙 6 中混入特殊高吸湿性聚合物而制得的均匀相溶的聚合物混合体,在高湿环境中具有很高的平衡吸湿率,而且纤维的吸湿率随着这种聚合物添加率的增加而提高,Quup 既保持了尼龙原来的特性,又能使吸湿性提高 2 倍,所以 Quup 制成的产品,闷热感等舒适性指标改善,由于其混后纤维结构发生变化,其染色性也得到改善。

（6）HYGRA 纤维

日本尤尼契卡公司的"HYGRA"纤维是把吸湿聚合物作为芯的复合纤维,因而具有高吸湿性,纤维表面是常规尼龙,湿润时有滑爽感觉。无论是吸放湿能力、吸放湿速度"HYGRA"纤维都比棉好,尤其是在吸收织物内的湿气和释放湿气方面,优于其他纤维。

（7）聚丙烯腈纤维 Colax 和 SWIFT

Colax 和 SWIFT 均为吸水、吸汗性聚丙烯腈纤维,Colax 的截面为菊花状,有天然麻的干爽触感;SWIFT 纤维表面有许多沟槽,同样有柔和干爽的触感。由于采用了异型截面、空洞残留纺丝、表面亲和等组合技术,纤维表面有许多细泡槽和空洞,表面积增加,纤维既具有天然纤维优良的吸湿、扩散和蒸发性能,又使织物的风格变得更好。

（8）Sophists 纤维

Sophists 纤维由日本可乐丽公司开发,利用复合纺丝的方法,将 EVOH（乙稀/乙烯醇共聚物）和聚酯制成双组分皮芯型的复合纤维。纤维表层为具有亲水性集团（OH 基）的 EVOH,芯层为聚酯纤维;由于亲水性集团的存在,汗和水很快被纤维表面吸收并扩散出去,同时芯层聚酯几乎不吸湿,吸收纤维内部的水分与棉纤维相比要少得多,纤维的膨润程度甚微,从皮肤吸入纤维内部的水分可很快扩散蒸发出去,从而有干爽舒适的穿着感,织物不会粘在身上。水分的扩散、蒸发又会产生汽化热,而且 EVOH 的热传导率高,使面料的温度下降,产生凉爽感,因此 Sophists 纤维还具有凉爽功能。

（9）等离子体表面改性

利用等离子体技术对材料表面处理,如表面刻蚀使纤维表面粗糙化、等离子体聚合,使聚合物表面活化产生自由基并发生移植,从而使材料表面改性。通过改性,增加了涤纶等合成纤维及其纺织品的表面吸湿性,同时可作为防污及防静电整理,也可使吸湿性高的棉织物表面产生排水效果。

（10）导湿干爽型涤纶长丝

金纺集团开发的导湿干爽型涤纶长丝,通过改变纤维截面形状使单纤之间的空隙增大,由于表面积的增大及毛细管效应使其导湿性能大大提高,采用该纤维生产的织物导湿性能、水分扩散性能极佳,与棉等吸湿性好的纤维搭配,采用合理的组织结构,效果更好,制成的织物具有干爽、清凉、舒适的特点,适用于夏春季被服面料等。

5. 阻燃纤维

纤维阻燃整理可以从提高纤维材料的热稳定性、改变纤维的热分解物、阻隔和稀释氧气、吸收或降低燃烧热等方面着手,以达到阻燃目的。阻燃织物在家纺领域中应用广泛,从世界应用分布看,家纺是阻燃织物最大的应用领域,主要是窗帘、桌布、拉绒毯子、被子、床罩、床单、枕头、坐垫靠垫、枕套、机织地毯、家具贴布、填充物和装饰布等。见表2-2-26所示。

表2-2-26　家用纺织品常用阻燃纤维基本信息

名称	改性方法	代表类别	极限氧指数	其他性质	用　途
阻燃黏胶纤维	接枝法 共混法 共聚法	Lenzing 阻燃纤维,共混法制得	27～29	阻燃性持久,热收缩性小,抗热性好,在燃烧时无氢氰酸、盐酸和氧化氮生成,烟气的毒性低,织物舒适	纯纺制作床上用品;混纺制作辅饰材料、墙饰等
阻燃涤纶纤维	共聚法 共混法 阻燃整理	双官能团磷系阻燃剂与普通聚酯单体	28～33	永久阻燃、阻燃效果好,火中燃烧无毒气	窗帘、床单、地毯等
		阻燃共聚单体与聚酯原料混合		阻燃性持久,经洗涤阻燃性能不变	
阻燃腈纶纤维	共聚法 共混法 热氧化法 阻燃整理 后处理法	Kanecaran 共聚阻燃纤维	28～35	保持常规优良阻燃性	窗帘、床单、地毯等
		Lufnen 阻燃纤维	最高指数32	保持常规优良阻燃性、优异阻燃性和耐洗性	
维氯纶纤维	共聚法	Cordelan 阻燃纤维		着火时发烟量小,有害气体毒性小,聚合物徐徐分解,不会烫伤皮肤,手感柔软,耐磨性、回弹性及抗静电性能均属优良	各种床上用品

6. 甲壳素纤维

甲壳素又称几丁质,化学名称为聚乙酰胺基葡萄糖。地球上存在的天然有机化合物中,数量最大的是纤维素,其次就是甲壳素,前者主要由植物生成,后者主要由动物生成。甲壳素广泛存在于昆虫类、水生甲壳类的外壳和菌类、藻类的细胞壁中,在地球上,甲壳素的年生物合成量达100亿吨以上,他的蕴藏量仅次于植物纤维,是一种丰富的有机再生资源,也是目前自然界中被发现的唯——种带正电荷的动物天然高分子材料。

（1）甲壳素纤维形态

甲壳素纤维有纵向凹凸结构,表面不光滑,缺陷较多,纤维不光滑会使纤维表面摩擦系数得到提高,对纺纱过程中纤维的抱合有利,但过多的纤维缺陷,会使纤维机械薄弱点增加,纤维的强度下降,也会使纤维的可纺性能劣化;纤维横截面形态接近圆形,形态不规则。

（2）甲壳素纤维的性能

① 物理机械性能　甲壳素纤维的干、湿态强力比毛纤维高,干态强力基本和黏胶纤维相近;经吸湿后,强力明显下降,但下降的幅度要低于普通黏胶。纤维断裂伸长率的大小与其结晶度、取向度、分子间力的大小等密切相关,甲壳素纤维湿态断裂伸长率比黏胶的湿态伸长率要高。甲壳素纤维的断裂比功在干、湿态时均较黏胶纤维大,而湿态时下降较多,表明甲壳素纤维韧性优于黏胶纤维,其织物的耐磨性也可能要比黏胶纤维制成的织物好,但与羊毛和涤纶纤维相比却较差,甲壳素纤维与其他几种纤维的机械物理性能对比见表2-2-27所示。

表 2-2-27　甲壳素纤维与几种常用纤维的机械性能比较(平均值)

纤维种类	断裂强度($cN/dtex^{-1}$)		断裂伸长率(%)		初始模量 ($cN/dtex^{-1}$)	断裂比功(cN/mm^2)	
	干态	湿态	干态	湿态		干态	湿态
甲壳素	1.98	1.64	20.5	17.4	22.1	4.76	3.51
棉花	3.22	3.81	9.15	13.4	80.65	5.51	6.42
黏胶	2.12	1.28	20.7	15.4	22.3	3.18	2.36
涤纶	4.03	4.23	35.1	27.4	24.1	14.19	8.74
羊毛	1.54	1.38	23.1	30.2	22.5	7.28	5.05

② 卷曲性能　纤维的卷曲数直接影响纤维的摩擦力和抱合力。卷曲数过多,会引起纤维间的抱合力过大,产生静电干扰和损伤纤维;卷曲数过少,则纤维间的抱合力差,一般化纤的卷曲率控制在 10%～15% 左右。

③ 导电、吸湿性能　甲壳素纤维含有大量羟基,纤维回潮率 12% 左右,吸湿性与棉纤维、黏胶基本相似,具有很强的亲水性。甲壳素纤维表面质量比电阻明显低于涤纶纤维,故不易产生静电,良好的抗静电性能使甲壳素纤维织物不易吸附灰尘,具有良好使用性能。

④ 抗菌性能　甲壳素分子中带有不饱和阳离子基团,对带负电荷的各类有害物质、有害细菌有强大的吸附作用,能对有害细菌的活动进行抑制,使之失去活性,从而达到抗菌的目的,甲壳素对金黄色葡萄球菌、大肠杆菌等均有抑制作用。

(3) 甲壳素纤维常见家用纺织品应用实例

图 2-2-28 中展示的宫廷风格床品六件套原料选择绿色环保的甲壳素和柔软舒适的黏胶纤维相结合,既有天然环保,吸湿保温的功能,又有优异的医学功能,能够抑菌除臭,抗静电,对过敏皮肤有良好的辅疗作用。

图 2-2-28　甲壳素/黏胶纤维床品

情境三 家用纺织纤维及纱线的性能指标与应用

本单元知识点

1. 能熟练准确地分清纱线的不同种类。
2. 掌握纱线的基本性能指标的含义与应用。
3. 掌握纱线的各种指标的检测方法。
4. 掌握纺织纤维性能及纱线结构如何决定家纺产品性能。

>>> 项 目 一 <<<
纱线的类别与认识

纱线是纱和线的统称,由纺织纤维制成的细而柔软的,并具有一定粗细和物理机械性质的连续长条。包括纱、线和长丝等。纱线的种类很多,根据不同方法,可对纱线进行以下不同的分类。

一、按纱线的结构和外形分

(一) 短纤维纱

1. 单纱

由短纤维集束为一股连续纤维束捻合而成。见图 2-3-1。

2. 股线

由两根或两根以上单纱合并加捻而成股线。见图 2-3-2。

3. 复合股线

由两根或多根股线合并加捻成为复捻股线。见图 2-3-3(彩图 34)。

4. 花式捻线

由芯线、饰线和固纱捻合而成,具有各种不同的特殊结构性能和外观的纱线,称为花式纱线。见图 2-3-4。

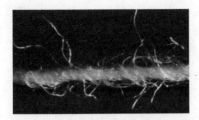

图 2-3-1 环锭短纤维纱

图 2-3-3 复合股线:股线捻合

图 2-3-2 双股线:单纱捻合

图 2-3-4 疙瘩捻线

（二）长丝纱

长丝纱由很长的连续纤维（蚕丝或化纤长丝）加工制成。
按结构和外形分类如下（图2-3-5）（彩图35）：

1. 单丝纱

指长度很长的连续单根纤维，可直接用于织造。

2. 复丝纱

指两根或两根以上的单丝并合在一起的纱线。

3. 捻丝

复丝加捻即得捻丝。

4. 复合捻丝

捻丝再经一次或多次合并、加捻即成复合捻丝。

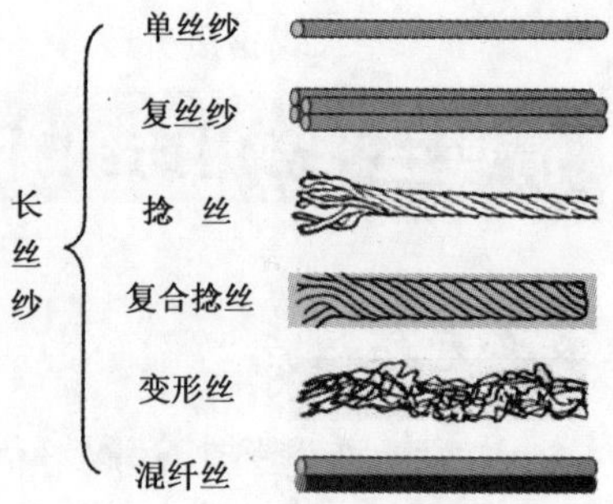

5. 变形丝

化纤原丝经变形加工，使之具有卷曲、螺旋、环圈等外观特征，具有较好的蓬松性、伸缩性的长丝纱。

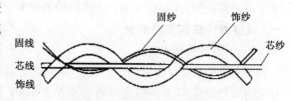

图2-3-5　各种长丝纱结构

（三）花式（复合）纱线

花式纱线是指通过各种加工方法而获得的具有特殊外观、手感、结构和质地的纱线，广泛应用于服装、家纺以及装饰织物中。

花式纱线常按其结构特征和形成方法进行分类，一般可分为花色线、花式线和特殊花式线三类。花式纱线的结构主要由芯纱、固纱、饰纱三部分组成。芯纱：位于纱的中心，是构成花式线强力的主要部分，一般采用强力好的涤纶、锦纶或丙纶长丝或短纤维纱。

图2-3-6　花式纱线的结构

饰纱：形成花式线的花式效果。固纱：用来固定花型，通常采用强力好的细纱。见图2-3-6。

二、按组成纱线的原料分

1. 纯纺纱

用一种纤维纺成的纱线称为纯纺纱。命名时冠以"纯"字及纤维名称，例纯涤纶纱、纯棉纱等。

2. 混纺纱

用两种或两种以上纤维混合纺成的纱线。混纺纱的命名规则为：原料混纺比不同时，比例大在前；比例相同时，则按天然纤维、合成纤维、再生纤维顺序排列。书写时，将原料比例与纤维种类一起写上，原料、比例之间用分号"/"隔开。例如65/35涤/棉混纺纱、50/50毛/腈混纺纱、50/50涤/黏混纺纱等。

3. 交捻纱

由两种或两种以上不同纤维原料或不同色彩的单纱捻合而成的纱线。

4. 混纤纱

利用两种长丝并合成一根纱线，以提高某些方面的性能。

三、按组成纱线的纤维长度分

1. 棉型纱线

指用棉或长度、线密度类似棉纤维的短纤维在棉纺设备上加工而成的纱线。

2. 中长纤维型纱线

指用长度、线密度介于毛、棉之间,一般为长 51～65 mm,细度2.78～3.33 dtex 的纤维在棉纺设备或中长纤维专用设备上加工而成的,具有一定的毛型感的纱线。

3. 毛型纱线

用羊毛或用长度、线密度类似羊毛的纤维在毛纺设备上加工而成的纱线。

四、按花色分

1. 原色纱

未经任何染整加工,具有纤维原来颜色的纱线。

2. 漂白纱

经漂白加工,颜色较白的纱线。通常指的是棉纱线和麻纱线。

3. 染色纱

经染色加工,具有各种颜色的纱线。

4. 色纺纱

有色纤维纺成的纱线。这种有色纤维是在化纤纺丝时在纺丝液中加入有色物质而形成。

5. 烧毛纱

经烧毛加工,表面较光洁的纱线。

6. 丝光纱

经丝光加工的纱线,有丝光棉纱、丝光毛纱。丝光棉纱是纱线在一定浓度的碱液中处理使纱线具有丝一般的光泽和较高的强力的纱;丝光毛纱是把毛纱中纤维的鳞片去除而得到的纱,纱线柔软,对皮肤无刺激。

五、按纺纱工艺分

1. 棉纱

在棉纺设备上生产以棉花为原料的纱。又可分为精梳棉纱、半精梳棉纱、普梳棉纱和废纺棉纱。

精梳棉纱是指通过精梳工序纺成的纱。精梳棉纱中纤维平行伸直度高,条干均匀、光洁,品质较好,但成本较高,纱支较高。精梳棉纱主要用于高级织物及针织品的原料,如细纺、华达呢、花呢、羊毛衫等。粗梳棉纱是指按一般的纺纱系统进行梳理,不经精梳工序纺成的纱。粗纺纱中短纤维含量较多,纤维平行伸直度差,结构松散,毛茸多,纱支较低,品质较差。此类纱多用于一般织物和针织品的原料,如粗纺毛织物、中特以上棉织物等。废纺纱是指用纺织下脚料(废棉)或混入低级原料纺成的纱。纱线品质差、松软、条干不匀、含杂多、色泽差,一般只用来织粗棉毯、厚绒布和包装布等低档的织品。

2. 毛纱

在毛纺系统上生产的主要以羊毛为原料的纱。可分为精梳毛纱、粗梳毛纱、半精纺和废纺毛纱。

3. 麻纺纱

在麻纺设备上生产以麻为原料的纱。

4. 绢纺纱

把养蚕、制丝、丝织生产中产生的疵茧、废丝在绢纺系统上生产加工而成的纱线。根据原料和成品性质,绢纺分绢丝纺和䌷丝纺两大类,产品包括绢丝和䌷丝。

六、按纺纱方法分

1. 环锭纱

指用一般环锭细纱机纺得到的纱。

2. 新型纺纱

包括自由端纺纱和非自由端纺纱。

自由端纺纱是把纤维分离为单根并使其凝聚,在一端非机械握持状态下加捻成纱,故称自由端纺纱。典型代表有转杯(纺)纱、静电(纺)纱、涡流(纺)纱和摩擦(纺)纱。见图 2-3-7(彩图 36)。

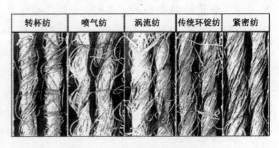

图 2-3-7　环锭纱与新型纱

七、按纱线粗细分

1. 粗特纱(高线密度纱)

线密度在 32 tex 及以上(或 18^s 以下)较粗的纱。

2. 中特纱(中线密度纱)

线密度 21～31 tex(或 28^s～19^s),介于粗特与细特之间的纱。

3. 细特纱(低线密度纱)

线密度在 11～20 tex(或 60^s～29^s)较细的纱。

4. 特细特纱(特低线密度纱)

线密度在 10 tex 及以下(或 60^s 以上)很细的纱。

棉纱在装饰织物中的常用规格有:97.2 tex(6 s)、58.3 tex(10 s)、27.8 tex(21 s)、32.4 tex(18 s)、13.9 tex(42 s)、9.7 tex(60 s)。其中,27.8 tex(21 s)、27.8 tex×2(21/2 s)、32.4 tex(18 s)用途最为广泛,主要用于各类中厚棉型装饰织物、巾被、毯类的经纱。线密度大的纱线用于沙发等家具的罩、垫等;线密度小的纱线用于与身体接触紧密的床上用品。

羊毛纤维纺成的纱线常用的线密度有:8.3～12.5 tex(120～80 公支),用于高档挂帷装饰织物的透帘等;12.5～20 tex(80～50 公支),用于薄型和中厚型装饰织物;20～40 tex(50～25 公支),主要用来制织粗支、外观较粗犷的装饰织物;半精梳纱工艺短、造价低且手感柔软,因此被广泛采用。粗梳毛纱常用的线密度有:62.5～125 tex(16～8 公支),用于各类装饰用毯;125～250 tex(8～4 公支),用于厚重型装饰用毯。由于羊毛纤维价格高,采用与其他纤维混纺使用,既改善了某些性能,又可降低成本;或采用毛纱与其他纱线交织也可以达到相同的目的。毛纤维和其他纤维纯纺或混纺的绒线也是装饰织物广泛应用的材料,特别是用于手编、钩织等产品较多。

高档桑蚕丝,主要用于制织高档装饰织物,如多彩被面、床单、被套,高档家电外罩、风景壁挂、像景织物、高级纱帘;刺绣、印花等装饰织物。长丝的常用线密度规格有:14.2/16.65 dtex(13/15 旦)、22.2/24.4 dtex(20/22 旦)、30/32.3 dtex(27/29 旦)、44.4/48.84 dtex(40/44 旦)、55.5/77.7 dtex(50/70 旦)等。其中 22.2/24.4 dtex(20/22 旦)、30/32.3 dtex(27/29 旦)使用最广泛。

八、按纱的用途分

1. 家纺产品用纱

供织制机织、针织物用纱。机织物长度方向排列的纱为经纱,要求强力较高,捻度较大。机织物宽度方向排列的纱为纬纱,要求强力较低,较柔软。在家纺产品中,主要包括巾、床、厨、帘、艺、毯、帕、线、袋、绒等产品,这些产品大部分是机织物、针织产品。根据不同用途,选择不同的纤维成分、不同规格纱线,形成特定的织物,满足人们对各种家用纺织品的需求。

2. 服饰用纱

服装面料或辅料利用的纱。

3. 产业用纱

指工业上用纱,如轮胎帘子线、缝纫线、锭带等,有特殊要求。

此外,它还可按纺纱后处理方法的不同分为原色纱、漂白纱、染色纱、丝光纱等;按纱线的卷绕形式分为管纱、筒子纱、绞纱;按加捻方向不同可分为顺手纱(S 捻)和反手纱(Z 捻)等。

>>>> 项 目 二 <<<<
纱线细度计算与应用

一、纱线细度指标

纱线细度指标可分为直接指标与间接指标两类。直接指标指的是纱线的直径、截面积、周长等。对于纤维或纱线,直接指标的测量较为麻烦,因此除了羊毛纤维用直径来表达纤维粗细外,其他纤维和纱线一般不用直径等直接指标来表示。间接指标是利用纤维或纱线的长度与重量的关系来表达细度。方法有两种:一种是定长制,即一定长度的纤维或纱线所具有的标准重量;一种是定重制,即一定重量的纤维或纱线所具有的长度。我国目前规定采用定长制但个别情况下仍有采用定重制。

1. 线密度 N_{tex}

是指 1 000 m 长纤维或纱线在公定回潮率时的重量克数,单位特克斯(tex)。计算公式如下:

$$N_t = \frac{1\,000 \times G_k}{L} \qquad\qquad (2\text{-}3\text{-}1)$$

式中: N_t——纱线的线密度,tex;

G_k——纱线在公定回潮率时的重量,g;

L——纱线试样的长度,m。

如 1 000 m 长度的棉纱在回潮率 8.5% 时重 24 g,则此棉纱线密度为 24 tex。

分特 Nt_d 是指 10 000 m 长纤维的公量克数,他等于 10 特,单位符号为 dtex。计算公式如下。

$$Nt_d = \frac{10\,000 \times G_k}{L} = 10\,N_t \qquad\qquad (2\text{-}3\text{-}2)$$

线密度 N_t 为法定计量单位,所有的纤维及纱线均采用线密度来表达其粗细。线密度越大,表明纤维或纱线越粗。

2. 纤度 D

是指 9 000 m 长的纤维或纱线在公定回潮率时的重量克数,单位为旦尼尔。简称为旦(D)。计算公式如下:

$$N_d = \frac{9\,000 \times G_k}{L} \qquad (2\text{-}3\text{-}3)$$

式中：N_d——纤维或纱线的纤度，旦(D)；

G_k——纤维或纱线在公定回潮率时的重量，g；

L——纤维或纱线的长度，m。

3. 公制支数 N_m

指 1 g 纤维或纱线，在公定回潮率时的长度米数。单位为公支。

其值越大，表示细度越细。其计算公式如下：

$$N_m = \frac{L}{G_k} \qquad (2\text{-}3\text{-}4)$$

式中：N_m——公制支数，公支；

G_k——纱线在公定回潮率时的重量，g；

L——纱线试样的长度，m。

4. 英制支数 N_e

指在公定回潮率时，重 1 磅的纱线，具有 840 码的倍数。其数值越大，表示细度越细。其计算公式如下：

$$N_e = \frac{L_e}{K G_{ek}} \qquad (2\text{-}3\text{-}5)$$

式中：N_e——英制支数，英支；

L_e——纱线试样长度，码，1 码＝0.914 4 m；

G_{ek}——在公定回潮率时的纱线重量，磅，1 磅＝453.6 g。

K——系数(纱线类型不同，其值不同，棉纱 $K=840$，精梳毛纱 $K=560$，粗梳毛纱 $K=256$，麻纱 $K=300$)。

如重 1 磅的棉纱在回潮率 9.89％时长度有 32 个 840 码，则此棉纱为 32 英支。

二、细度指标的换算

1. 线密度和公制支数的换算式：

$$N_t\, Nm = 1\,000 \qquad (2\text{-}3\text{-}6)$$

2. 线密度和纤度的换算式：

$$D = 9\, N_t \qquad (2\text{-}3\text{-}7)$$

3. 线密度和英制支数的换算式：

$$N_t\, N_e = 583.1(纯棉纱)$$

$$N_t\, N_e = 590.5(纯化纤纱)$$

$$N_t\, N_e = 586.7(涤棉纱\ T50/C50) \qquad (2\text{-}3\text{-}8)$$

$$N_t\, N_e = 587.5(涤棉纱\ T65/C35)$$

三、股线细度的表达

（1）股线的细度用单纱的细度和单纱的根数 n 组合表达。

当单纱细度以线密度表示时，则股线的线密度表示为：$N_t \times n$（N_t 为构成股线的单纱名义线密度）；若组成股线的单纱线密度不同时则表示为：$N_{t_1} + N_{t_2} + \cdots + N_{t_n}$。

（2）当单纱的细度以公制支数为单位时，则股线的公制支数表示为 $N_{m/n}$；如组成股的单纱细度不同时则表示为：$(N_{m_1} / N_{m_2} / \cdots / N_{m_n})$。股线的公制支数计算式如下：

$$N_m = \cfrac{1}{\cfrac{1}{N_{m_1}} + \cfrac{1}{N_{m_2}} + \cdots + \cfrac{1}{N_{m_n}}} \qquad (2-3-9)$$

英制支数表达式和公制支数类似。可以看出支数的计算比线密度计算困难。

四、细度偏差

由于工艺、设备、操作等原因，实际生产出的纱线细度与要求生产的纱线细度会有一定的偏差，把实际纺得的管纱线密度称为实际线密度，记为 N_{ta}。纺纱工厂生产任务中规定的最后成品的纱线线密度称为公称线密度，一般要符合国家标准中规定的公称线密度系列，公称线密度又称名义线密度，记为 N_t。在纺纱工艺中，考虑到筒绕伸长、股线捻缩等因素，使纱线成品线密度符合公称线密度而设计规定的管纱线密度称为设计线密度 N_{ts}。纱线细度偏差一般用重量偏差 ΔN_t 来表示，重量偏差 ΔN_t 又称线密度偏差，其计算公式如下：

$$\Delta N_t = \frac{N_{ta} - N_{ts}}{N_{ts}} \times 100\% \qquad (2-3-10)$$

重量偏差为实际生产出的纱线线密度大于公称线密度即偏粗，筒子纱售纱按重量计则长度偏短不利于客户，若按长度计不利于生产厂。重量偏差为负值，则与上述情况相反。若式（2-3-10）中代入的纱线细度为公制支数，则结果称为支数偏差，若式（2-3-10）中代入的纱线细度为纤度，则结果称为纤度偏差。

五、纱线细度检测方法

我国目前规定采用定长制，纱线线密度测试要确定试样的长度、质量，其中长度测定用缕纱测长仪，质量测定用链条天平。

纱线细度测试为绞纱法。方法标准为 GB/T 4743—1995《纱线线密度的测定绞纱法》。缕纱测长仪器见图 2-3-8。

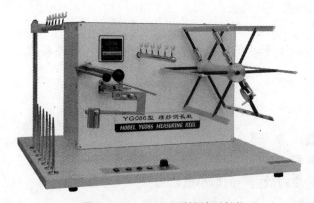

图 2-3-8　YG086 型缕纱测长仪

>>>>> 项 目 三 <<<<<
纱线细度均匀度及测定

纱线的细度均匀度指的是沿纱线长度方向粗细的变化程度。纱线的指标包括内在和外在两个方面,纱线细度均匀度是纱线外观质量评价指标,用不均匀的纱织成的布,织物上会呈现各种疵点,影响织物质量和外观。在织造工艺过程中,会导致断头率增加,生产效率下降。

一、表示纱线条干均匀度指标

1. 平均差系数 H

指各测试数据与平均数之差的绝对值的平均值对数据平均值的百分比。计算公式如下:

$$H = \frac{\sum |X_i - x|}{nx} \times 100\% \tag{2-3-11}$$

式中:H——平均差系数;

$\quad X_i$——第 i 个测试数据;

$\quad n$——测试总个数;

$\quad x$——n 个测试数据的平均数。

用公式(2-3-11)计算的纱线百米重量间的差异称为重量不均率。

2. 变异系数 CV(均方差系数)

指均方差占平均数的百分率。均方差是指各测试数据与平均数之差的平方的平均值之方根。计算公式如下:

$$CV = \frac{\sqrt{\dfrac{\sum (X_i - X)^2}{n}}}{x} \times 100\% \tag{2-3-12}$$

式中:CV——变异系数或称均方差系数;

$\quad X_i$——第 i 个测试数据;

$\quad n$——测试总个数;

$\quad x$——n 个测试数据的平均数。

3. 极差系数 R

指测试数据中最大值与最小值之差占平均值的百分率叫极差系数。计算公式如下:

$$R = \frac{\sum \dfrac{X_{max} - X_{min}}{n}}{x} \tag{2-3-13}$$

式中:R——极差系数;

$\quad X_{max}$——各个片段内数据中的最大值;

$\quad X_{min}$——各个片段内数据中的最小值;

$\quad n$——总片段个数;

x——n 个测试数据的平均数。

根据国家标准规定,目前各种纱线的条干不匀率已全部用变异系数来表示,但某些半成品(纤维卷、粗纱、条子等)的不匀还用平均差不匀或极差不匀表示。

二、纱线条干均匀度的测试方法

1. 绞纱称重法

实验室纱线线密度测试,用缕纱测长器绕取绞纱若干,每一绞称为一个片段即获得样本(一般 30 个),按标准规定不同粗细纱线,量取长度不同(线密度介于 12.5～100 tex 之间,每缕100 米),称其重量,利用上述公式可求得重量不匀,重量不匀变异系数。

2. 目光检验法

目光检验法又称黑板条干法。黑板条干检测法采用了黑板条干目测来检测纱线条干均匀度和棉结杂质,检测仪器先后采用了 Y381、Y381A 型摇黑板机,见图 2-3-9,即用摇黑板机将纱线绕在规定尺寸的黑板(250 mm × 220 mm × 2 mm)上,在暗房里将黑板放在标准照明条件下,用目光观察黑板的阴影、粗节、严重疵点等情况,与标准样照对比确定纱线的条干级别。

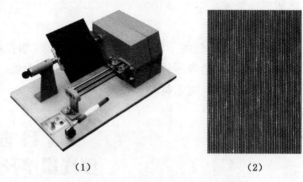

(1)　　　　　　　　　　(2)

图 2-3-9　YG381 型摇黑板机和黑板条干

(1)黑板条干均匀度光源要求　黑板和样照的中心高度,应与检验者的目光成水平。黑板尺寸为 250 mm×220 mm,黑板必须有光泽且平坦。纱线必须均匀紧贴黑板上,其密度相当于样照。

黑板和样照应垂直,平齐地放置在检验壁(或架子)中部,每次检验一块黑板。光源采用 40 W 青色或白色日光灯,两条并列。在正常目力条件下,检验者与黑板的距离为(2.5±0.3)m。

(2)条干均匀度的检验　棉纱的条干均匀度以黑板对比标准样照作为评定条干均匀度品质的主要依据。与标准样照对比,好于或等于优等样照的,按优等评定;好于或等于一等样照的,按一等评定;差于一等样照的评为二等。

(3)条干均匀度的评定　黑板上阴影、粗节不可相互抵消,以最低一项评等;如有严重疵点,评为二等;严重规律性不匀,评为三等。黑板条干均匀度观察见图 2-3-10。

3. 电容式条干均匀度仪试验法

当前使用最广泛的电子条干均匀度仪,是电容式均匀度仪,我国有 YG133 型和 YG135 型均匀度仪,国外简称乌斯特均匀度仪。这是目前技术含量最高,也是最

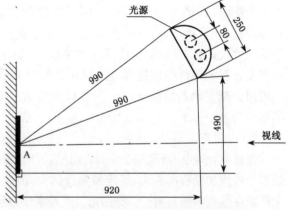

图 2-3-10　黑板条干均匀度观察图(单位:mm)

贵的条干测试仪。指标多,信息全面,是进行质量分析与质量预测的有力工具。

三、纱线条干不均匀产生的主要原因及其影响

1. 原料的差异形成

纤维在纱条纤维的随机排列,截面内纤维根数有差异,其自身长度、细度、结构和形态等是不均匀的,这种由原料的差异会引起纱线条干的不匀。

2. 机械设备及工艺

在纺纱过程中,由于纤维混合不均匀,工艺不能在加工机器上很好地实施,具有周期性运动的部件的缺陷会给纱条条干造成周期性粗细变化(如罗拉偏心、齿轮缺齿、皮圈破损等),由此造成机械波。

3. 随机事件

突发事件引起的不匀原因一般比较特殊,如飞花、设备间歇故障、操作不良、车间温湿度等,大多数时候会表现为疵点的快速上升或特大疵点的出现,有时也会出现机械波。

(影响主要针对织物外观及内在质量方面)

>>>>> **项 目 四** <<<<<
纱线捻度及选择

纺织纤维通过加捻形成了纱线,加捻后的纱线在强力、弹性、伸长、光泽、手感等方面性能与不加捻纱线有很大区别。

一、纱线捻度指标

如果纱条一端被握持住,另一端回转,这一过程称为加捻。对短纤维纱来说,加捻是纱线获得强力及其他特性的必要手段;对长丝纱和股线来说,加捻可形成一个不易被横向外力所破坏的紧密结构。加捻还可形成变形丝及花式线。加捻的多少及加捻方向不仅影响织物的手感和外观,还影响织物的内在质量。

表示纱线加捻程度的指标有捻度、捻回角、捻幅和捻系数。表示加捻方向的指标是捻向。

1. 捻度

单位长度的纱线所具有的捻回数称作捻度。纱线的两个截面产生一个 360° 的角位移称为一个捻回,即通常所说的转一圈。捻度的单位表示法随纱线的细度单位而不同,有捻/10 cm、捻/m 及捻/inch 三种表示法。一般线密度制捻度 T 的单位为"捻/10 cm",通常习惯用于棉型纱线;公制支数制捻度 Tm 的单位为"捻/m",通常用来表示精梳毛纱及化纤长丝的加捻程度。粗梳毛纱的加捻程度既可用线密度制捻度,也可用公制支数制捻度来表示。英制支数制捻度 Te 的单位为"捻/inch"。

2. 捻回角

加捻前,纱线中纤维相互平行,加捻后,纤维发生了倾斜。纱线加捻程度越大,纤维倾斜就越大,因此可以用纤维在纱线中倾斜角——捻回角 β 来表示加捻程度。捻回角 β 是指表层纤维与纱轴的夹角,如图 2-3-11 所

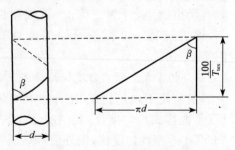

图 2-3-11　捻回角示意图

示。捻回角 β 可用来表示不同粗细纱线的加捻程度。两根捻度相同的纱线,由于粗细不同,加捻程度是不同的,较粗的纱线加捻程度较大,捻回角 β 亦较大。捻回角直接测量需在显微镜下,使用目镜和物镜测微尺来测量,此方法既不方便又不易准确,所以实际中常用以下公式计算求出。

$$\tan\beta = \frac{\pi d}{\dfrac{100}{T_{tex}}} = \frac{\pi d T_{tex}}{100} \qquad (2-3-14)$$

式中: β ——捻回角;

d ——纱的直径,mm;

T_{tex} ——纱的捻度,捻/10 cm。

3. 捻向

捻向是指纱线的加捻方向。他是根据加捻后纤维或单纱在纱线中的倾斜方向来描述的,如图 2-3-12 所示。纤维或单纱在纱线中由左下往右上倾斜方向的,称为 Z 捻向(又称反手捻),因这种倾斜方向与字母 Z 字倾斜方向一致;同理,纤维或单纱在纱线中由右下往左上倾斜的,称为 S 捻向(又称顺手捻)。一般单纱为 Z 捻向,股线为 S 捻向。

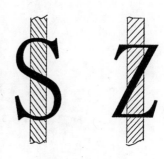

股线由于经过了多次加捻,其捻向按先后加捻为序依次以 Z、S 来表示。如 ZSZ 表示单纱为 Z 捻向,单纱合并初捻为 S 捻,再合并复捻为 Z 捻。

图 2-3-12 捻向

对机织物而言,经、纬纱捻向的不同配置,可形成不同外观、手感及强力的织物。

(1) 平纹织物 若经、纬纱采用同种捻向的纱线,则形成的织物强力较大,但光泽较差,手感较硬。

(2) 斜纹组织织物 纱线捻向与斜纹线方向相反,则斜纹线清晰饱满。

(3) Z 捻纱与 S 捻纱 在织物中间隔排列,可得到隐格、隐条效应。

(4) Z 捻纱与 S 捻纱 合并加捻,可形成起绉效果等。

4. 捻缩

加捻后,由于纤维倾斜,使纱的长度缩短,产生捻缩。捻缩的大小通常用捻缩率来表示,即加捻前后纱条长度的差值占加捻前长度的百分率。

$$\mu = \frac{L_0 - L}{L_0} \times 100\% \qquad (2-3-15)$$

式中: μ ——纱线的捻缩率;

L_0 ——加捻前的纱线长度;

L ——加捻后的纱线长度。

单纱的捻缩率,一般是直接在细纱机上测定。以细纱机前罗拉吐出的须条长度(未加捻的纱长)为 L_0,对应的管纱上(加捻后的)的长度为 L,股线的捻缩率可在捻度仪上测试,试样长度即为加捻后的长度 L;而退捻后的单纱长度为加捻前的长度 L_0。

二、纱线捻度的测试

纱线捻度试验的方法有两种,即直接解捻法和张力法。张力法又称解(退)捻——加捻法。

在标准大气下进行测定。

1. 解捻法

将试样在一定的张力下夹持在一定距离的左右纱夹中。让其中一个纱夹回转,回转方向与纱线原来的捻向相反。当纱线上的捻回数退完时,使纱夹停止回转,这时的读数(或被打印机打出)即为纱线的捻回数。由于短纤维纱线解捻时纤维纠缠难以判断纤维平行纱轴捻度为零,所以这种方法多用于长丝纱、股线或捻度很少的粗纱。

2. 张力法

又称退捻加捻法。原理是将试样在一定张力下将一定长度的纱先退捻,此时纱线因退捻而伸长,待纱线捻度退完后继续回转,此时纱加上与原来捻向相反,直到纱线长度至与原试样长度相同时,这时的读数为原纱线捻回数的 2 倍。短纤维单纱采用这种方法测定捻度。常用的 Y331A 型纱线捻度仪见图 2-3-13。

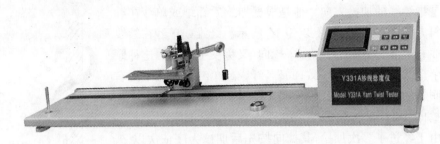

图 2-3-13　Y331A 型纱线捻度仪

三、加捻程度对纱线性能的影响

纱线加捻后,直接影响其强度、弹性、伸长等内在质量指标,同时也影响其粗细、手感及光泽等外观指标。

1. 加捻对纱线强度的影响

只有通过加捻才能使纤维形成纱线,同时也能获得强度,但并不是加捻程度越大,纱线的强力就越大,加捻大小要根据产品实际需要加以确定。

合理的捻度,使得纱线强度有所增加。加捻使纤维对纱轴的向心压力加大,纤维间的摩擦力增加。纱线在拉伸外力作用下,断裂总是发生在纱线强度最小处,纱线被拉伸断裂首先发生在弱环处。随着捻度的增加,弱环处得到的捻回较多,从而使纱线强度得到了改善。

2. 加捻对纱线直径和密度的影响

捻度越大纱中纤维越密集,纤维间的空隙减少,纱的密度增加,直径减少。当捻度增加到一定值后,纱中纤维间的可压缩性变得很小,密度和直径变化不大,相反由于纤维过于倾斜有可能使纱的直径稍有增加。

股线的直径和密度与股线、单纱捻向也有关。当股线捻向与单纱捻向相同时,捻系数与密度和直径的关系同单纱相似。当股线与单纱捻向相反时,在股线捻系数较小时,由于单纱的退捻作用,会使股线的密度减小,直径增大,随着捻度的加大使密度增大,而直径逐渐减小。

3. 加捻对纱线断裂伸长的影响

细纱的捻度增加时,纤维伸长变形加大,影响承受拉伸变形能力,纤维在纱中的倾斜程度增加,纤维间较难滑动,纱线断裂伸长有所减小。但随着捻度的增加,受拉伸时有使纤维倾斜程度减小、纱线有变细的趋势,从而使纱线断裂伸长率增加。在一般采用的捻度范围内,捻度增加,单纱的断裂伸长率则增加。

对于同向加捻股线,捻系数对纱线断裂伸长的影响同单纱。对异向加捻股线,当捻系数较小时,股线的加捻意味着对单纱的退捻,股线的平均捻幅随捻系数的增加而下降,所以股线的断裂伸长率稍有下降,当捻系数达到一定值后,平均捻幅又随捻系数的增加而增加,股线的断裂伸长率也随之增加。

4. 加捻对纱线弹性的影响

纱线的弹性取决于纤维的弹性与纱线结构两个方面,而纱线结构主要由纱线加捻程度来决定,对单纱和同向加捻的股线来说,加捻使纱线结构紧凑,纤维滑移减少,伸展性增加,在合理的捻度范围内,随捻度的增加,纱线弹性增加。

5. 加捻对纱线光泽和手感的影响

纱的捻度越大,纤维倾斜角越大,光泽差、手感较硬。

单纱和同向加捻的股线,由于加捻使纱线表面纤维倾斜,并使纱线表面变得粗糙不平,纱线光泽变差,手感变硬。异向加捻股线,当股线捻度与单纱捻度之比为 0.707 时,外层捻幅为零,表面纤维平行于纱轴向,此时股线光泽好,手感柔软。

>>>> 项 目 五 <<<<
新型纺纱与花式纱线的选择

一、传统纺纱

环锭纱是在环锭纺纱机上,用传统的纺纱方法加捻制成的纱线。纱中纤维内外缠绕联结,纱线结构紧密,强力高,但由于靠一套机构来完成加捻和卷绕工作,因而生产效率受到限制。此类纱线用途广泛,可用在各类织物、编结物、绳带中。

二、新型纺纱的方法分类

1. 气流纱

也称转杯纺纱,是利用气流将纤维在高速回转的纺纱杯内凝聚加捻输出成纱。纱线结构比环锭纱篷松、耐磨、条干均匀、染色较鲜艳,但强力较低。此类纱线主要用于机织物中膨松厚实的平布、手感良好的绒布及针织品类。

2. 静电纱

是利用静电场对纤维进行凝聚并加捻制得的纱。纱线结构同气流纱,用途也与气流纱相似。

3. 转杯纺

由纱芯和外包纤维组成,内层纱芯比较紧密,外层包缠纤维结构松散。加捻卷绕分开,产量高(3~4 倍于环锭细纱机),卷装大(每支筒纱重 3~5 kg),工序短(省去粗纱和络筒工序,对原料的要求低,适合纺中、低支纱)。

4. 涡流纱

是用同定不动的涡流纺纱管,代替高速同转的纺纱杯所纺制的纱。纱上的弯曲纤维较多、强度低、条干均匀度较差,但染色、耐磨性能较好。此类纱多用于起绒织物。

5. 尘笼纱

也称摩擦纺纱，是利用一对尘笼对纤维进行凝聚和加捻纺制的纱。纱线呈分层结构，纱芯捻度大、手感硬，外层捻度小、手感较柔软。此类纱主要用于纺织、装饰织物，通常织制粗厚织物或各种毯子。

6. 自捻纱

是通过往复运动的罗拉给两根纱条施以假捻，当纱条平行贴紧时，靠其退捻回转的力，互相扭缠成纱。

7. 喷气纱

利用压缩空气所产生的高速喷射涡流，对纱条施以假捻，经过包缠和扭结而纺制的纱线。成纱结构独特，纱芯几乎无捻，外包纤维随机包缠，纱较疏松，手感粗糙，且强力较低。此类纱线可加工机织物和针织物。

图 2-3-14　棉氨纶包芯纱

8. 包芯纱

一种以长丝为芯纱，外包短纤维而纺成的纱线，兼有纱芯长丝和外包短纤维的优点，使成纱性能超过单一纤维。常用的纱芯长丝有涤纶丝、锦纶丝、氯纶、氨纶丝，外包短纤维常用棉、涤/棉、腈纶、羊毛、蚕丝等。包芯纱目前主要用作缝纫线、烂花织物和弹力织物等。见图 2-3-14、图 2-3-15(彩图 37)。

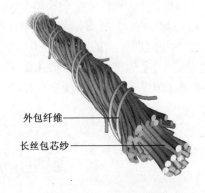

外包纤维———

长丝包芯纱———

图 2-3-15　长丝包芯纱

三、花式纱线在家纺中的应用

花式纱线是花式纱和花式线的统称，是指用特殊加工工艺生产的在外观形态与结构上，具有无规律或有规律变化特性而别于普通单纱和股线的纱线。实际生产中，人们习惯将单股的花式纱线称为花式纱，将合股的花式纱线称为花式线。花式纱线作为纱线的独特分支，以其新颖的结构、色彩缤纷的外观和容易出新的效果，已在纺织行业的各个领域广泛应用。

1. 花式纱线的种类

用于家纺行业的花式纱线主要有：多色股线、结合花式线、卷缩线。从结构来分有正规花纹纱线和控制花纹纱线两大类。用于家用纺织装饰织物较多的有雪尼尔线类、毛巾织物纱线类、结子花色粗线类、毛圈绒头类、波形纱线类等 18 个花色品种。

（1）普通纺纱系统加工的花式线　如：链条线、金银线、夹丝线等；

（2）用染色方法加工的花色纱线　如：混色线、印花线、彩虹线等；

（3）用花式捻线机加工的花式线　其中按芯线与饰线喂入速度的不同和变化，又可分为螺旋线、小辫纱、圈圈线和控制型纱线，如：竹节线、大肚线、结子线等；特殊花式线，如：雪尼尔线、包芯线、拉毛线、植绒纱线等。

2. 花式线实例及应用

（1）圈圈线

圈圈线的主要特征是饰纱围绕在芯纱上形成纱圈。饰线形成封闭的圈形，外以固纱包缠。外观：蓬松、柔软，一根线上有多个圈圈。如圈圈由纱线形成的称为纱线型圈圈线；而圈圈由纤维形成的则称为纤维型圈圈线。后者比前者更为丰满、蓬松、柔软,保暖性好,织物具有毛感。但圈圈易于擦毛和拉出,使用和洗涤时需倍加小心。纱圈的大小、距离和色泽均可变化,根据饰纱与芯纱超喂量的多少以及加捻大小,可形成波形线、小圈线、大圈线和球绒线等;当饰纱为强捻时,将自然成辫,形成辫子线。见图 2-3-16(彩图 38、彩图 39)。

用途:家纺产品中采用圈圈纱编织的织物具有较好的装饰作用,风格独特,花型新颖,美观大方,如靠垫、蒙罩类产品。

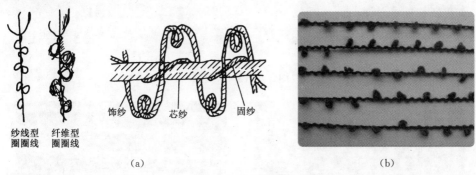

纱线型
圈圈线　　纤维型
圈圈线

饰纱　芯纱　固纱

(a)　　　　　　　　　　　　(b)

图 2-3-16　圈圈线

(2) 竹节纱

特征:具有粗细分布不均匀的外观,是花式纱中种类最多的一种,有粗细节状竹节纱、疙瘩状竹节纱、短纤维竹节纱、长丝竹节纱等。

外观:纱线忽细忽粗,有一节叠出的称竹节。见图 2-3-17(彩图 40)。

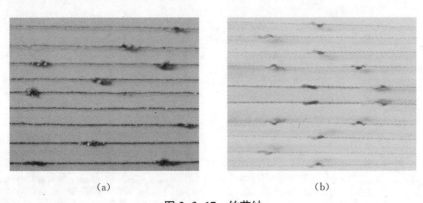

(a)　　　　　　　　　　　　(b)

图 2-3-17　竹节纱

用途:竹节纱常用于装饰织物,如窗帘、台布、墙布等,其织物上花型醒目,风格别致,立体感强。

(3) 大肚纱

大肚纱也称断丝线。其主要特征是两根交捻的纱线中夹入一小段断续的纱线或粗纱。见图 2-3-18(彩图 41、彩图 42)。

用途:大肚纱结子线在家纺产品中主要用于装饰织物,织物花型凸出,立体感强。

(4) 波纹纱

特征:饰纱在纱线表面形成左右弯曲波纹的花式纱线。

用途:大量的高档室内装饰织物用其为原料织制,产品有窗帘类织物,包括钩边窗帘、经编、烂花、印花、提花、缝边、烂花印花窗帘等。见图 2-3-19。

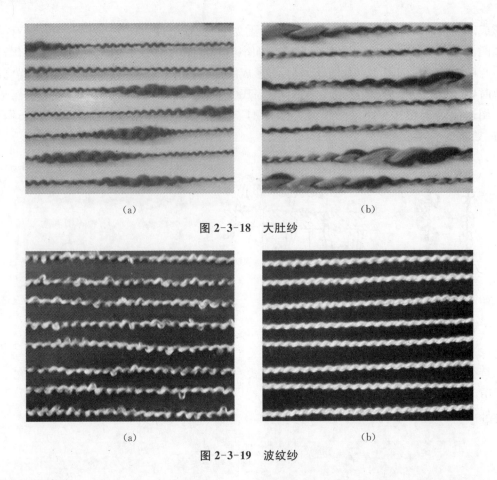

图 2-3-18　大肚纱

（a）　　　　　　　　　　　　（b）

图 2-3-19　波纹纱

（a）　　　　　　　　　　　　（b）

（5）包缠纱

特征：以强力和弹力都较好的合成纤维长丝为芯丝，外包棉、毛、蚕丝、黏胶纤维等纤维一起加捻而纺制成的纱。见图 2-3-20。

用途：家纺产品中主要用于窗帘、壁画等，织物表面色彩斑斓，立体感强。

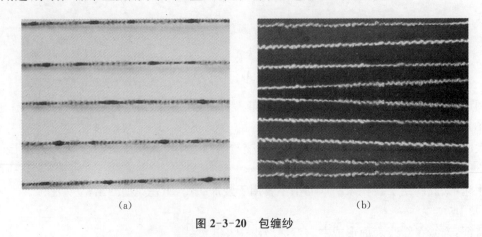

（a）　　　　　　　　　　　　（b）

图 2-3-20　包缠纱

3. 花式线在织物设计中的应用

花式线在机织物织造工艺中的应用有两种途径。一种是经纬线均用花式线，或全经或全纬的花式线,这在制织较为厚实、硬挺、线条粗的织物中应用较多。特别是有些不规则的花式线外廓使布面的不规则分布更显风格独特,如棉麻色织竹节纱织物:经纱 133 tex 纯苎麻竹节纱,纬纱为 54.4 tex 灰色麻棉色纱,平纹组织织造。一般来说,经纬全用花式线的较少,因布面点缀多,没有简洁的感觉,反而太乱,布面过重及织造效率很低的问题随之出现,而且生产成本上升。第二种是在经纬纱、或经或纬中将花式线和普通纱线以一定比例排列,调节好经纬密度,通过将花式线点缀在织物中,使其具有特殊外观及良好服用性能,本着少而精的原则,起到突出立体感的效果,又不至于过高增加成本,且织造过程也较为便利,生产效率提高。

采用花式线与其他经纬原料性能、粗细的不同的特点,可使织物表面形成条、格、点、闪光、凹凸条等外观效果;运用经纬色线与花式线搭配可以形成色彩含蓄多变的立体效果;运用经或纬与花式线排列比的变化形成独特外观;运用不同的经纬密进行搭配;运用不同织物的组织与花式线搭配;运用多种后整理及染整加工特点,提高花式线织物的性能及品质。值得注意的是,为使花式线的色彩效应、结构效应、特殊效应反映到最终织物的外观上,应注重织物的原料搭配、花式类型以及织物用途。

4. 花式线在家用纺织品中的应用

在色织产品中花式线应用最广,厚型、中型、薄型织物均有花式线的应用。除此之外,在仿天然纤维产品和花式纱布的应用上也日渐成熟。

窗帘类面料,花式纱线窗帘具有高雅、美观的特点。美国和西欧高档室内装饰织物中,大量运用了花式纱线,尤其近年来,花式纱线室内装饰织物市场空间很大。以窗帘为例,用有立体感的结子纱、圈圈线、雪尼尔线、竹节纱等结合经编、烂花、印花、提花等工艺开发的窗帘面料,色彩典雅、设计流行、原材料环保、花型经典时尚,给人以赏心悦目、爱不释手的感觉。

贴墙类面料,花式纱线墙布是第四代墙布产品,运用于居所尽显雅致时尚,运用于宾馆、酒店、商务楼尽显贵族品位。

包覆类面料:采用雪尼尔线或粗节、圈圈复合花式线,织成的家具装饰织物,配以古典的提花组织,合理搭配流行色,用于各类沙发、靠垫、座椅等,在欧洲一些国家和美国较为流行。

家纺产业国内外的发展空间巨大,符合时尚的产品要求会更高,标准会更严。从生产企业的市场经验与产品创新方向看,利用蓬松的结构和色彩的动态变化、纱线粗细变化可产生立体层次效果,或形成由颜色变化而产生的色彩层次变化,可形成符合流行趋势,具有市场竞争力的产品。

>>>> 项目六 <<<<
纺织材料的吸湿性能及应用

一、吸湿指标和检测方法

1. 回潮率

纺织材料中水分的重量占材料干重的百分率称之为回潮率。设试样的干重为 G_0,试样的湿重为 G_a,则回潮率 W 为:

$$W = \frac{G_a - G_0}{G_0} \times 100\% \tag{2-3-16}$$

2. 含水率

纺织材料中水分的重量占材料湿重的百分率称之为含水率。设试样的干重为 G_0，试样的湿重为 G_a，则含水率 M 为：

$$M = \frac{G_a - G_0}{G_a} \times 100\% \tag{2-3-17}$$

$$M = W/(1+W)$$
$$W = M/(1-M) \tag{2-3-18}$$

同种温湿度条件下纺织材料回潮率越大，表明其中水分越多，即可认为其吸湿能力越强，吸湿性越好。同一纺织材料的回潮率在不同的空气状态下是有差异的。

二、基本术语

1. 标准大气

标准大气亦称大气的标准状态，主要指：温度、相对湿度和大气压力。标准规定温度为 20（±2）℃（热带可为 27℃），相对湿度为（65±2）％，大气压力在 86～106 kPa 范围内（视各国地理环境而定）的大气状态称为标准大气。

关于标准状态的规定，国际上是一致的，而允许的误差，各国略有出入，我国规定大气压力为 1 标准大气压，即 101.3 kPa（760 mmHg 柱），分为一、二、三级别。

2. 调湿

在进行材料物理或机械性能测试前，往往需要在标准大气下放置一定的时间，使其达到吸湿平衡。这样的处理过程称为调湿。调湿的目的就是为了消除吸湿对材料性能的影响。

3. 预调湿

为了能在调湿期间使材料在吸湿状态下达到平衡，需要进行预调湿。所谓预调湿就是将试验材料放置于相对湿度为 10％～25％，温度不超过 50℃ 的大气中让其放湿。对于较湿的和回潮率影响较大的试样都需要预调湿（即干燥）。

4. 标准回潮率

纺织材料在标准大气下达到平衡时所具有的回潮率称为标准回潮率。各种纤维及其制品的实际回潮率随温湿度不同而变化，为了比较各种纺织材料的吸湿能力，将其放在统一的标准大气下经过规定时间后（平衡）测得的回潮率（标准回潮率）来进行比较。

纺织材料在标准大气条件下，从吸湿达到平衡时测得的平衡回潮率。通常在标准大气条件下调湿 24 h 以上，合成纤维调湿 4 h 以上。

5. 公定回潮率

为了计重和核价的方便需要，必须对各种纤维材料及其制品人为规定一个标准值，这个标准值称之为公定回潮率。应该注意：公定回潮率的值是纯属为了工作方便而人为选定的，他接近于标准状态下回潮率的平均值，但不是标准大气中的回潮率。各国对于纺织材料公定回潮率的规定往往根据自己的实际情况来制订，所以并不一致，但差异不大，而且还会修订。我国常见纤维和纱线的公定回潮率如表 2-3-1 和表 2-3-2 所示。

表 2-3-1　几种常见纤维的公定回潮率

纤维种类	公定回潮率(%)	纤维种类	公定回潮率(%)	纤维种类	公定回潮率(%)
原棉	8.5	分梳山羊绒	17.0	黏胶纤维	13
棉织物	8.0	羊绒纱	15.0	竹浆纤维	13
羊毛洗净毛(同质毛)	16.0	兔毛	15.0	莫代尔纤维	13
		驼毛	15.0	醋酯纤维	7.0
羊毛洗净毛(异质毛)	15.0	牦牛毛	15.0	铜氨纤维	13.0
		苎麻	12	涤纶	0.4
精梳落毛	16.0	亚麻	12	锦纶	4.5
再生毛	17.0	黄麻	14	腈纶	2.0
干毛条	18.25	大麻	12	维纶	5.0
油毛条	19.0	罗布麻	12	氨纶	1.3
毛织物	14.0	剑麻	12	丙纶	0
绒线、针织绒	15.0	桑蚕丝	11	乙纶	0
长毛绒织物	16.0	柞蚕丝	11	氯纶	0

表 2-3-2　几种常见纱线的公定回潮率

纱线种类	公定回潮率(%)	纱线种类	公定回潮率(%)
棉纱、棉缝纫线	8.5	绒线、针织绒线	15
精梳毛纱	16	山羊绒纱	15
粗梳毛纱	15	麻、化纤、蚕丝	同纤维

6. 实际回潮率

纺织材料在实际所处环境下所具有的回潮率,称实际回潮率。实际回潮率代表了材料当时的含湿情况。

7. 混纺纱的公定回潮率

由几种纤维混合的原料,混梳毛条或混纺纱线的公定回潮率,可以通过混合比例加权平均计算获得。下面以混纺纱为例来说明。

设:P_1、P_2…P_n 分别为纱中第一种、第二种……第 n 种纤维成分的干燥重量百分率(%),也即混纺比。W_1、W_2、…W_n 分别为第一种、第二种……第 n 种对应原料纯纺纱线的公定回潮率(%),则混纺纱的公定回潮率为:

$$W_混 = W_1 P_1 + W_2 P_2 + \cdots + W_n P_n (\%) \qquad (2\text{-}3\text{-}19)$$

例如:65/35 涤棉混纺纱的公定回潮率按上式计算其公定回潮率为:

$$W_混 = W_1 P_1 + W_2 P_2 = (0.4 \times 65 + 8.5 \times 35)/100 = 3.25 (\%)。$$

8. 公定重量

纺织材料在公定回潮率时所具有的重量称之为公定重量,也称标准重量,简称"公量"。设公定重量为 G_k,实际重量(也叫称见重量)为 G_a,干燥重量为 G_0,实际回潮率为 $W_a\%$,公定回潮率为 $W_k\%$。

三、吸湿性测试

吸湿性是纺织材料性能检测中的重要内容之一。吸湿性的测试分直接测定法和间接测定法。直接测定法驱除纤维中的水分以纤维与水分分离为特征,测得湿重和干重,如烘箱法、吸湿剂干燥法等。间接测定法则通过检测物理量的变化而确定回潮率的大小,以不烘出水分为特征,如电阻法、电容法等。直接测定法是目前测定纺织材料回潮率的基础方法,常用烘箱法测定。

(一)烘箱法

烘箱法就是利用烘箱里的电热丝加热箱内空气,通过热空气使纤维的温度上升,达到使水分蒸发之目的。影响烘箱法测试结果的因素主要有:烘燥温度、烘燥方式、试样量、烘干时间、箱内湿度和称重等。

烘干试样的温度一般超过了水的沸点,使纤维中的水分子有足够的热运动能力,脱离纤维进入大气中。为了测试结果的稳定性、可比性及减低能耗,不同的测试对象规定了不同的烘燥温度,国家标准规定的烘燥温度如表 2-3-3 所示。

表 2-3-3　常见纤维所规定的烘箱内温度范围

纤维种类	蚕丝	腈纶	氯纶、涤纶(DTY)	黏胶、莫代尔、莱赛尔	其他纤维
烘箱温度(℃)	140±2	110±2	65±3	105~110	105±2

称重方法也是影响试验结果的因素之一。称重方法一般分为:箱内热称,箱外热称和箱外冷称三种。

(1)箱内热称　由于箱内深度高,空气密度小,对试样的浮力小,故称得的干重偏重,算得的回潮率值偏小,但操作比较简便,目前大多采用箱内热称法。

(2)箱外热称　将试样烘一定时间后,取出迅速在空气中称量。它与湿量称量在同环境中进行,但是试样纤维间仍为热空气,其密度小于周围空气,称量时有上浮托力,故称得的干重偏轻,算得的回潮率值偏大。另一方面,纤维在空气中要吸湿,会使称得重量偏大,并与称量快慢有关,因此计算结果稳定性较差。

(3)箱外冷称　将烘干后的试样放在铝制或玻璃容器中,密闭后在干燥器中冷却 30 min 后进行称量。此法称量条件与称湿重时相同,因此比较精确,但费时较多。当试样较小,要求较精确时,如测试含油率、混纺比等,须采用箱外冷称法。见图 2-3-21。

图 2-3-21　八蓝烘箱

烘箱法不可能完全除去纺织材料中的水分,测得的回潮率要比实际的小些;但是,烘干水分的同时,又可能发挥掉纤维中的一些其他物质,如油脂等,使测得的回潮率要比实际的大些,所以,测试结果往往与实际回潮率之间存在一定误差。但总的来说,烘箱法测得的结果比较稳定,准确性较高,虽费时较多,耗电量较大,目前仍不失为主要的测试方法。

(二)电阻法

电阻式测湿仪是间接测定法中应用最多的仪器。他是利用纤维在不同的回潮率下具有不同电阻值来进行测定的,有多种设计形式,如极板式、插针式和罗拉式等。此类仪器具有测试速度快、结构精巧、使用简便、便于携带等特点,国内的代表性产品有:极板式的 Y412 系列原棉水分测定仪(图 2-3-22)和插针式的 Y411 系列纺织测湿仪(测纱和织物回潮率)。

电阻式测湿仪的测试结果受到纤维品种、数量、试样的松紧程度、纤维和仪器探头的接触状态、纤维中的含杂和回潮率分布等因素影响之外,环境温度也有较大影响,测试结果要进行温度补偿修正。这种仪器的最大优点就是快速简便,最大缺点就是用他测得的回潮率是材料中电阻值最低处的值,可以通过多次或多点测量修正这种偏差。

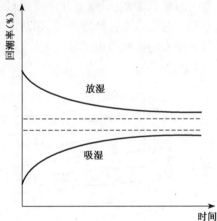

图 2-3-22　Y412 系列原棉水分测定仪

四、家用纺织材料吸湿的机理及影响因素

1. 吸着水的种类

有吸着水、毛细水及粘着水三种。

吸着水是指由于纤维中极性基团的极化作用而吸着的水,他的水分子与纤维分子间的吸附力实质上是一种化学键力。毛细水,是指纤维内部的许多细孔中由于毛细管的作用而吸收的水分。粘着水,这种水吸着在纤维的表面。

2. 吸湿平衡

将纺织材料从一种大气条件放置到另一个新的大气条件下时,他将立刻放湿或吸湿,其中的水分含量会随之变化,经过一段时间后,他的回潮率逐渐趋向于一个稳定的值,这种现象称之为"平衡",此时的回潮率称之为"平衡回潮率"。

吸湿平衡是动态的,也就是说同一时间内纤维吸收的水分和放出的水分数量一致,这种吸湿或放湿过程随时间的变化如图 2-3-23 所示。可以看出,放湿和吸湿的速度开始时较快,以后逐渐减慢,趋于稳定。严格来说,要达到真正的平衡,需要很长的时间。开始时由于纤维表层分子的亲水性基团与空气中的水分子很快缔合,随着水分子的增加,未缔合水分子的亲水性基团在不断减少,所以吸湿速度开始减慢,与此同时,纤维表层的水气分压(水分子的浓度)逐渐大于纤维内部的水气分压,水分开始向内部扩散,但这需要一定的时间,也就是曲线图上逐渐减慢的过程,当内外层水气分压相差越来越小时,速度越来越慢,将趋于稳定。

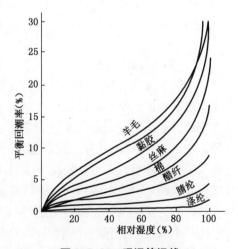

图 2-3-23　纤维吸湿、放湿与时间的关系

3. 吸湿等温线

吸湿等温线是指在一定的大气压力和温度条件下,纺织材料的吸湿平衡回潮率随空气相对湿度变化的曲线。几种常见纤维的吸湿等温线如图 2-3-24 所示。

从图中可以看出,在相同的温湿度条件下,不同纤

图 2-3-24　吸湿等温线

维的平衡回潮率是不同的,但平衡回潮率随着相对湿度的提高而增加的趋势是一致的,且呈反S形。

在不同温度下测得的吸湿等温线的位置是不同的,随着温度的提高,曲线主体下移,但在高湿区域曲线会翻翘的更厉害一些。这一点一定要注意,比较纤维的吸湿性一定要在相同的条件下进行测试比较。

4. 吸湿等湿线

吸湿等湿线是指在一定的大气压力和相对湿度条件下,纺织材料的平衡回潮率随温度变化的曲线。温度对平衡回潮率的影响比较小,随着温度的升高平衡回潮率逐渐降低。

这是因为在温度升高时,水分子的热运动能和纤维分子的热运动能都随温度的升高而增大,使纤维内部的水气分压升高,水分子和亲水性基团的结合力在减小,从而水分子从纤维内部溢出比较容易,表现为纤维的平衡回潮率下降。但在高温高湿的条件下,由于纤维热膨胀等原因,平衡回潮率略有增加。图 2-3-25 所示的是羊毛和棉纤维的吸湿等湿线,显示了平衡回潮率随温度变化的一般规律。

对于温度和湿度这两个影响纺织材料回潮率的因素,不可以隔离开来,温度和湿度是互有影响的两个因素,温度上升会使相对湿度下降,故在分析时要同时考虑,在实际生产中要同时控制。对于亲水性纤维来说,相对湿度的影响是主要的,而对于疏水性的合成纤维来说,温度对回潮率的影响也很明显。

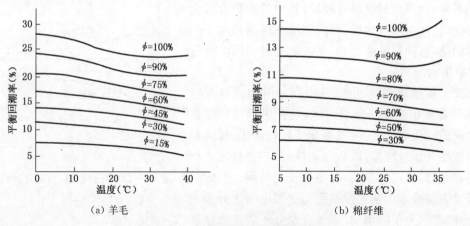

(a) 羊毛　　　　　　　　　　(b) 棉纤维

图 2-3-25　羊毛和棉纤维的吸湿等湿线

5. 吸湿滞后性

在同一大气条件下,同一纺织材料的吸湿平衡回潮率比放湿平衡回潮率小的现象叫吸湿滞后性,也叫作吸湿保守现象。前面的图 2-3-23 也说明了这一点。下面的图 2-3-26 中吸湿等温线和放湿等温线形成的滞后圈更清楚地说明吸湿滞后性。也就是说纤维的滞后性,更明显地表现在纤维的吸湿等温线和放湿等温线的差异上。

吸湿等温线是把在温度一定,相对湿度为 0% 的空气中达到平衡(即达到最小回潮率)后的纤维,放在依次升高的各种不同的相对湿度的空气中,待其平衡后所测得的平

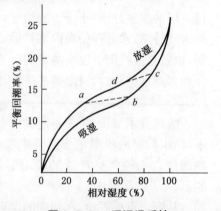

图 2-3-26　吸湿滞后性

衡回潮率与空气相对湿度的关系曲线;放湿等温线是把在温度一定,相对湿度为100%的空气中达到平衡(最大的回潮率)后的纤维,再放在依次降低的各种不同的相对湿度的空气中,待其平衡后所测得的平衡回潮率与空气相对湿度的关系曲线;同一纤维的这两条曲线并不重合,而是形成一个吸湿滞后圈。见图2-3-26。

吸湿滞后性产生的差值取决于纤维的吸湿能力和相对湿度的大小,一般规律是:吸湿性大的纤维其湿滞差值也比较大。如:在标准大气状态下,羊毛的回潮率差值为2.0%,黏胶为1.8～2.0%,棉为0.9%,锦纶为0.25%。而涤纶等吸湿性较差的纤维,放湿等温线与吸湿等温线接近重合。

纤维因吸湿滞后性造成的差值并不是一个固定的数值,其大小还与纤维吸湿或放湿前的原有回潮率有关,如果纤维并不完全润湿,而是在某一回潮率 a 点,放入相对湿度较高的大气中,纤维将进入吸湿过程,这时纤维的平衡回潮率和相对湿度的关系曲线如图2-3-26中 a、b 段曲线所示,这段曲线从 a 点向吸湿等湿线过渡至 b 点;当纤维具有某一回潮率 c 点,放入较干环境中,由吸湿状态进入放湿,他的平衡回潮率和相对湿度的关系如图2-3-26中 c、d 段曲线所示,这段曲线从 c 点向放湿等湿线过渡至 d 点。由此可见,在同样的相对温度条件下,纤维的实际平衡回潮率是吸湿等温线和放湿等温线之间的某一数值,这一数值的大小与纤维在吸湿或放湿以前的历史情况有关,鉴于以上这些因素,在提到纤维的理论平衡回潮率时是指两条曲线的中间值。

在实际工作中,这种差异必须给予足够重视。在检测纺织材料的各项物理机械性能时,应在统一规定的吸湿平衡状态下进行(即调湿之后进行),对于含水较多的材料,还应该先进行预调湿,而后进行调湿处理,以减小吸湿滞后性的影响。

6. 影响吸湿的因素

(1) 纤维内部的亲水基团

亲水基团是纤维具有吸湿性的决定性因素。亲水性基团存在与否,其数量、极性的强弱等决定着纤维吸湿能力的高低。纺织纤维中常见的亲水性极性基团有:羟基(—OH),酰胺基(—CONH),氨基(—NH$_2$)、羧基(—COOH)等,他们对水分子都有较强的吸附亲和力,通过他们与水分子缔合,才能使水分子在纤维内部依存下来,所以纤维中这类基团的数目越多,基团的极性越强,纤维的吸湿能力越高。

如棉、麻、黏胶等是由纤维素大分子构成,他的大分子每一葡萄糖剩基上有三个羟基(—OH),所以吸湿能力较强;而醋酯纤维,因大部分羟基被比较惰性的乙酸基(CH$_2$·COO—)所取代,因此醋酯纤维的吸湿能力较低。羊毛纤维和丝纤维中的蛋白质大分子是由 α 氨基酸缩合而成,在大分子上有很多的氨基(—NH$_2$)、酰胺基(—CONH)、羧基(—COOH),所以表现出很好的吸湿能力。在合成纤维中含有亲水基团不多,所以吸湿能力较低,其中,聚乙烯醇纤维由于在主链上含有很多的—OH基,所以吸湿能力较好,且是水溶性纤维,但经缩甲醛化后形成的维纶吸湿能力就下降很多且不溶于水;锦纶66的分子链中,每六个碳原子含有一个酰胺基,所以也具有一定的吸湿能力;腈纶的分子链中含有一定数量的—CN基,他的极性虽强,但由于大部分在整列区中相互饱和,故吸湿能力低;涤纶纤维中没有亲水性基团或亲水性极弱,所以吸湿能力很差。丙纶中没有亲水性基团,所以不吸湿。这里需要着重指出的是:在分析纤维中亲水性基团对纤维吸湿性的影响时,在考虑亲水性基团存在与否、存在的数量、极性的强弱等因素时,还要考虑内部结构。

如果大分子的端基是亲水性极性基团,则随着大分子聚合度的降低吸湿性变强。

(2)纤维结晶度、聚合度

实验表明:进入纤维内部的水分子主体存在于无定形区,结晶区极少进入,也就是说即使纤维的化学组成相同,若内部结构不同,其吸湿性将有很大差异。结晶度越高,无定形区就越少,吸湿能力就越差。聚合度大,吸湿小。

例如棉纤维经丝光处理后,由于结晶度降低使吸湿量增加;棉和黏胶纤维虽然都是纤维素纤维,但由于棉的结晶度为70%而黏胶纤维为30%左右,所以黏胶纤维的吸湿能力比棉高得多。蚕丝的吸湿能力比毛差,其主要原因就是蚕丝的大分子排列整齐,结晶度高。

在同样的结晶度下,晶体颗粒的大小对吸湿性也有一定影响。一般来说,晶体颗粒小的吸湿性大。无定形区内大分子的排列状况,对吸湿性也有较大的影响,大分子高度屈曲,造成分子间的间隙越大,纤维的吸湿性愈高。

(3)纤维的比表面积

单位体积纤维所具有的表面积称之为比表面积。纤维越细,其集合体的比表面积就越大,表面吸附能力就越强,纤维的吸湿能力就越大。

物质的表面分子由于引力的不平衡,使他比内层分子具有较多的能量,称为表面能。表面积越大,表面上的分子数愈多,表面能也就愈大。对于液体与气体,由于其流动性可以通过表面收缩来降低自己的表面能,这就是表面张力;当纤维在大气中时就会在自己表面(包括内表面)上吸附一定量的水气和其他气体,纤维表层分子的化学组成不同,对水气吸附能力亦不相同。

在同样条件下,细羊毛的回潮率一般较粗羊毛更高;成熟度差的原棉比成熟度好的原棉吸湿性大。另外,纤维间的排列方式和缝隙大小对纤维集合体的吸湿量也有很大影响。

(4)纤维表面伴生物含量及性质

纤维中含有杂质,表面上有伴生物,这些物质对纤维的吸湿性也有着较大的影响。这些表面物质和杂质如果是亲水性的,则纤维的吸湿能力会随之提高,如果是拒水性的,则纤维的吸湿能力会随之下降。

天然纤维在生长发育过程中,往往带有一些伴生物质,例如未成熟的棉纤维其果胶含量比正常成熟的棉纤维多,所以吸湿能力较高;脱脂棉纤维的吸湿能力就比未脱脂的棉纤维高;麻纤维中有果胶,蚕丝纤维中有丝胶,羊毛中有油脂,这些物质的含量变化都会使纤维的吸湿能力发生变化。化纤加工中添加的化纤油剂是有利于纤维吸湿的。

(5)温度的影响　温度高,水分子逸出动能大,吸湿小。

(6)其他方面影响　气压的影响,集中体现在纤维表面的凝水和纤维间的毛细吸水。

纤维原来回潮率大小的影响,由吸湿滞后性可以看出,当纤维材料置于新的大气条件下时,其从放湿达到平衡时的回潮率要高于从吸湿达到平衡时的回潮率。故纤维原来回潮率大小也有一定的影响。

空气流速的影响,当纤维材料周围空气流速快时,有助于纤维表面吸附水分的蒸发,纤维的平衡回潮率会降低。

五、吸湿对材料性质的影响

(一)对材料重量的影响

回潮率的变化会造成纺织材料的重量的变化,这里需要强调的是:一者是在贸易中以公定重量作为货款基准的,否则,不是买方吃亏(材料偏于潮湿),就是卖方吃亏(材料偏干燥);二者是在生产中,进行单位长度的重量控制(即定量控制),实现质量的稳定(纱线细度的稳定等),保证高度机械化连续性生产的顺利与有序,回潮率的计算是非常重要的。公定重量的计算公式如下:

$$G_k = G_0 \times (1 + W_K) \tag{2-3-20}$$

$$G_k = G_a \times \frac{1 + W_K}{1 + W_a} \tag{2-3-21}$$

(二) 对形态尺寸的影响

吸湿后的纤维其长度和横截面积都会发生尺寸变化,对吸湿来说表现为膨胀,对放湿来说表现为收缩。纤维吸湿膨胀不仅使纤维变粗、变硬,而且也是造成织物收缩(缩水)的原因之一。织物浸水后,纤维吸湿膨胀,使纱线的直径变粗,织物中纱线的弯曲程度增大,同时互相挤紧,使织物在经向或纬向结构波峰与波谷变形较大,比吸水前需要占用更长的纱线,其结果是使织物收缩。不过纤维的吸湿膨胀也有有利的一面,如丝光是 30,一些资料显示,纤维在充分润湿以后截面积的增长率:棉为 $45\% \sim 50\%$,羊毛 $30\% \sim 37\%$,黏胶纤维为 $50\% \sim 100\%$,苎麻为 $30\% \sim 35\%$,蚕丝为 $19\% \sim 30\%$,锦纶为 $1.6\% \sim 3.2\%$;而长度方向增长率,天然纤维为 $0.1\% \sim 1.7\%$,黏胶纤维为 $3.7\% \sim 4.8\%$,锦纶为 $1.0\% \sim 6.9\%$。这些数据只能表示大致的概念性情况,不同的资料由于测试方法的差异,数据相差很大。

例如水龙带和雨衣可以利用他们遇水后,因纤维吸湿变粗使织物更加紧密,而使水更难通过;毛纤维的吸湿膨胀由于毛纤维放湿时直径的收缩,可以使毛织物的蓬松感大幅度提高。膨胀影响织物的起皱、干燥和染色等。混纺材料作为家纺产品既要耐缩水又要抗皱,窗帘的选择很重要,值得一提的是顾客在购买布料时,要把缩水率问清楚,留出足够的缩水量以保证成品尺寸。窗帘面料中,棉、亚麻、丝绸、羊毛质地非常受消费者欢迎,不过这些质地的织物有一定的缩水率,人造纤维、合成纤维质地的窗帘在耐缩水、耐褪色、抗皱等方面优于棉麻织物。不过,现代许多织物把天然纤维与人造纤维或合成纤维进行混纺,因而兼具两者之长。

(三) 对材料密度的影响

吸湿对纤维的密度随着回潮率的增加,密度先上升而后下降。这主要是因为:在开始阶段进入的水分子占据纤维内部的缝隙和孔洞,表现出重量和密度增加而体积变化不大;随着水分子的不断进入,缝隙孔洞占完之后,纤维开始膨胀(水胀),体积增加,由于水的密度小于纤维的密度(丙纶纤维的密度小于等于水),体积增加率大于重量增加率,表现为密度下降。大多数纤维的密度在回潮率为 $4\% \sim 6\%$ 时达到最大。所以在进行纤维密度测试时,应注意回潮率的影响。通常人们喜欢测定标准大气和干燥纤维的密度进行对比研究。

(四) 对材料机械性质的影响

对于大多数纤维而言,其强力随着回潮率的增加而下降,少数纤维几乎不变,个别纤维(棉、麻)的强力上升。绝大多数纤维的断裂伸长率随着回潮率的增加而上升,少数纤维几乎不变。表 2-3-4 所示是几种常见纤维在完全润湿状态下的强伸度变化情况。纤维吸湿后力学性能的改变主要由于水分子进入纤维,改变了纤维分子之间的结合状态所引起。

随着回潮率的增加,纤维变得柔软容易变形、缠结,而较密实的织物则由于纤维的膨胀而变得僵硬;纤维的表面摩擦系数随着回潮率的增加而变大。

表 2-3-4　几种常见纤维在完全润湿状态下的强伸度变化情况

纤维种类	湿干强度比（%）	湿干断裂伸长比（%）	纤维种类	湿干强度比（%）	湿干断裂伸长比（%）
棉	102～110	110～111	涤纶	100	100
羊毛	76～96	110～140	锦纶	80～90	105～110
麻	104～120	122	腈纶	90～95	125
桑蚕丝	75	145	黏胶	40～60	125～150
柞蚕丝	110	172	维纶	85～90	115～125

　　回潮率的变化导致纤维机械性能的改变，而机械性能的改变又影响纺织的加工和产品的质量。如回潮率太低，则纤维的刚性变大而发脆，加工中易于断裂，静电现象明显；回潮率太高则纤维不易开松，其中的杂质难以清除，容易相互纠缠扭结，易于缠绕机器上的部件，会造成梳理、牵伸、织造等工艺的波动。抱合性的改变同样会使纱线的结构和织物质量改变，会造成纱线强力、毛羽、条干、织物尺寸、织物密度等的不稳定或变化等。

　　天然纤维类的家纺产品，在生产使用过程中，控制较适中的回潮率，兼顾舒适性与干爽性，既要保证其产品的使用性能又要保证良好的热湿交换、透气性，在晾晒过程中避免暴晒，影响其日晒色牢度，相对而言，化学纤维类的家纺产品，大都是吸湿性很低，回潮率也较低，所以空气条件对他们影响不大，无论是洗涤、悬挂对其性能、尺寸影响不大，但也不能在洗涤后暴晒。

　　（五）对材料热学性质的影响

　　回潮率的变化对纺织材料热学性质的影响很大。他随回潮率的增加保温性能逐渐下降，冰凉感增加，点燃温度上升，玻璃化温度下降，热收缩率上升，抗熔孔能力有所改善。

　　纺织材料在吸湿和放湿过程中还有明显的热效应，即吸湿放热或放湿吸热。空气中的水分子被纤维大分子上的极性亲水基团吸引而结合，使水分子的运动能量降低，所降低的能量大多转换为热能释放出来，其大小相当于水分子的汽化潜热。纤维的吸湿和热效应实际上是紧密联系在一起的，吸湿达到最后平衡时，热的变化也要获得最后平衡，纤维内部水分的扩散和热的传递都需要一个过程。纤维吸湿的热效应除了对纺、织、染、整加工工艺构成影响外，在纺织材料储运过程中必须注意纤维的吸热放热现象，注意通风、干燥，否则可能会使纤维发热而产生霉变，甚至引起自燃。

　　（六）对纺织工艺的影响

　　由于纤维吸湿后，其物理性能会发生相应的变化，所以，生产中必须保持车间的适当温湿度，以创造有利于生产的条件。

　　1. 纺纱工艺方面

　　一般当湿度太高、纤维回潮率太大时，不易开松，杂质不易去除，纤维容易相互扭结使成纱外观疵点增多。在并条、粗纱、细纱工序中容易绕皮辊，绕皮圈，增加回花，降低生产率，影响产品质量。反之，当湿度太低，纤维回潮率太小时，会产生静电现象，特别是合成纤维更严重。这时纤维蓬松，飞花增多；清花容易粘卷，成卷不良；梳棉机纤维网上飘，圈条斜管堵塞，绕斩刀；并条、粗纱、细纱绕皮辊、皮圈，绕罗拉，使纱条紊乱，条干不匀，纱发毛等。棉纤维回潮率太小，纺纱中易拉断，对成纱强力不利，断头增加。

　　2. 织造工艺方面

　　棉织生产中，一般当温度太低，纱线回潮率太小时，纱线较毛，影响对综眼和筘齿的顺利通过，使经纱断头增多，开口不清而形成跳花、跳纱和星形跳等疵点，还会影响织纹的清晰度，特别当有带电现象时尤为严重。棉纱回潮率太小时,还会增加布机上的脆断头。所以,棉织车间的相对湿度一般控制较高,合纤织造车间更要偏高些。但也不应太高,否则纱线塑形伸长大,荡纱而导致三跳;纱线吸湿膨胀导致狭幅长码;纱线与机件摩擦增加,引起纱线起毛、断头和机件的磨损。丝织生产中,使用的原料大多数是回潮率增加后强力下降、模量减小和伸长增加的材料,一般在车间温度偏高或温度偏低时,应适当降低加工张力,否则会在织物表面出现急纤、亮丝、罗纹纤等疵点。如果回潮率过小,丝线在同样张力下,伸长能力会减小,在同样伸长下的应力就会增加,对于单丝应力分布不均匀的丝线来说,就会引起某些单丝的断裂而形成丝线起毛的疵点。

3. 针织工艺方面

如果湿度太低,纱线回潮率太小,纱线发硬发毛,成圈时就易轧碎,增加断头,织物孔眼不清晰,漏针疵点增多。合成纤维还会由于静电现象严重,造成布面稀密漏疵点以及坏针。如果湿度太高,纱线回潮率太大,纱线与织针和机件之间的摩擦增大,张力增大,织出的织物就较紧,有时可能在布面上出现花针等疵点。

4. 纤维、半制品和成品检验方面

为了使检验结果具有可比性,实验室的验试条件应有国家统一的规定,各项物理机械性能指标均应在标准大气条件下测得,否则测试数据将因温湿度的影响而不正确。

>>>>> 项 目 七 <<<<<
纺织材料的热学性能及应用

纺织材料在不同温度下表现出来的性质称为纤维材料的热力学性质。纤维的热学性质与纤维大分子的结构和性状,以及分子的热运动状态有关。

一、常用的热学指标

(一)比热 C

纤维材料的比热是质量为 1 g 纺织材料温度变化 1℃所吸收(放出)的热量,单位:J/(g·℃)。

(二)导热系数 λ

纤维材料导热系数是指在传热方向上纤维材料厚度为 1 m,两表面之间温差为 1℃,每小时通过 1 m² 材料所传导的热量焦耳数,单位:J/(m·℃·h)或 W·m/(m²·℃)。

导热系数也称导热率,其倒数为热阻,他表示的是材料在一定温度梯度下,热能通过物质本身扩散的速度,物理学中常用单位为瓦/(米·开)为单位,导热系数 λ 值越小,表示材料导热性越低,他的绝热型保暖性越好。纤维材料本身的导热系数不是一个常量。在 20℃环境下测得各种纤维材料的导热系数如表 2-3-5。

表 2-3-5　纤维材料的导热系数

纤　维	$\lambda(W \cdot m/(m^2 \cdot ℃))$	纤　维	$\lambda(W \cdot m/(m^2 \cdot ℃))$
棉	0.071~0.073	涤纶	0.084
羊毛	0.052~0.055	腈纶	0.051
蚕丝	0.050~0.055	丙纶	0.221~0.302
黏纤	0.055~0.071	氯纶	0.042
醋纤	0.050	静止空气	0.026
锦纶	0.244~0.337	水	0.599

（三）绝热率 *T*

绝热率表示纤维材料的隔绝热量传递保持温度的性能。他常常通过降温法测得，将被测试样包覆在一个热体外面，另一个相同的热体作为参比物（不包覆试样），同时测得经过相同时间后的散热量分别为 Q_1 和 Q_2，则绝热率 *T* 为：

$$T = \frac{Q_1 - Q_2}{Q_1} \times 100\% \tag{2-3-22}$$

式中：Q_1——包覆试样前保持热体恒温所需热量；

$\quad\quad Q_2$——包覆试样后保持热体恒温所需热量。

绝热率数值越大，说明该材料的保暖性越好。实际测试中，为了方便计算和结果的稳定可靠，常常使用两只饮料易拉罐作为容器，加入同质量和温度的水，测量经过一定时间后的温差。应当注意的是对于欲比较保暖性的纺织品应该在相同的实验环境中进行，最好在标准大气中。

（四）克罗值 clo

克罗值（clo）是国际上经常采用的一个表示织物隔热保温性能的指标，也可以表示织物在人穿着过程中的舒适度。定义为：在室温 21℃，相对湿度小于 50%，气流为 10 cm/s（无风）的条件下，一个人静坐不动，能保持舒适状态，此时所穿衣服的热阻为 1 clo。clo 越大，则隔热保暖性越好。

（五）保暖率

保暖率是描述织物保暖性能的指标之一，他是采用恒温原理的织物保暖仪测得的指标，是指在保持热体恒温条件下无试样包裹时所消耗的电功率和有试样包裹时消耗的功率之差占无试样包裹时所消耗的电功率的百分率。该数值越大，说明该织物的保暖性越强。新的国际标准将保暖率在 30%以上的内衣称之为保暖内衣。

二、影响纤维导热性能的因素

在同一温度下，分子量越高纤维材料导热系数越大；回潮率大，水分越多，纤维材料导热系数也越大，保暖性越差。纤维集合体的体积重量对纤维导热性也有影响，纤维层中夹持的空气越多，则纤维层的绝热性越好，一旦夹持的空气流动，保暖性将大大降低。

纤维层的密度在 $0.03\sim0.06\text{ g/cm}^3$，纤维材料导热系数最小，保暖性最好。

三、家纺产品保暖性分析

保暖性加大可采用如下方法，尽可能多的储存静止空气（如：中空纤维、多衣穿着、不透水）、降低纤维材料回潮率、选用导热系数低的纤维、加入陶瓷粉末等材料。不同纤维材料作为家纺产品的填充物将会有不同的使用效果，以被子为例分析如下。

1. 羽绒被

羽绒被的主要填充物是鹅绒和鸭绒两种。两者相比较，鹅绒被要比鸭绒被好一些。但不管哪种羽绒被，其主要质量指标为含绒量。优点：保暖性好，并具有良好的吸湿性、透汗性，比较干爽。适应人群：因羽绒被还具有轻、柔、软的特点，其重量要比棉被等轻很多，使用时不会对人体造成压迫感，因此适宜患高血压、心脏病、血液循环不良的老人、孕妇、儿童等使用。

2. 蚕丝被

最好的蚕丝被应该是用 100%的桑蚕丝做填充物。蚕在正常生长过程中不应含有农药等化学物品,因此蚕丝被应该是"绿色"环保的被子。蚕丝的主要成分是动物蛋白纤维,含十几种氨基酸,对人体有益。

3. 羊毛(羊绒)被

羊毛纤维具有良好的卷曲特点,因此羊毛的保温性是不容置疑的。而羊毛又具有很好的悬垂性,因此贴身舒适、保暖。

4. 合成纤维被

可分四孔、七孔、九孔被等,纤维孔数越多其保暖性、弹性、透气性也就越好。

但在选购时应注意:并不是一定要选择孔数多的纤维被,若冬季室内温度较高,选择四孔被就可以了;若对保暖性有较高的要求,则选择孔多的纤维被。

四、纤维的热力性质

若对某一纤维施加恒定外力,观察其在等速升温过程中发生的形变与温度的关系,便得到该纤维的温度——形变曲线(或称热机械曲线)。

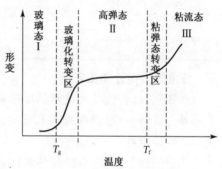

纤维典型的热机械曲线如图 2-3-27 所示,存在两个斜率突变区,这两个突变区把热机械曲线分为三个区域,分别对应于三种不同的力学状态。

在区域Ⅰ,温度低,纤维在外力作用下的形变小,具有虎克弹性行为,形变在瞬间完成,当外力除去后,形变又立即恢复,表现为质硬而脆,这种力学状态与无机玻璃相似,称为玻璃态。

随着温度的升高,形变逐渐增大,当温度升高到某一程度时,形变发生突变,进入区域Ⅱ,这时即使在较小的外力作用下,也能迅速产生很大的形变,并且当外

图 2-3-27 纤维热力学曲线

力除去后,形变又可逐渐恢复。这种受力能产生很大的形变,除去外力后能恢复原状的性能称高弹性,相应的力学状态称高弹态。

当温度升到足够高时,聚合物完全变为粘性流体,其形变不可逆,这种力学状称为粘流态区域为Ⅲ。

玻璃态,分子链段运动被冻结,显现脆性,类似普通玻璃性能;高弹态,分子链段运动加剧,出现高弹变形,类似橡胶的特性;粘流态,大分子开始变形,表现出液体流动的特性。玻璃态、高弹态和粘流态称为聚合物的力学三态。

(一)熔点温度 T_m

高聚物结晶全部熔化时的温度,或晶态高聚物大分子链相互滑动的温度。

(二)玻璃化温度 T_g

非晶态高聚物大分子链段开始运动的最低温度,或由玻璃态向高弹态转变的温度。

影响 T_g 的因素:化学组成的影响;分子量和交键作用;混合、接枝及共聚的影响;增塑剂的作用,凡是使链的柔性增加,使分子间作用力下降的结构因素都会是 T_g。

(三)粘流温度 T_f

非晶态高聚物大分子链相互滑动的温度,或由高弹态向粘流态转变的温度。

表 2-3-6 为几种纺织纤维的热转变点。

表 2-3-6　几种纺织纤维的热转变点(℃)

纤维	玻璃化温度	软化点	熔点	分解点	洗涤最高温度
棉	—	—	—	150	90～100
羊毛	—	—	—	130	30～40
桑蚕丝	—	—	—	150	30～40
黏胶纤维	—	—	—	150	—
醋酯纤维	186	195～205	290～300	—	—
涤纶	80,67,90	235～240	256	—	70～100
锦纶 6	47, 65	180	215～220	—	80～85
锦纶 66	85	225	253	—	8～85
腈纶	80～100, 140～150	190～240	—	280～300	40～45
维纶	85	干 220～230 水中 110	—	—	—
丙纶	−35	145～150	163～175	—	—
氯纶	82	水中 110	200	—	30～40

五、纤维的热塑性和热定型

热塑性:将合成纤维或制品加热到 T_g 以上温度,并加一定外力强迫其变形,然后冷却并去除外力,这种变形就可固定下来,以后遇到 $T < T_g$ 时,则纤维或制品的形状就不会有大的变化。这种特性称之为热塑性。

热定型:就是利用合纤的热塑性,将织物在一定张力下加热处理,使之固定于新的状态的工艺过程。如:蒸纱、熨烫。

热定型的机理:将最初的松散结构重建固化。热定型的方法:干热定型——热风处理,金属表面接触加热。湿热定型——湿法定型,汽蒸定型,过热蒸汽定型。

(一) 影响合纤织物热定型效果的因素

1. 温度(最主要因素)

温度愈高,定型效果愈显著,但 T 不能太高,否则会使织物手感粗糙,甚至引起纤维损伤变性。

2. 时间

温度高,定型时间可短些;温度低,定型时间可长些。定型时间必须保证热在织物中的均匀扩散及分子链段的重建。

3. 张力

高张力定型适用于单丝袜子;弱张力定型用于多数的针织物和机织物;无张力定型在一般织物中用得较少。

4. 冷却速度

一般要求较快冷却,可使新结构快速固定,可获得较好手感的织物。

5. 定型介质

一般采用水或湿气。采用合适的化学药剂会比水更有效的拆散大分子间作用力,还可降低热定性温度。

表 2-3-7 为几种合成纤维热定性温度。

表 2-3-7　几种合成纤维热定性温度(℃)

纤维	热水定型	蒸汽定型	干热定型
涤纶	120~130	120~130	190~210
锦纶6	100~110	100~110	160~180
锦纶66	100~120	100~120	170~190
丙纶	100~120	120~130	130~140

六、纤维的耐热性与热稳定性

(一) 耐热性

指纤维经过短时间的高温作用,随着温度的升高而强度降低的程度。

常用纤维耐热性,天然纤维中:棉>麻>蚕丝>羊毛;纤维素纤维:黏胶>棉;合成纤维:涤纶>腈纶>锦纶>维纶。

(二) 热稳定性

纤维耐长时间高温的性能。碳纤维、玻璃纤维相当好;涤纶的耐热性与热稳定性均较好;锦纶的耐热性较好,但热稳定性差。

(三) 熔孔性

织物接触到热体而熔融形成孔洞的性能。织物抵抗熔孔现象的性能叫抗熔孔性。

纤维耐热的能力是影响其应用性能的重要因素。这也是纤维处理过程中需要考虑的一个重要因素,因为在很多织物形成过程中需要受热,如染色、熨烫和热定型。

某些热对纤维的影响只是在作用过程中,是暂时的和明显的。例如,在染色中,纤维的性质能在热作用期间会有改变,但是冷却后,则恢复正常。但某些热的影响会是永久性的,因热作用后纤维分子重新排列引起纤维自身降解。而热定型会改变分子排列,使织物更加稳定(很小的收缩)、更能抗皱,但没有明显的降解。然而延长在高温中放置时间可能会引起降解,例如强度降低、纤维收缩和变色。用过高温度熨烫会引起织物严重的降解,甚至损坏。

加热时,热塑性纤维变柔软,当温度更高时就可熔化成液态。许多合成纤维具有热塑性。对热塑性纤维加热到一定程度会使织物形成折痕和折褶,但又不熔化纤维,当温度下降后,即可制成长久的折痕和褶裥。当加热(软化)时,热塑性纤维可以模压成型,当冷却时,模压的形状即可保持下来,折痕会是永久的,除非有更高的温度消除原来热定型的效果。家纺的特殊褶裥是利用此原理而形成。热塑性织物有很好的尺寸稳定性。

合成纤维易产生熔孔现象。改善织物抗熔性的方法有:合纤与天然纤维混纺、制造包芯纱(芯用锦纶、涤纶,外层用棉)等。

七、纤维的燃烧性能指标

(一) 可燃性指标(表示纤维容不容易燃烧)

点燃温度:点燃纤维材料的最低温度称为点燃温度,点燃温度越低,纤维越容易燃烧。

(二) 耐燃性指标(表示纤维经不经得起燃烧)

极限氧指数 LOI(Limit Oxygen Index):纤维点燃后,在氧、氮大气里维持燃烧所需要的最低含氧量体积百分数。其值越大,说明材料难燃。

(三) 阻燃性

所谓阻燃织物,并不是阻燃整理后的织物在接触火源时不会燃烧,而是指织物在火中蔓延的速度缓慢，不能形成大面积燃烧，且离开火焰后，能很快自熄，不再燃烧或者阴燃，且较少释放有毒烟雾，从而具有不易燃烧性能的织物。

阻燃织物有纤维阻燃和织物后整理阻燃。合成纤维可以利用阻燃纤维进行织造，也可在织物上施加阻燃整理剂来获得阻燃性；而天然纤维的织物只能通过阻燃整理来实现阻燃。

织物的阻燃整理方法应根据织物的纤维种类、组织结构、最终用途和阻燃性能要求等因素来确定。一般有三种整理工艺，即浸渍烘燥法、浸轧焙烘法和涂层法。

1. 浸渍烘燥法

浸渍烘燥法又称吸尽法，是将织物用含有阻燃剂的整理液浸渍一定时间后烘燥，使阻燃剂浸透于纤维，阻燃剂与纤维分子间靠范德华力吸附。一般来说，浸渍烘燥法所获得的阻燃效果不耐久，水洗后阻燃剂易脱落，织物失去阻燃效果。

2. 浸轧焙烘法

浸轧焙烘法的工艺流程为浸轧→烘燥→焙烘→水洗后处理。

浸轧液一般由阻燃剂、交联剂、催化剂、添加剂及表面活性剂等组成，焙烘温度根据阻燃剂、交联剂和纤维种类来确定一般在100℃左右进行。经后处理去除织物表面没有反应的阻燃剂及其他试剂。浸轧焙烘法获得的阻燃效果可耐多次水洗，属耐久性整理工艺。

3. 涂层法

涂层法是将阻燃剂混入涂层剂中，经过涂层机将涂层剂敷于织物表面，烘干后涂层剂交联成膜，阻燃剂均匀分布在涂层薄膜中，起到阻燃作用。

另外，有些织物不能在普通设备上加工，如大型幕布、地毯等，可在生产加工的最后一道工序用手工喷雾法做阻燃整理；对于表面蓬松的花纹、簇绒、起毛等织物，若用浸轧法会使表面绒毛花纹受到损伤，一般采用连续喷雾法。

八、提高纤维制品难燃性的途径

1. 制造难燃纤维

在纺丝原液中加入防火剂或用合成的难燃聚合物纺丝。

2. 阻燃整理

阻燃剂处理。

3. 通过与难燃纤维混纺

以提高纤维的难燃性。

项目八
纺织材料的机械性能及应用

纤维粗纱线在纺织加工和使用过程中都要受到各种外力的作用，产生一定的变形和内应力，当应力和应变达到一定程度时，纤维、纱线就会被破坏。

纤维和纱线承受各种作用力所呈现出的特性称为机械性能。

一、拉伸断裂性能的基本指标

1. 拉伸断裂强力

拉伸断裂强力即纤维受外力直接拉伸到断裂时所需要的力，是表示纤维能承受最大拉伸外力的绝对值的一种指标,又称绝对强力。强力的法定计量单位是牛顿(N)。

2. 相对强度

纤维粗细不同时,强力也不同,因而对于不同粗细的纤维,强力指标无可比性。为了便于比较,可以将强力折合成规定粗细时的力,这就是相对强度。纤维的相对强度因折合的细度标准不同而有很多种,最常用的有以下三种。

(1) 断裂应力 σ　纤维单位截面积上能承受的最大拉力,标准单位为 N/m^2(帕,Pa),但常用 N/mm^2(兆帕,MPa)表示。由于纺织纤维的截面形状的不规则性,面积很难求测,实际应用中很少使用断裂应力指标,但在理论研究时,常用其进行分析。计算式为:

$$\sigma = \frac{P}{A} \tag{2-3-23}$$

式中:σ——断裂应力或体积比强度,Pa;

　　P——断裂强力,N;

　　A——截面面积,m^2。

(2) 断裂强度(相对强度)P_0　是指每特(或每旦)纤维(或纱线)所能承受的最大拉力,单位为 N/tex(或 $N/旦$)

其计算式为:

$$P_{tex} = \frac{P}{N_{tex}} \text{ 或 } P_{den} = \frac{P}{N_{den}} \tag{2-3-24}$$

式中:P_{tex}——特数制断裂强度,N/tex;

　　P_{den}——旦数制断裂强度,N/den;

　　P——纤维的强力,N;

　　N_{tex}——纤维的特数;

　　N_{den}——纤维的旦数。

(3) 断裂长度 L　单根纤维悬挂重力等于其断裂强力时的长度(km)。生产实践中测定时不是用悬挂法,而是按强力折算出来的。

$$L = \frac{P}{gN_t} \times 1\,000 \tag{2-3-25}$$

式中:g——重力加速度,m/s^2,在海平面处为 9.806 65;

　　P——断裂强力,N;

　　N_t——纤维的线密度,tex。

3. 拉伸变形曲线和有关指标

纺织材料在拉伸过程中,应力和变形同时产生,描述纤维(纱线)拉伸过程的变化用"拉伸图"表示。当横坐标为伸长率 ε(%),纵坐标为拉伸应力(σ、P_0 或 L)时,拉伸曲线称为应力应变曲线。典型曲线如图 2-3-28 所示,断裂点 a 对应的拉伸应力 σ_a 就是断裂应力,对应的伸长率 ε_a 就是断裂伸长率。

(1) 断裂伸长率

纤维拉伸到断裂时的伸长率(应变率),叫断裂伸长

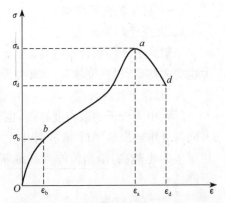

图 2-3-28　拉伸应力伸长率曲线图

率,用 ε_a 表示,单位为百分数(%)。断裂伸长率可表示纤维承受最大负荷时的伸长变形能力。

$$\varepsilon_a = \frac{L_a - L_0}{L_0} \times 100 \qquad (2\text{-}3\text{-}26)$$

式中:ε_a——拉伸断裂伸长率,%;

L_0——试样原长,mm;

L_a——试样拉断时的长度,mm。

(2)纤维拉伸的初始模量

初始模量是指纤维负荷——伸长曲线上起始一段(纤维基本伸直后拉伸的一段)较直部分伸直延长线上应力应变之比。图 2-3-28 中 Ob 线段斜率较大,斜率即初始模量。

$$E = \frac{P_a \times L}{L_e \times N_{tex}} \qquad (2\text{-}3\text{-}33)$$

式中:E——初始模量,N/tex;

P_a——曲线起始部分的直线段 e 处取一点 M 的负荷(N);

L——试样长度(即强力机 e 下夹持器的距离,mm);

L_e——M 点的伸长,mm;

N_{tex}——试样线密度,tex。

在曲线 Ob 段接近 O 点附近,模量较高,即为初始模量,他代表纺织纤维、纱线和织物在受拉伸力很小时抵抗变形的能力。初始模量的大小与纤维材料的分子结构及聚集状态有关。

二、纺织纤维的拉伸断裂机理

纤维在整个拉伸过程中,情况非常复杂。纤维受拉力时,首先是纤维中各结晶区之间无定形区中的长度最短的大分子链伸直并纤维轴向排列,取向度提高。接着这些大分子受拉力,键长、键角增大,使大分子伸长。在此过程中,一部分伸直、紧张的大分子可能被拉断,也可能逐步地从结晶区中抽拔出来,此时结晶区逐步产生相对移动,使结晶区之间沿纤维轴向的距离增加,结晶区在纤维中的取向度也提高。如果紧张大分子由结晶区抽拔出来,则无定形区中大分子张力差异就会减少,而使大分子能分担外力的作用。当外力达一定程序后,大分子被拉断,大分子间的结合力被破坏,产生滑移,从而使纤维断裂。

三、影响纺织纤维拉伸断裂强度的主要因素

(一)纤维的内部结构

1. 大分子的聚合度

一般大分子的聚合度愈高,大分子从结晶区中完全抽拔出来越不易,大分子之间横向结合力也更大些,所以强度越高,当增加到一定程度以后,纤维的强力不再增加而趋于不变。

2. 大分子的取向度

纤维中大分子的取向度越高,也就是大分子或基原纤排列得越平行,大分子或基原纤长度方向与纤维轴向越平行,在拉伸中受力的基原纤和大分子的根数就越多,纤维的强度就越高,屈服应力也越高,但当拉伸到纤维断裂时,大分子滑动量减少,伸展量也减少,故断裂伸长率下降。

3. 纤维的结晶度

纤维大分子、基原纤排列越规整,结晶度越高,缝隙孔洞较小且较少,大分子和基原纤间结

合力越强,纤维的断裂强度、屈服应力和初始模量都较高,但脆性可能有所增加。

(二) 测试条件

1. 温度

空气的温湿度影响到纤维的温度和回潮率,影响到纤维内部结构的状态和纤维的拉伸性能。在回潮率一定的条件下,温度高,大分子热运动能高,大分子柔性提高,分子间结合力削弱。因此,一般情况下,温度高,拉伸强度下降,断裂伸长率增大,拉伸初始模量下降,如图2-3-29所示。

2. 空气相对湿度和纤维回潮率

纤维回潮率越大,大分子之间结合力越弱。所以,某些纤维的回潮率越高,则纤维的强度越低、伸长率增大、初始模量下降,如图2-3-29所示。但是,棉、麻等纤维则情况相反。因为棉纤维的聚合度非常高,大分子链极长,当回潮率提高后,大分子链之间氢键有所削弱,增强了基原纤之间或大分子之间的滑移能力,反而调整了基原纤和大分子的张力均匀性,从而使受力大分子的根数增多,使纤维强度有所提高。如图2-3-30所示。

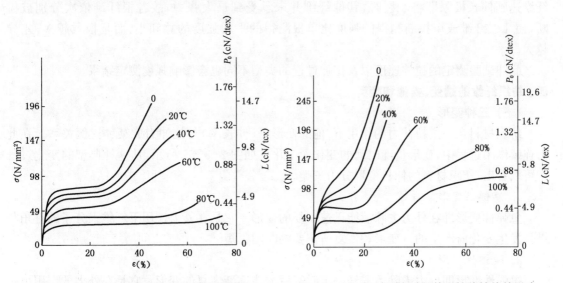

图 2-3-29 温度对细羊毛拉伸性能的影响　　　图 2-3-30 相对湿度对细羊毛拉伸性能的影响

纺织材料吸湿的多少,对他的力学性质影响很大,绝大多数纤维随着回潮率的增加而强力下降,其中黏胶纤维尤为突出,但棉麻纤维的强力则随着回潮率的上升而上升。所有纤维的断裂伸长都是随着回潮率的升高而增大。常见几种纤维在湿润状态下的强伸度变化情况见表2-3-8。

表 2-3-8 常见几种纤维在湿润状态下强伸度的变化情况

纤维种类	棉	羊毛	黏胶(短)	锦纶(短)	涤纶	维纶	腈纶
湿干强度比(%)	110~130	76~94	40~60	80~90	100	85~90	90~95
湿干断裂伸长率比(%)	110~111	110~140	125~150	105~110	100	115~125	125 左右

温湿度对纺织加工的影响,主要由纤维吸湿后力学性能变化引起。如回潮率太低,则纤维或纱线的刚性变大而发脆,纤维内摩擦和抱合性能削弱,加工中易断裂;如回潮率太高则纤维中的杂质难清除,同时易于相互纠缠成结或缠绕在机器上,影响加工的正常进行。吸湿性对纤维变形的影响,反映在加工成品如纱线和织物的长度尺寸不稳定。本色棉布织机下机的幅

宽,每当梅雨季节将缩窄,而冬季干燥季节则增宽。温湿度对布幅和匹长的影响,还会引起密度和单位面积质量发生变化。

3. 试样长度

试样长度是指纤维或纱线被夹持在上下夹持器之间的直接参加试验部分的长度。纤维上各处截面积并不完全相同,而且各截面处纤维结构也有差异,因而同一根纤维各处的强度并不相同,测试时总是在最薄弱的截面处被拉断并表现为断裂强度。当纺织材料试样长度缩短时,最薄弱的环节被测到的概率下降,只测得一部分次薄弱环节的断裂强度,从而使测试强度的平均值提高。这一概念称为弱环定理。按此推导结果可知,纤维试样截取越短,平均强度越高;纤维各截面强度不匀越厉害,试样长度对测得的强度影响也越大。

4. 试样根数

同时拉伸纤维的根数越多时,由于各根纤维强度并不均匀,特别是断裂伸长率不均匀,试样中各根纤维伸直状态也不相同,这就会使各根纤维不同时断裂。其中伸长能力最小的纤维达到伸长极限即将断裂时,其他纤维并未承受到最大张力,故各根纤维依次分别被拉断,使几根纤维成束拉断测得的强度比单根测得的平均强度的总和小,而且根数越多,差异越大。

此外试验测定的拉伸速度以及拉伸过程的类型不同也会影响强度测定结果。

四、纺织纤维的蠕变、松弛和疲劳

(一) 三种变形

纺织材料在一定拉伸力的作用下,他的变形量(伸长率)与拉伸力成某种比例关系。在此力连续作用过程中,变形量随时间的变化而变化。如图 2-3-31 所示,从这种典型的变化过程中可以看出,纺织材料的伸长变形分为三类。

1. 急弹性变形

急弹性变形即在外力去除后能迅速恢复的变形。它是在外力作用下纤维大分子的键角与键长发生变化所产生的。变形和恢复所需要的时间很短。

2. 缓弹性变形

缓弹性变形即外力去除后需经一定时间后才能逐渐恢复的变形。它是在外力的作用下纤维大分子的构象发生变化(即大分子的伸展、卷曲、相互滑移的运动),甚至大分子重新排列而形成的。在这一过程中,大分子的运动必须克服分子间和分子内的各种作用力,因此变形过程缓慢。外力去除后,大分子链又通过链节的热运动,重新取得卷曲构象,此过程分子链的链段需要克服各种作用力,恢复过程缓慢。如果在外力的作用下,有一部分伸展的分子链之间形成了新的分子间力,那么在外力去除后变形恢复的过程中,由于尚须切断这部分作用力,变形的恢复时间较长。

在拉伸力不变的情况下产生的伸长或回缩变形随时间变化而变化。

3. 塑性变形

指外力去除后不能恢复的变形,受拉伸力作用时能伸长,但拉伸力除去后不能回缩的变形(ε_5)。塑性变形是在外力作用下纤维大分子链节、链段发生了不可逆的移动,且可能在新的位置上建立了新的分子间联结,如氢键。

(二) 纤维的蠕变和应力松弛

纺织纤维在外力作用下变形时,其变形不仅与外力的大小有关,同时也与外力作用的延续时间有关。粘弹体兼具了这两种特性,他具有蠕变和应力松弛两种现象。

1. 纤维的蠕变现象

纤维在恒定的拉伸外力条件下,变形随着受力时间而逐渐变化的现象称为蠕变,蠕变曲线如图 2-3-31 所示。在时间 t_1 外力 P_0 作用于纤维而产生瞬时伸长 ε_1,继续保持外力 P_0 不变,则变形逐渐增加,其过程为 bc 段,变形增加量为 ε_2,此即拉伸变形的蠕变过程。去除外力,则立即产生急弹性变形恢复 ε_3。在 t_2 之后,拉伸力为"零"且保持不变,随着时间变形还在逐渐恢复,其过程为 de 段,变形恢复量为 ε_4。最后留下一段不可恢复的塑性变形 ε_5。

2. 纤维的应力松弛

在拉伸变形恒定的条件下,纤维的内应力随着时间而逐渐减小的现象称为应力松弛(也称松弛),松弛曲线如图 2-3-32 所示。在时间 t_1 时产生伸长 ε_0 并保持不变,内应力上升到 P_0,此后则随时间内应力在逐渐下降。

实践中的许多现象就是由于应力松弛所致,如各种卷装(纱管、筒子经轴)中的纱线都受到一定的伸长值的拉伸作用,如果贮藏太久,就会出现松烂;织机上的经纱和织物受到一定的伸长值的张紧力的作用,如果停台太久,经纱和织物就会松弛,经纱下垂,织口松弛,再开车时,由于开口不清,打纬不紧,就产生跳花、停车档等织疵。

纤维材料的蠕变和应力松弛是一个性质的两个方面,其实质都是由于纤维中大分子的滑移运动。蠕变是由于随着外力作用时间的延长,不断克服大分子间的结合力,使大分子逐渐沿着外力方向伸展排列,或产生相互滑移而导致伸长增加,增加的伸长基本上都是缓弹性和塑性变形(粘性流动)。应力松弛是由于纤维发生变形而具有了内应力,大分子在内应力作用下逐渐自动皱缩(这是弹性的内因),取得卷曲构象(最低能力状态),并在新的平衡位置形成新的结合点,从而使内应力逐渐减小,以致消失。

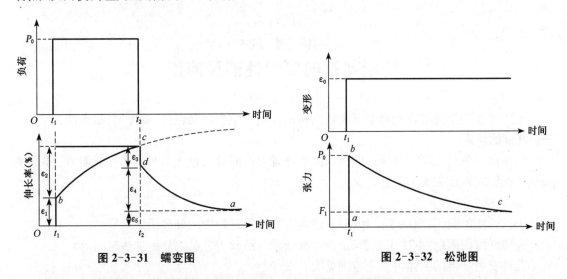

图 2-3-31　蠕变图　　　　　　　图 2-3-32　松弛图

蠕变和松弛是分子链运动的结果,影响因素有温度和湿度等,提高温度和相对湿度,会使纤维中大分子间的结合力减弱,促使蠕变和应力松弛的产生。所以生产上常用高温高湿来消除纤维材料的内应力,达到定形之目的。例如织造前对纬纱进行蒸纱或给湿,促使加捻时引起的剪切内应力消除,以防止织造时由于剪切内应力而引起退捻导致纬缩、扭变而产生疵点。

（三）纺织材料的拉伸疲劳

纤维在小负荷长时间作用下产生的破坏称为"疲劳"。根据作用力的形式不同可以分为静止疲劳和动态疲劳。

1. 静止疲劳

指对纤维施加不大的恒定拉力，开始时纤维变形迅速增长，接着较缓慢的逐步增长，然后变形增长趋于不明显，达到一定时间后纤维在最薄弱的一点发生断裂的现象。这种疲劳也叫蠕变破坏。当施加的力较小时，产生静止疲劳所需的时间较长。温度高时容易疲劳。

2. 动态疲劳

纤维经受反复循环加负荷、去负荷作用下产生的疲劳。图 2-3-33 是棉纤维重复拉伸图。

无论是何种疲劳方式，纤维都将表现出不同的疲劳破坏形态。

床品、靠垫、沙发布艺经常受人体缓和力的作用，包括摩擦、拉伸及顶破挤压等，形成动态疲劳，材料的经受疲劳期很长，不会在短时间内损坏，在洗涤和晾晒过程中，会受到机洗的剧烈搓洗和日晒，最终在反复使用和洗涤过程中出现疲劳破损情况。

窗帘在使用中基本不受其他外力作用，由于窗帘尺寸大，面料较重，长时间挂置，会出现挂点处受力大，而且长时间作用，容易产生静止疲劳，再加上洗涤、晾晒等作用，会减少其使用寿命。

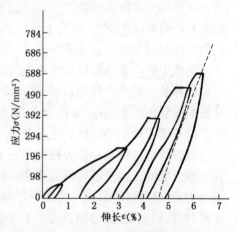

图 2-3-33　棉纤维重复拉伸图

项目九
纺织材料的光学性能及应用

光学性质是指纤维在光照射下表现出来的性质。主要包括色泽、双折射、耐光性。

一、纤维的色泽

色泽即颜色与光泽。纤维的颜色取决于纤维对不同波长色光的吸收和反射能力。光泽则取决于光线在纤维表面的反射情况。

1. 纤维的颜色

天然纤维的颜色：取决于品种（即天然色素）；生长过程中的外界因素。

合成纤维的颜色：取决于原料（是否含有杂质）；纺丝工艺（如温度、加热时间等）。

几种有色纤维的主体可见光范围见表 2-3-9。

表 2-3-9　各种颜色的波长与波长范围

颜色	波长范围(nm)	颜色	波长范围(nm)	颜色	波长范围(nm)
红	620～780	黄	575～595	蓝	450～480
橙	595～620	绿	480～575	紫	380～450

2. 纤维的光泽

纤维光泽的形成实际上是正反射光、表面散射反射光和来自内部的散射反射光共同作用的结果,评价光泽应同时考虑两个方面:反射光量的大小和反射光量的分布规律。反射光量很大,分布不均匀——"极光";反射光量很大,分布较均匀——"肥光"。

3. 影响纤维光泽的因素

纤维的微原纤结构、纤维的形态结构、化纤中加入的 TiO_2 消光剂等。

二、纤维的耐光性和光防护

1. 耐光性

纺织材料具有抵抗光照的能力。纤维经长期光照,会发生不同程度的裂解,使大分子断裂,分子量下降,强度下降。TiO_2 的存在会加速裂解。纤维材料在日光照射下,其性能逐渐恶化,其强度下降,变色,发脆,以至丧失使用价值。纤维材料抵抗日光破坏的性能称为耐光性。日光中的紫外线(波长 400 nm 以下)和红外线(波长 780 nm 以上)是造成纤维光损伤的主要原因。

常用纤维耐光性大致顺序:腈纶>羊毛>麻>棉>黏胶>涤纶>锦纶>蚕丝

2. 光防护

所谓光防护是指纤维制品阻隔红外或紫外光的透射,防止红外或紫外线对人体产生破坏的性能。

紫外线根据波长可以划分为长波紫外线(UVA)、中波紫外线(UVB)和短波紫外线(UVC)三种:波长越长,穿透能力越强。不同波长紫外线的特点见表 2-3-10。

表 2-3-10 不同波长紫外线对皮肤的影响

波段	波长(nm)	对皮肤的影响
UVA	320~400	生成黑色素和褐斑,使皮肤老化、干燥且皱纹增加
UVB	290~320	产生红斑和色素沉着,经常照射有致癌危险
UVC	180~290	穿透力强,可影响白细胞,但大部分被臭氧层、云雾吸收

三、防紫外线织物的加工

防紫外线织物的加工方法主要有两大类:一是利用防紫外线纤维混纺交织成织物;二是对织物进行防紫外线整理加工。

1. 防紫外线纤维

腈纶是一种自身就具有抗紫外线破坏能力的纤维,其结构中的—CN 基能吸收紫外线能量并转变成热能散失,能起到防紫外线的作用。

大多数合成纤维的防紫外线能力较差。在成纤高聚物中添加少量防紫外线添加剂纺丝制成防紫外线纤维。防紫外线添加剂主要有紫外线反射剂和吸收剂两种。

2. 防紫外后整理

根据不同的原料,通常采用吸进法、浸轧法和涂层法三种方法。

(1)吸进法 用紫外线吸收剂对涤纶、锦纶等合成纤维织物进行的紫外线屏蔽整理,可以与分散性染料高温高压染色时同浴进行。对于腈纶和改性腈纶,可与阳离子染料同浴进行紫外线屏蔽整理。

(2)浸轧法 是利用树脂(或黏合剂)将紫外线吸收剂固着在织物的表面。浸轧液由紫外线吸收剂、树脂(或黏合剂)、柔软剂组成。浸轧后烘干或热处理,使树脂充分固着在纤维表面,但是紫外线吸收剂的分子量小、易升华,树脂对整理织物的风格和吸水性等会有一定的影响。

(3)涂层法　是将适量的紫外线屏蔽剂或紫外线吸收剂用涂布器在织物表面进行精细涂层,然后经烘干和必要的热处理,在织物表面形成一层薄膜的方法。这种方法,对各种纤维及其混纺织物均适用,且耐久性良好。

家纺面料纤维的耐光性是指纤维受光照后其力学性能保持不变的性能。光照稳定性是指纤维受光照射后不发生降解或光氧化,不产生色泽变化的性能。这与热学性能中的耐热性和热稳定性的描述一致。

窗帘一般用在光线充足,光照强度大,日照时间长的地方,纤维在长时间的暴晒下,其性能逐渐恶化,如变色、变硬、发黏、透明度下降、失去光泽、强度下降等,以致失去使用价值。在天然纤维中,蚕丝的耐光性能较差,容易泛黄,在强光照射 200 小时后,强力损失近 50%;羊毛和亚麻的耐光性能较好,棉的耐光性较差;在合成纤维中,腈纶、涤纶的耐光性较好,锦纶的耐光性最差。

>>>> **项 目 十** <<<<
纺织材料的电学性能及应用

一、纺织材料的电学性能指标

(1)纤维的介电常数 ε

在电场中,由于介质极化而引起相反电场,将使电容器的电容变化,其变化的倍数称为介电常数。它是材料的本体常数。

其数值为:
$$\varepsilon = C_{材}/C_0$$

式中:$C_{材}$——以某种纤维材料为介质时,电容器的电容量;

　　　C_0——以真空为介质时,电容器的电容量。

物理意义:ε 是表示材料在电场中被极化的程度。反映材料的储电能力。

(2)体积比电阻就是电阻率,即单位体积材料所具有的电阻,其数值越小,说明材料的导电本领越强。单位:(Ω·cm)

计算公式如下。

$$\rho_v = R \frac{S}{L} \tag{2-3-28}$$

式中:ρ_v——体积比电阻,Ω·cm;

　　　R——材料的电阻值,Ω

　　　S——电极板的面积(或材料的截面面积),cm^2;

　　　L——电极板间距离(或材料的长度),cm。

(3)质量比电阻就是长度为 1 cm,质量为 1 g 的材料在一定温度下所具有的电阻,其单位(Ω·g/cm^2)。当材料的密度为 d(g/cm^3)时,材料的质量比电阻 ρ_m 与体积比电阻 ρ_v 的关系如下。

$$\rho_m = d \cdot p_v \tag{2-3-29}$$

（4）表面比电阻即电流流经材料表面时单位长度和宽度所具有的电阻。可用下面公式计算。单位：Ω

$$\rho_s = R_s \frac{W}{L} \tag{2-3-30}$$

式中：ρ_s——表面比电阻，Ω；

R_s——电流通过材料表面时电阻，Ω；

L——电极板间的距离（或试样的长度），cm；

W——电极板间的宽度（或试样的宽度），cm。

二、家纺产品的静电及防范

纺织材料在生产加工和使用过程中，由于摩擦、接触分离或受其他因素的作用会产生静电荷积聚现象。回潮率较低的合成纤维制品的电荷积聚现象较明显。静电现象的危害很多，在家纺产品中主要如下。

1. 防静电窗帘

我国北方干旱地区在冬季静电现象较严重，特别是穿着化纤制品极易产生静电，在开合窗帘时有时会被电击一下。防静电窗帘一般是在织物中加入导电纤维，或采用吸湿性较强的织物经抗静电处理后，减轻静电的产生。所加入的导电纤维有金属纤维、碳纤维、有机导电纤维，也可在普通化学纤维中加入碳纳米管、炭黑等导电成分，或在疏水性合成纤维大分子上引入亲水性或导电成分。在纺纱或织造时加入适量导电物质可大大消除静电。

2. 抗静电地毯

地毯在使用过程中由于摩擦而产生的静电积累和静电释放现象。普通化学纤维在未经过抗静电处理时，容易产生静电，静电积累到一定程度就有可能产生放电现象。静电积累过程中不仅容易造成吸尘现象，也可能对一些电器性能造成影响。这是计算机房为何必须使用抗静电地毯的原因。根据地毯材质不同，抗静电地毯分为：

（1）丙纶地毯　丙纶本身具备抗静电性能，目前大多数办公地毯都用丙纶材质。丙纶地毯价格低，抗静电性能好，生产效率高。

（2）尼龙地毯　在生产过程中，添加了抗静电碳丝。尼龙地毯就是用这种方法获得了永久性的抗静电性能。

（3）羊毛地毯　一般情况下，相对湿度（RH）在40％以上时，羊毛地毯不会产生静电问题，但低于这个相对湿度值，没有做过静电处理的地毯会产生静电。要获得抗静电效果，可以在原料上喷涂抗静电剂。另外，在羊毛地毯纱线中混入少量的导电纤维也可以起到良好的抗静电效果。

合成纤维织物在使用中，因受各种因素影响而带静电，使织物易吸附空气中带异性电荷的灰土，灰尘吸附后不易弹掉，且越弹静电现象越严重、灰尘吸附越多。

三、消除静电的方法

采用抗静电剂，提高车间相对湿度。使用抗静电纤维如金属、导电纤维，以及混纺等方法均可消除纺织静电。

情境四 常见家纺面料性能指标及其选择

• 本单元知识点 •

1. 熟练掌握织物长度、幅宽、厚度的概念、测试方法，并在实际工作中加以正确选择。
2. 掌握织物单位长度质量、单位面积质量的概念、测定方法，并正确运用。
3. 掌握织物密度与紧度的概念、测定方法并正确运用。
4. 掌握针织物线圈密度和线圈长度的测试方法并正确运用。
5. 熟悉家纺织物的特点、常见规格。
6. 能对织物进行正确的综合分析。
7. 了解和掌握常见家纺面料的规格及性能。

>>> 项 目 一 <<<
织物长度、幅宽、厚度测试与选择

长度、幅宽及厚度是家用纺织品面料性能最基本的外观性能指标。

一、织物的长度

长度即匹长，以米（m）为计量单位。匹长的大小根据织物的用途、厚度、重量及卷装容量来确定，家用纺织品中床上用品织物的匹长，一般大匹为 60～70 m，小匹为 30～40 m。工厂中还常将几匹织物连成一段，成为连皮匹（一个卷装）。

二、织物的幅宽

织物的宽度是指织物横向的最大尺寸，称为幅宽（或门幅）。单位为厘米（cm）。织物的宽度根据织物的用途、织造加工过程中的收缩程度及加工条件等来确定。织物幅宽横向最大尺寸指的是织物可用部分，不包含毛边部分。家用纺织品中床上用品织物的幅宽一般为 230～340 cm。

三、织物长度和幅宽的测定

GB/T 4666—2009 规定了一种在无张力状态下测定织物长度和幅宽的方法。适用于长度不大于 100 m 的全幅织物、双幅织物和管状织物的测定。

（一）原理

将松弛状态下的织物试样，在标准大气条件下置于光滑平面上，使用钢尺测定织物长度和幅宽。对于织物长度的测定，必要时织物长度可分段测定，各段长度之和即为试样总长度。

（二）织物长度的测定

1. 短于 1 m 的试样

短于 1 m 的试样应使用钢尺平行其纵向边缘测定，精确至 0.001 m。在织物幅宽方向的不同位置重复测定试样全长，共 3 次。

2. 长于 1 m 的试样

在织物边缘处作标记,用规定测定桌上的刻度,每隔 1 m 距离处作标记,连续标记整段试样,用规定钢尺测定最终剩余的不足 1 m 的长度。试样总长度是各段织物长度的和。如果有必要,可以在试样上作新标记反复测定,共 3 次。

3. 试样幅宽的测定

织物全幅宽为织物最靠外两边间的垂直距离。双幅织物幅宽为对折线至双层外端垂直距离的 2 倍。如果织物的双层外端不齐,应从折叠线测量到与其距离最短的一端,并在报告中注明。管状织物是规则的且边缘平齐,其幅宽是两端间的垂直距离。在试样的全长上均匀分布测定以下次数:

试样长度≤5 m:5 次。

试样长度≤20 m:10 次。

试样长度>20 m:至少 10 次,间距为 2 m。

(三) 结果计算与表达

1. 织物长度

织物长度用测试值的平均数表示,单位为米(m),精确至 0.01 m。

2. 织物幅宽

织物长度用测试值的平均数表示,单位为米(m),精确至 0.01 m。

四、织物厚度及测试

(一) 织物厚度

是指织物在一定压力下的正、反两面间的距离,以毫米(mm)为计量单位。织物按厚度的不同可分为薄型、中厚型和厚型三类。各类棉毛织物的厚度见表 2-4-1。

表 2-4-1　各类棉、毛织物的厚度(mm)

织物类别	棉织物	毛 织 物		丝织物
		精梳毛织物	粗梳毛织物	
薄型	0.25 以下	0.40	1.10 以下	0.8 以下
中厚型	0.25～0.40	0.40～0.60	1.10～1.60	0.8～0.28
厚型	0.40 以上	0.60 以上	1.60 以上	0.28 以上

影响织物厚度的主要因素为经、纬线的线密度、织物组织和纱线在织物中的弯曲程度等。假定纱线为圆柱体,且无变形,当经、纬纱直径相等($d_j = d_w$)时,在简单组织的织物中,织物的厚度可在 2～3 倍纱线直径范围内变化。应该指出,在织造和染整加工过程中的张力对织物的屈曲高有明显的影响,进而影响到织物厚度;染整加工中,轧车的压力会使纱线的截面形状变化,也会影响织物厚度。纱线在织物中的弯曲程度越大,织物就越厚。此外,试验时所用的压力和时间也会影响试验结果。用 YG142 型手提式织物测厚仪(图 2-4-1),可以测得织物的表观厚度、真实厚度、蓬松度、压缩弹性等指标。织物厚度对织物服用性能的影响很大,如织物的坚牢度、保暖性、透

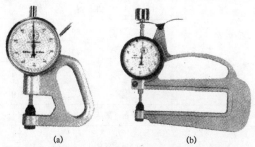

(a)　　　　　　　(b)

图 2-4-1　YG142 型手提式织物测厚仪

气性、防风性、刚柔性、悬垂性、压缩等性能。

(二) 织物厚度测试

GB/T 3820—1997《纺织品和纺织制品厚度的测定》规定了纺织品厚度测定方法。

1. 原理

将试样放置在参考板上,平行于该板的压脚,将规定压力施加于试样规定面积上,规定时间后测定并记录两板间的垂直距离,即为试样厚度测定值。

2. 测试方法

(1) 选取合适压脚的厚度测试仪。对于表面呈凹凸不平花纹结构的样品,压脚直径应不小于花纹循环长度,如需要,可选用较小压脚分别测定并报告凹凸部位的厚度。

(2) 清洁压脚和参考板,检查压脚轴的运动灵活性。按规定设定压力,然后驱使压脚压在参考板上,并将厚度计置零。

(3) 提升压脚,将试样无张力和无变形地置于参考板上。

(4) 使压脚轻轻压放在试样上并保持恒定压力,到规定时间后读取厚度指示值。

(5) 重复第(3)、(4)条程序,直至测完规定的部位数或每一个试样。

试验前样品或试样应在松弛状态下,在规定的大气中调湿平衡,试验时,测定部位应在距布边 150 mm 以上区域内按阶梯形均匀排布,各测定点都不在相同的纵向和横向位置上,且应避开影响试验结果的疵点和折皱。

3. 结果计算

按测试程序测得厚度的算术平均值,精确至 0.01 mm。

五、织物长度、幅宽、厚度的选择

家用纺织品床上用品面料在交易过程中,织物长度、幅宽及厚度是选择面料最基本的因素。

(一) 织物长度

在选择面料时,长度直接影响到面料的优造效率及成本。

(1) 同等条件下,匹长越长,在制造最终成品时,其损耗越小,效率越高。

(2) 同等条件下,匹长的精确性越高,产品成本的计算越精确。

(二) 织物幅宽

床上用品织物的幅宽,可分为织造后及印染后两种宽度,表 2-4-2 中表示的是印染后的面料幅宽。在成品制作过程中,幅宽是织物的重要参数。在选择面料时,幅宽直接影响到面料的耗用成本、成品款式及加工成本。

表 2-4-2　常见床上用品规格及面料幅宽

序　号	成　品　名　称		规格(cm)	面料幅宽(cm)
1	150 cm 宽床	枕套	48×74	235～238
		被套	200×230	235～238
		床单	230×250	235～238
		床单	250×245	245～250
2	180 cm 宽床	枕套	48×74	245～250
2	180 cm 宽床	被套	220×240	245～250
		床单	270×245	245～250

（三）织物厚度

选择在床上用品面料过程中，一般情况下，面料厚度可通过手感进行判断。但对面料作进一步测试时，常常用厚度比较同类产品之间的差异，如纱特、密度与厚度之间的关系。

>>>> **项 目 二** <<<<

织物单位长度质量、单位面积质量测定与选择

一、织物单位长度质量及单位面积质量

（一）织物单位长度质量

织物的重量通常以每米织物所具有的克数来表示，称为每米克重（g/m）。他与纱线的线密度、织物密度及门幅等因素有关。是织物的一项重要规格指标，也是织物计算成本的重要依据。

（二）织物单位面积重量

织物的重量通常以平方米织物所具有的克数来表示，称为平方米重（g/m²）。他与纱线的线密度与织物密度等因素有关。同样是织物的一项重要规格指标，也是织物计算成本的重要依据。棉织物的平方米重量常以每平方米织物的退浆干重来表示，其重量一般为 70～250 g/m²。

二、织物长度质量及单位面积质量的测定

GB/T 4669—2008《机织物单位长度质量和单位面积质量的测定》中，分别规定了纺织品机织物单位长度质量和单位面积质量的测定方法。适用于整段或一块机织物（包括弹性织物）。

（一）测定原理

1. **方法 1 和方法 3**

如整段或一块织物在标准大气中调湿，经调湿后测定织物长度和质量，计算织物单位长度调湿质量。或者测定织物的长度、幅宽和质量，计算单位面积调湿质量。

2. **方法 2 和方法 4**

如整段织物不能在标准大气中调湿的，先在普通大气中松弛后测定织物的长度（幅宽）及质量，计算织物的单位长度（面积）质量，再用修正系数进行修正。修正系数是从松弛后的织物中剪取一部分，在普通大气中进行测定后，再在标准大气中调湿后进行测定，对两者的长度（幅宽）和质量加以比较而确定。

3. **方法 5**

小织物，先将其放在标准大气中调湿，再按规定尺寸剪取试样并称重，计算出单位面积调湿质量。

4. **方法 6（小织物的单位面积干燥质量和公定质量）**

小织物，先将其按规定尺寸剪取试样，再放入干燥箱内干燥至恒量后称量，计算单位面积干燥质量。结合公定回潮率计算单位面积公定质量。

（二）测定方法

1. **试验程序**

预调湿。织物应当从干态（进行吸湿平衡）开始达到平衡，否则要按照 GB/T 6529 进行预

调湿。

去边。如果织物边的单位长度（面积）质量与身的单位长度（面积）质量有明显差别，在测定单位面积质量时，应使用去除织物边以后的试样，并且应根据去边后试样的质量、长度和幅宽进行计算。

（1）方法1：能在标准大气中调湿的整段和一块织物的单位长度质量的测定。

① 整段织物

按照 GB/T 4666 测定整段织物在标准大气中的调湿后长度，然后称量（在标准大气中），若测定整段织物的长度不可能的情况下，也可以按照②对长度至少0.5 m，宜为3～4 m的织物进行测定，最好从整段织物中取样。

② 一块织物

与织物边垂直且平均地剪取整幅织物。织物的长度至少0.5 m，宜为3～4 m。按照 GB/T 4666 测定织物在标准大气中的调湿后长度，然后称量（在标准大气中）。

（2）方法2：不能在标准大气中调湿的整段织物的单位长度质量的测定

按照 GB/T 4666 测定整段织物在普通大气中松弛后的长度，在普通大气中称量，再从整段织物中段剪取长度至少1 m，宜为3～4 m的整幅织物（一块织物），在普通大气中测定其长度和质量。测定普通大气中整段织物的长度、质量，一块织物的长度、质量要同时进行，以确保其受到大气温度和湿度突然变化的影响降到最低。然后再按照 GB/T 4666 测定一块织物在标准大气中调湿后的长度和质量。

（3）方法3：能在标准大气中调湿的整段和一块织物的单位面积质量的测定。

① 整段织物

按照方法1中整段织物和 GB/T 4667 测定整段织物在标准大气中调湿的长度、质量和幅宽。

② 一块织物

按照方法1中一块织物和 GB/T 4667 测定一块织物在标准大气中调湿后的长度、质量和幅宽。

（4）方法4：不能在标准大气中调湿的整段织物的单位面积质量的测定。

使用方法2，并按照 GB/T 4667 测定在普通大气中松弛后整段和一块织物的长度、幅宽和质量以及在标准大气中调湿后一块织物的长度、幅宽和质量。

（5）方法5：小织物的单位面积调湿质量的测定。

① 样品

从织物的非边且无褶皱部分剪取有代表性的样品5块（或按其他规定），每块约15 cm×15 cm，若因大花型中含有单位面积质量明显不同的局部区域时，要选用包含此花型完全组织整数倍的样品。

② 程序

按照规定预调湿样品。然后将样品无张力地放在标准大气中调湿至少24 h使之达到平衡。将每块样品依次排列在规定工作台上。在适当的位置上使用规定切割器切割10 cm×10 cm 的方形试样或面积为 100 cm² 的试样，也可以剪取满足方法5中样品规定要求包含大花型完全组织整数倍的矩形试样，并测定试样的长度和宽度。

对试样称量，精确至0.001 g。确保整个称量过程试样中的纱线不损失。

(6) 方法 6：小织物的单位面积质量和公定质量的测定。

① 样品

按照方法 5 中样品规定的要求剪取样品。

② 程序

a) 剪样

将每块样品依次排列在规定的工作台上，在适当的位置上使用规定切割器切割 10 cm×10 cm 的方形试样或面积 100 cm² 的圆形试样，也可以剪取满足方法 5 中样品规定要求包含大花型完全组织整数倍的矩形试样，并测定试样的长度和宽度。

b) 干燥

（a）箱内称量法

将所有试样一并放入规定通风式干燥箱的规定称量容器内，(105±3)℃下干燥至恒量(以至少 20 min 为间隔连续称量试样，直至两次称量的质量之差不超过后一次称量质量的 0.2%)。

（b）箱外称量法

把所有试样放在规定称量容器，然后一并放入规定通风式干燥箱中，散开容器盖，在 105℃±3℃下干燥至恒量(以至少 20 min 为间隔连续称量试样，直至两次称量的质量之差不超过后一次称量质量的 0.2%)。将称量容器盖好，从通风式干燥箱移至规定干燥器内，冷却至少 30 min 至室温。

c) 称量

（a）箱内称量法

称量试样的质量，精确至 0.01 g。确保整个称量过程试样中的纱线不损失。

注：规定称量容器的质量在天平中已去皮。

（b）箱外称量法

分别称取试样连同规定称量容器以及规定空称量容器的质量，精确至 0.01 g。确保整个称量过程试样中的纱线不损失。

2. 结果计算

(1) 方法 1 和方法 3 的结果计算

按式(2-4-1)和式(2-4-2)计算单位长度调温质量和单位面积调湿质量：

$$m_{ul} = \frac{m_c}{L_c} \qquad (2\text{-}4\text{-}1)$$

$$m_{ua} = \frac{m_c}{L_c + W_c} \qquad (2\text{-}4\text{-}2)$$

式中：m_{ul}——经标准大气调湿后整段或一块织物的单位长度调湿质量，g/m；

m_{ua}——经标准大气调湿后整段或一块织物的单位面积调湿质量，g/m²；

m_c——经标准大气调湿后整段或一块织物的调湿质量，g；

L_c——经标准大气调湿后整段或一块织物的调湿长度，m；

W_c——经标准大气调湿后整段或一块织物的调湿幅宽，m。

计算结果按照 GB/T 8170 的规定修约到个数位。

(2) 方法 2 和方法 4 的结果计算

① 按照 GB/T 4666，利用松驰后整段织物、松驰后一块织物和调湿后一块织物的数据，计

算整段织物的调湿后长度。

② 当测定单位面积质量时,按照 GB/T 4667,用类似于方法 2 和方法 4 中的①的计算方法,计算出整段织物的调湿后幅宽。

③ 按式(2-4-3)计算整段织物的调湿后质量。

$$m_c = m_r \times \frac{m_{sc}}{m_s}$$ (2-4-3)

式中:m_c——经标准大气调湿后整段织物的调湿质量,g;

m_r——普通大气中整段织物的质量,g;

m_{sc}——经标准大气调湿后一块织物的调湿质量,g;

m_s——普通大气中一块织物的质量,g。

④ 使用式(2-4-3)计算 m_c 的数值,再按式(2-4-1)或式(2-4-2)计算单位长度调湿质量或单位面积调湿质量。

⑤ 计算结果按照 GB/T 8170 的规定修约到个数位。

(3) 方法 5 的结果计算

由试样的调湿后质量按式(2-4-4)计算小织物的单位面积调湿质量:

$$M_{ua} = \frac{m}{S}$$ (2-4-4)

式中:M_{ua}——经标准大气调湿后小织物的单位面积调湿质量,g/m^2;

m——经标准大气调湿后试样的调湿质量,g;

S——经标准大气调湿后试样的面积,m^2。

计算求得的 5 个数值的平均值。

计算结果按照 GB/T 8170 的规定修约到个数位。

(4) 方法 6 的结果计算

① 由试样的干燥后质量按式(2-4-5)计算小织物的单位面积干燥质量:

$$M_{dua} = \frac{\sum (m - m_0)}{\sum S}$$ (2-4-5)

式中:M_{dua}——经干燥后小织物的单位面积干燥质量,g/m^2;

m——经干燥后试样连同称量容器的干燥质量,g;

m_0——经干燥后空称量容器的干燥质量,g;

S——试样的面积,m^2。

计算结果按照 GB/T 8170 的规定修约到个数位。

② 由小织物的单位面积干燥质量按式(2-4-6)计算小织物的单位面积公定质量:

$$M_{rua} = M_{dua}[A_1(1 + R_1) + A_2(1 + R_2) + \cdots + A_n(1 + R_n)]$$ (2-4-6)

式中:M_{rua}——小织物的单位面积公定质量,g/m^2;

M_{dua}——经干燥后小织物的单位面积干燥质量,g/m^2;

A_1、A_2,…,A_n——试样中各组分纤维按净干质量计算含量的质量分数的数值,%;

R_1、R_2，…，R_n——试样中各组分纤维公定回潮率（见 GB 9994）的质量分数的数值，%。

计算结果按照 GB/T 8170 的规定修约到个数位。

三、织物长度质量及单位面积质量的选择

（一）常见面料选择

在家用纺织品床上用品面料选择的过程中，单位面积质量较织物长度质量运用广泛。随着纺织技术的不断提高，纱线特数越来越小，密度越来越大，单位面积质量越来越小，面料细腻光滑、挺括的趋势日渐突出，选择过程中应注意以下几方面的影响因素：

1. 影响面料长度及质量的因素

织物中，经纬纱的特数越大，纱越越粗，单位长度内用纱量越大，反之亦然。同等条件下，线密度越大，单位平方质量越大，反之亦然。织物密度是指织物中经向或纬向单位长度内的纱线根数。根数越多，密度越大。在同等条件下，织物密度越大，单位平方质量越大，反之亦然。

2. 面密度对织物性能的影响

同等条件下，单位面积质量越大，织物越厚重，手感越挺括，表面越细腻光滑，反之亦然。

3. 兼顾织物多种性能

表面细腻光滑的面料，其外观美观性较好，舒适性不一定很好。因为舒适性取决于面料的质量、组织结构、是否对纱线加捻等，及人体与之产生的摩擦力的大小，在一般情况下，床品面料面密度在 $100 \sim 150$ g/m² 为宜。表 2-4-3 所示全棉面料单位面积质量，这些面料较好地兼顾了各种外部和内在性能的关系。

表 2-4-3 常见面料面密度

序号	产品用途类别	面密度（g/m²）	适用季节
1	14.6 tex×14.6 tex 印花件套	100～120	春、夏、秋、冬
2	14.6 tex×14.6 tex 大提花件套	135～145	春、夏、秋、冬
3	9.7 tex×14.6 tex 大提花件套	130～140	春、夏、秋、冬
4	27.9 tex×27.9 tex 磨毛印花件套	150～180	秋、冬
5	19.4 tex×19.4 tex 磨毛印花件套	130～150	秋、冬

真丝面料一般用姆米来表示，1 姆米（m/m）= 4.305 6 g/m²，常见床上用品面料的面密度在 $19 \sim 25$ m/m（$81.8 \sim 107.6$ g/m²）。

▷▷▷ 项 目 三 ◁◁◁
织物密度与紧度的测定与选择

一、织物密度与紧度

（一）密度

织物密度是指织物中单位长度内所排列的经线根数或纬线根数，用 M 表示，单位为根/10 cm，有经密和纬密之分。经密又称经纱密度，是织物中沿纬向单位长度内的经纱根数。纬密又称纬纱密度，是织物中沿经向单位长度内的纬纱根数。习惯上将经密和纬密自左向右联写

成 $M_T \times M_w$，如 236×220 表示织物经密是 236 根/10 cm，纬密是 220 根/10 cm。表示织物经、纬纱线密度和经、纬密的方法为自左向右联写成如下格式。

$$Tt_T \times Tt_w \times M_T \times M_w \qquad (2\text{-}4\text{-}7)$$

有时棉、棉型混纺或化纤短纤用英制单位表示，如：40×40×130×110。表示经纬细度为40 英支(s)，经纬纱密度为 130 根/时和 110 根/时。

大多数织物中，经、纬密度采用经密大于或等于纬密的配置。当然最重要的是根据织物的性能要求进行织物经纬密的设计。织物的经纬密度的大小对织物的使用性能和外观风格影响很大，如织物的强力、耐磨、透气、保暖、厚度、刚柔、重量、产量、成本等。经、纬密度大，织物就紧密、厚实、硬挺、坚牢、耐磨；密度小，织物就稀薄、松软、透气。同时经纬密度的比值也会造成织物性能与风格的显著差异，如平布与府绸(均为平纹)的差异，哔叽、华达呢与卡其(均为千根斜纹)间的差异等。

经、纬密只能用来比较相同直径纱线所织成的不同密度织物的紧密程度。当纱线的直径不同时，其无可比性。

(二) 紧度

指织物中经、纬纱线的直径与相邻两根经线、纬线间的平均中心距之比，以百分数表示。有经向紧度 E_T 和纬向紧度 E_w 之分，用单位长度内纱线直径之和所占百分率来表示。

$$E_T = \frac{d_T n_T}{L} \times 100 = d_T M_T \qquad (2\text{-}4\text{-}8)$$

$$E_w = \frac{d_w n_w}{L} \times 100 = d_w M_w \qquad (2\text{-}4\text{-}9)$$

式中：E_T, E_w ——经向、纬向紧度；

d_T, d_w ——经、纬纱直径，mm；

n_T, n_w ——L 长度上的经纱、纬纱根数；

L——长度单位，cm；

M_T, M_w ——经密、纬密，根/10 cm。

织物的总紧密为：

$$E = E_T + E_w - \frac{E_T E_w}{100} \qquad (2\text{-}4\text{-}10)$$

由式可知，紧度中既包括了经、纬密度，也考虑了纱线直径的因素，因此可以比较不同粗细纱线织物的紧密程度。$E<100\%$，说明纱线间尚有空隙；$E=100\%$，说明纱线刚刚挨靠；$E>100\%$，说明纱线已经挤压，甚至重叠，E 值越大，纱线间挤压越严重。

各种织物即使原料、组织相同，如果紧度不同，也会引起使用性能与外观风格的不同。试验表明，经、纬向紧度过大的织物其刚性增大，抗折皱性下降，耐平磨性增加，而折磨性降低，手感板硬；而紧度过小，则织物过于稀松，缺乏身骨。

另外，在总紧度一定的条件下，以经向紧度与纬向紧度比为 1 时，织物显得最紧密，刚性最大；当两者比例大于 1 或小于 1 时，织物就会产生方向性柔软，悬垂性也会变得好一些(也具有方向性差异特征)。

二、织物密度及紧度的测定

GB/T 4668—1995《机织物密度的测定》标准中,规定了测定机织物密度的三种办法。根据织物的特征,选用其中的一种。但在有争议的情况下,建议采用织物分解法。

(一) 织物密度的测定

1. 测定原理

(1) 织物分解法。适用于所有的机织物,特别是复杂组织织物。其原理:分解规定尺寸的织物试样,计数纱线根数,折算至 10 cm 长度的纱线根数。

(2) 织物分析镜法。适用于每厘米纱线根数大于 50 根的织物。其原理:测定在织物分析镜窗口内所看到的纱线根数,折算至 10 cm 长度内所含纱线根数。

(3) 移动式织物密度镜法。适用于所有机织物。其原理:使用移动式织物密度镜测定织物经向或纬向一定长度内的纱线根数,折算至 10 cm 长度内的纱线根数。

2. 测定方法

(1) 准备

① 试样准备:样品应平整无折皱、无明显纬斜,除下叙的方法一以外,不需要专门制备试样,但应在经、纬向均不少于 5 个不同的部位进行测定,部位的选择应尽可能有代表性。

② 最小测量距离,见表 2-4-4。

表 2-4-4　织物密度测定的最小测量距离

序　号	每厘米纱线根数	最小测量距离(cm)	被测量的纱线根数	精确度百分率 (计数到 0.5 根纱线以内)
1	10	10	100	＞0.5
2	10～25	5	50～125	1.0～0.4
3	25～40	3	75～120	0.7～0.4
4	＞40	2	＞80	＜0.6

对织物分解法,裁取至少含有 100 根纱线的试样;对宽度只有 10 cm 或更小的狭幅织物,计数包括边经纱在内的所有经纱,并用全幅经纱根数表示结果;当织物是由纱线间隔稀密不同的大面积图案组成时,测定长度应为完全组织的整数倍,或分别测定各区域的密度。

③ 调湿:试验前,把织物或试样暴露在试验用标准大气中至少 16 h。

(2) 测量

① 方法一——织物分解法:即是分解规定尺寸的织物试样,计数纱线根数,折算至 10 cm 长度的纱线根数。

调湿后在样品的适当部位剪取略大于最小距离的试样,将试样的边部拆去部分纱线,用钢尺测量,使其达到规定的最小测定距离 2 cm,允许公差 0.5 根。

将上述准备好的试样,从边缘起逐根拆点,为便于计数,可把纱线排列成 10 根一组,即可得到织物在一定长度内经(纬)向的纱线根数。

如经纬密同时测定时,则可剪取一个矩形试样,使经纬向的长度均满足于最小测定距离。拆解试样,即可得到一定长度内的经纱根数和纬纱根数。

② 方法二——织物分析镜法:即是测定在织物分析镜窗口内所看到的纱线根数,折算至 10 cm 长度内所含纱线根数的方法。

将织物摊平,把织物密度镜放在上面,选择一根纱线并使其平行于分析镜窗口的一边,由此逐一计数窗口内的纱线根数。

也可计数窗口内的完全组织个数,通过织物组织分析或分解该织物,确定一个完全组织中的纱线根数。

测量距离内纱线根数 = 完全组织个数 × 一个完全组织中纱线根数 + 剩余纱线根数

将分析镜窗口的一边和另一系统纱线平行,按上述计数方法计数该系统纱线根数或完全组织个数。

③ 方法三——移动式织物密度镜法:即使用移动式织物密度镜测定织物经向或纬向一定长度内的纱线根数,折算至 10 cm 内纱线根数的方法。

将织物摊平,把织物密度镜放在上面,哪一系统纱线被计数,密度镜的刻度尺就平行于另一系统纱线,转动螺杆,在规定的测量距离内计数纱线根数(注:在纬斜情况下,测纬密时,原则同上;测经密时,密度镜的刻度尺应垂直于经纱方向)。

若起点位于两根纱线中间,终点位于最后一根纱线上,不足 0.25 根时,不计;0.25、0.75 根时,作 0.5 根计;0.75 根以上,作 1 根计。

通常情况下,当标志线横过织物时就可看清和计数所经过的每根纱线;若不可能,可参照方法二进行测定。

3. 结果的计算和表示

将测得的一定长度内的纱线根数折算至 10 cm 长度内所含纱线的根数。

分别计算出经纬的平均数,结果精确至 0.1 根/10 cm。

当织物是由纱线间间隔稀密不同的大面积图案组成时,则测定并计数各个区域中的密度值。

(二) 织物紧度的计算

同等条件下,可以利用经纬密度的大小判断织物的使用、外观性能,不同等条件下,可以运用紧度的大小进行判断。如:全棉 14.6 tex×14.6 tex×551.2 根/10 cm×472.4 根/10 cm 织物和全棉 9.7 tex×14.6 tex×681.1 根/10 cm×472.4 根/10 cm 织物,要判断两种织物刚性、抗折皱等性能之间的差异,依赖现有的数据,则较难判断,如果能计算出紧度的数据,通过数据大小的比较,则较为容易。

公式(2-4-11)(2-4-13)可知,紧度等于纱直径和密度的积,上述两种面料的纬纱及纬密相同,所以,其纬向紧度也相同,而经向紧度,须通过计算比较。

$$E_{T1} = d_{T1} M_{T1} \tag{2-4-11}$$

$$d_{T1} = 0.037 \times \sqrt[2]{Tt_1} \tag{2-4-12}$$

$$E_{T1} = 0.037 \times \sqrt[2]{14.6} \times 551.2 = 77.92$$

$$E_{T2} = d_{T2} M_{T2} \tag{2-4-13}$$

$$d_{T2} = 0.037 \times \sqrt[2]{Tt_2} \tag{2-4-14}$$

$$E_{T2} = 0.037 \times \sqrt[2]{9.7} \times 681.1 = 78.49$$

式中:E_T——经向紧度;

d_T——经向纱直径,mm;

M_T——经向密度,根/10 cm;

0.037——计算纱直径的系数

通过计算比较可知,由于两种面料的紧度较为接近,相关刚性、抗折皱等性能,剔除其他影响因素后,基本接近。

三、织物密度及紧度的选择

(一)常见织物密度面料

织物密度、相对紧度对于选购尤为重要,床上用品面料选购,织物的密度是织物商品工艺规格描述中最重要的因素之一。表2-4-5中列举了常见床品织物经纬密度。

表2-4-5 常见成品面料名称描述

序号	面料织物描述
1	全棉 14.6 tex×14.6 tex×503.9 根/10 cm×267.7 根/10 cm×250 cm
2	全棉 14.6 tex×14.6 tex×523.6 根/10 cm×283.5 根/10 cm×250 cm
3	全棉 14.6 tex×14.6 tex×551.2 根/10 cm×472.4 根/10 cm×250 cm
4	全棉 9.7 tex×14.6 tex×681.1 根/10 cm×472.4 根/10 cm×250 cm

有时同一面料印染后的织物较坯布其经密会增加,纬密会减少。这是因为纬缩以及经向张力过大而造成的。

(二)影响织物密度的因素

1. 织物使用性能

织物密度的大小对织物的使用性能及外观性能影响很大,如织物的强力、耐磨、透气、保暖、手感等,可根据织物使用、外观性能设计经纬密度的大小。

2. 织物成本

对于两种织物,在经纬密度之和相等的情况下,经纬密度大小配置比例,对织物的产量、成本及外观具有极其重要的意义。

表2-4-6 两种 14.6 tex×14.6 tex 织物密度

序号	织物名称	经密(根/10 cm)	纬密(根/10 cm)
(a)	全棉 14.6 tex×14.6 tex×551.2 根/10 cm×472.4 根/10 cm×250 cm	551.2	472.4
(b)	全棉 14.6 tex×14.6 tex×669.3 根/10 cm×354.3 根/10 cm×250 cm	669.3	354.3

由表2-4-6及图2-4-2中可以得知:

① (a)织物的单位产量及织造工费相比(b)织物要高,由于织物在织造过程中,一般情况下,是以纬密的多少来衡量面料的产量及织造工费。

② (a)织物的手感较(b)织物要硬,经纬密度配置变化,会导致经纬向紧度的变化,造成织物方向性柔软程度加剧。

③ 本图例为二个左斜纹织物(a)织物底纹的纹路较(b)织物要清晰,因为(a)织物底纹的

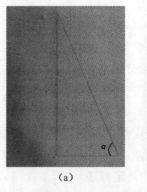

(a)　　　　　　　　(b)

图2-4-2 14.6 tex×14.6 tex 织物图

斜度较(b)要小,在一定的范围内,底纹斜度小的织物纹路较底纹斜度大的织物纹路要清晰。

>>>> 项 目 四 <<<<
针织物线圈密度和线圈长度测试与选择

针织物的基本结构单元为线圈,他是一条三度弯曲的空间曲线,其几何形状如图2-4-3所示。

纬编织物中最简单的纬平针组织线圈结构,如图2-4-4所示,他的线圈由圈干1—2—3—4—5和延展线5—6—7组成。圈干的直线部段1—2与4—5称为圈柱,弧线部段2—3—4称为针编弧,延展线5—6—7称为沉降弧,由他来连接两根相邻的线圈。经编织物中最简单的经平组织线圈结构,如图2-4-5所示,他的线圈也由圈干1—2—3—4—5和延展线5—6—7组成,圈干中的1—2和4—5称为圈柱,弧线

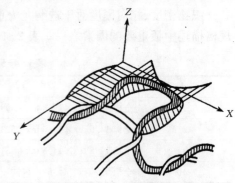

图2-4-3 线圈模型

2—3—4称为针编弧。线圈在横向的组合称为横列,如图2-4-5所示的$a—a$横列;线圈在纵向的组合称为纵行,如图2-4-5所示的$b—b$纵行。同一横列中相邻两线圈对应点之间的距离称为圈距,一般以A表示;同一纵行中相邻两线圈对应点之间的距离称为圈高,一般以B表示。

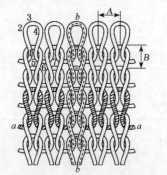

图2-4-4 纬平针组织线圈结构

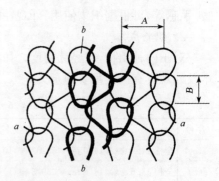

图2-4-5 经平针组织线圈结构

单面针织物的外观,有正面和反面之分。线圈圈柱覆盖线圈圈弧的一面称为正面;线圈圈弧覆盖线圈圈柱的一面称为反面。单面针织物的基本特征为线圈圈柱或线圈圈弧集中分布在针织物的一个面上,当分布在针织物的两面时则称为双面针织物。

一、线圈长度及测定

(一)线圈长度

针织物的线圈长度是指每一个线圈的纱线长度,他由线圈的圈干和延展线组成,一般用L表示,如图2-4-4中的1—2—3—4—5—6—7所示。线圈长度一般以毫米(mm)为单位。

(二)线圈长度的测定方法

线圈长度可以用拆散的方法测量其实际长度,或根据线圈在平面上的投影近似地进行计

算,也可在编织过程中用仪器直接测量输入到每枚针上的纱线长度。线圈长度决定了针织物的密度,而且对针织物的脱散性、延伸性、耐磨性、弹性、强力及抗起毛、起球和钩丝性等有影响,故为针织物的一项重要物理指标。

二、密度及测定

针织物的密度是指针织物在单位长度内的线圈数。用以表示一定的线密度条件下织物的稀密程度,通常采用横向密度和纵向密度。

(一) 横向密度(简称横密)

横密是指沿线圈横列方向规定长度,如 50 mm 内的线圈数目。

$$P_A = \frac{50}{A} \tag{2-4-15}$$

式中：P_A——横向密度,线圈数/50；

A——圈距,mm。

(二) 纵向密度(简称纵密)

纵密是指沿线圈纵行方向规定长度,如 50 mm 内的线圈数目。

$$P_B = \frac{50}{B} \tag{2-4-16}$$

式中：P_B——纵向密度,线圈数/50；

B——圈高,mm。

(三) 密度的测定方法

由于针织物在加工过程中容易产生变形,密度的测量分为机上密度、毛坯密度和光坯密度三种。其中光坯密度是成品质量考核指标,而机上密度、毛坯密度是生产过程中的控制参数。机上测量织物纵密时,其测量部位是在卷布架的撑档圆铁与卷布辊的中间部位。测量部位在离布头 150 cm,离布边 5 cm 处。

三、针织物线圈密度和线圈长度的选择

针织物较机织物其手感柔软,可以提高家纺用品的舒适程度,但由于其尺寸稳定性较差,严重影响了其作为床上用品主要织物的运用广泛性,特别是在套件类产品中的使用受到限制,但其在辅料上的运用相当广泛,在床上用品款式设计中,起到画龙点睛的作用,丰富了产品的款式,提高了产品的附加值。运用时,主要配合机织物,通过局部拼、接、贴缝的方法加以使用,如:枕芯中,需要透气部位的织物,往往会使用网眼布,蕾丝花边在婚庆产品中的运用效果极佳,而随着超细涤纶纤维的运用,纬编簇绒类面料,在毯类、浴袍类产品中的运用越来越广泛。在针织物选择过程中,可根据需求兼顾线圈密度与长度和相关性能之间的关系。

(1) 针织物的线圈长度越长,单位面积针织物内的线圈数越少,密度越小,织物越稀薄,透气性越好。

(2) 针织物的线圈长度越长,线圈中的半径越大,力图保持纱线弯曲变性的力较小,而且纱线之间的接触点较少,故纱线之间的摩擦力也较小。因此,针织物容易变形,尺寸稳定性和弹性较差,强度也较低,脱散性较重。

(3) 线圈长度越长,针织物的耐磨性、抗起毛起球性和抗钩丝性等都较差。

>>>> 项目五 <<<<
家纺织物特点、常见规格及应用

织物是扁平、柔软又具有一定力学性质的纺织纤维制品。在不同场合,又被称为布、面料等。

织物按织造加工的方法可分为机(梭)织物、针织物和非织造布三大类。由相互垂直的两组纱线,按一定的规律交织而成的织物叫机织物,其中与布边平行的纱线是经纱,垂直布边的是纬纱,如图 2-4-6 所示。由一组或几组纱线以线圈相互串套连接形成的织物称为针织物,如图 2-4-7 所示。非织造布是由纤维、纱线或长丝用机械、化学或物理的方法使之结合成的片状物、纤网或絮垫。目前,家纺产品中以机织物和针织物应用最广泛,产量最高,但非织造布的增长速度很快。

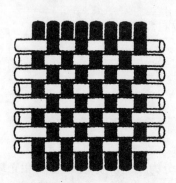

图 2-4-6 机织物结构示意图

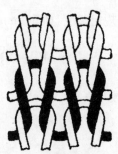

(a) 纬编针织物

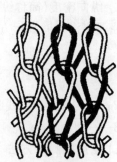

(b) 经编针织物

图 2-4-7 针织物结构示意图

一、机织物

(一) 机织物的特点

当织物的经纬向原料、纱支和密度不同时,织物呈现各种不同的厚度、透气、柔软程度等,不同的交织规律及后整理条件可形成不同的外观风格,如表面光泽、细腻程度等。

一般情况下,机织物结构稳定,布面平整,悬垂时不出现弛垂现象,适合于各种印染整理方法,印花及提花图案比针织物、编结物和毡类织物更为精细,织物花色品种繁多。作为床上用品面料,足够的幅宽适合绝大多数寝具的尺寸要求;虽然弹性不如针织物,但其耐洗涤性好,具有良好的尺寸稳定性,洗涤后不易变形。后整理过程中,因面料需承受较大机器经向的拉力,容易造成纬向歪斜,从而影响到床上用品剪裁、缝纫加工。但以其众多的优点,被广泛用于家纺领域,市场上 80% 以上的家纺用织物是梭织物,而床上用品的运用比例更高。

(二) 常见机织物

1. 床上用品类

(1) 染色面料

① 染色面料的主要用途

a) 被芯、枕芯、垫芯类产品的主要面料,芯类产品采用染色、漂白产品,只有少数低档产品采用印花面料,主要原因是,芯类产品使用部位是隐藏于套类产品内,无需对面料进行印花、提花等复杂工艺的加工。如果其产品采用印花面料,套上套类产品后所产生的透显现象,会影响套类产品的外观效果,特别是套类产品的经纬密度较低时,透显现象更为严重。

b) 绣花四件套、六件套类产品的用料,一般来讲,经绣花以后的染色面料可作为被套、枕套的 A 版面料,未经绣花的染色面料作为枕套、被套的非 A 版面料,床单可以采用绣花或非绣花染色面料。

c) 套件类产品的非 A 版面料,为了兼顾套件类产品的外观效果及成本控制要求,套件类产品一般会采用 2～3 种染色面料搭配使用,染色面料一般会被用作非 A 版面料中,是用量最大的面料。

② 常用染色面料

a) 平纹类全棉染色面料,主要规格有 14.6 tex×14.6 tex (40^s×40^s)×433.1 根/10 cm×354.3 根/10 cm,14.6 tex×14.6 tex (40^s×40^s)×523.6 根/10 cm×283.5 根/10 cm,门幅为 235 cm 和 250 cm 两种;前者主要用于绣花件套及被芯面料,颜色种类较多;后者主要用于羽绒被芯面料,主要以漂白及浅色为主。

b) 斜纹类全棉染色面料,主要规格有 14.6 tex×14.6 tex(40^s×40^s)×523.6 根/10 cm×283.5 根/10 cm,门幅为 158 cm 和 250 cm 两种;这类面料是目前床上用品面料中用途最广泛的面料之一,颜色种类繁多,主要用于绣花件套、芯类面料,除绣花套件以外的套件类产品中非 A 版面料中用量最大的面料。

c) 缎纹类全棉染色面料,主要规格有 9.7 tex×14.6 tex(60^s×40^s)×681.1 根/10 cm×472.4 根/10 cm,门幅为 279～285 cm;主要用于 9.7 tex×14.6 tex(60^s×40^s)×681.1 根/10 cm ×472.4 根/10 cm 以上及真丝套件类产品的非 A 版面料中用量最大的面料,颜色种类不多。

d) 涤棉、涤纶类染色面料,主要以 14.6 tex～13.0 tex(40^s～45^s)纱支为主,分为涤棉、涤纶平纹,涤纶小提花条格类面料,前者门幅一般在 160～240 cm 之间,后者门幅一般为 240～250 cm;由于材质采用超细涤纶纤维,手感得到较好改善,主要用于制作以三维卷曲涤纶纤维为芯料的低档芯类产品。

e) 真丝染色面料,主要规格有 2/20/22D×3/20/22D× 1 180 根/10 cm×640 根/10 cm,门幅为 279～285;这类产品主要用于高档蚕丝被或全真丝套件类产品中非 A 版面料中用量最大的面料。

f) 天丝染色面料,主要规格有 9.7 tex×14.6 tex(60^s×40^s)×681.1 根/10 cm×472.4 根/10 cm,门幅为 250 cm;主要用于天丝类小四、小六件套类产品中的非 A 版用量最大的面料及蚕丝被芯面料,用于被芯类产品的纬密变化范围为 393.7～472.4 根/10 cm,既可降低面料成本,也可进一步提高被芯类产品面料的柔软程度。

g) 全棉/天丝染色面料,规格有 9.7 tex×14.6 tex(60^s×40^s)×681.1 根/10 cm×472.4 根/10 cm,门幅为 250 cm;既可采用棉/天丝交织工艺,也可采用 50:50 棉/天丝混纺纱织造工艺,主要用于高档蚕丝被芯面料,面料纬密变化范围为 393.7～472.4 根/10 cm。

(2) 印花面料

① 印花面料的主要用途

a) 用于小四件、六件套类及大件套类产品的生产,涂料印花工艺面料一般用于低档小件套类产品的生产,活性印花面料一般用于中、高档产品的生产,除了用于小件套类产品以外,也可用于大件套类产品。

b) 用于被芯类产品的生产,涂料印花主要用于夏被的生产和部分春秋、冬被的生产,活性印花面料较少用于被芯类产品。

② 常用印花面料

a) 涂料印花面料,主要规格有 14.6 tex×14.6 tex（40^s×40^s）×503.9 根/10 cm×275.6 根/10 cm,门幅有 158 cm 及 235 cm 两种;前者主要用于夏被及件套类产品的生产,后者主要用于套件类产品。

b) 特种涂料印花面料,主要规格有 14.6 tex×14.6 tex(60^s×40^s)×523.6 根/10 cm×283.5 根/10 cm,门幅有 158 cm 及 250 cm 两种;这类产品大多数为婚庆套件类产品,主要采用贝壳粉涂料印花工艺,替代了原有的金、银粉印花工艺,避免了原有工艺易氧化发黑及牢度不够的缺点。

c) 全棉活性印花面料,主要规格有 14.6 tex×14.6 tex(60^s×40^s)×523.6 根/10 cm×283.5 根/10 cm,97.2 tex×97.2 tex×787.4 根/10 cm×354.3 根/10 cm,门幅为 250 cm;是小四、小六件套类产品最主要的面料之一,花型颜色非常丰富,可选性强,大多数面料采用连续多单元圆网印花工艺,花型单元较小,少数面料采用独版平网印花工艺,花型单元达 200 cm×200 cm 以上。

d) 天丝活性印花,主要规格有 9.7 tex×9.7 tex(60^s×40^s)×708.7 根/10 cm×472.4 根/10 cm,门幅为 250 cm;主要用于高档小四、小六件套类产品的生产,其原材料主要采用奥地利兰精公司生产的天丝(再生纤维素纤维)原料,由于其良好的吸湿性,印花颜色非常艳丽,面料手感柔滑,是近年来最为时尚、流行的产品,虽然价格昂贵,但深受消费者需求,目前市场显现供不应求的状态。

e) 活性印花磨毛面料,主要规格有 27.8 tex×27.8 tex(21^s×21^s)×425.2 根/10 cm×228.3 根/10 cm,27.8 tex×18.2 tex(21^s×32^s)×523.6 根/10 cm×236.2 根/10 cm,18.2 tex×18.2 tex(32^s×32^s)×523.6 根/10 cm×255.9 根/10 cm,门幅为 235～250 cm;主要用于小四、小六套件类产品的生产,面料特点主要是经普通活性印花后,再进行磨毛加工,面料表面显现细软、均匀毛绒,手感及服用舒适程度明显提高,一般适用于秋冬使用。

（3）小提花面料

理论上是以织造过程中使用综页数量的多少来区分大提花及小提花面料,而实际生产中,小提花面料是指除三原组织以外的如条、格、点子等表面是有小几何形状等组织的面料。

① 小提花面料的主要用途

a) 用于小四件、小六件套类产品的生产,性价比较高,常见的缎条、缎格面料广泛运用于家庭及酒店套类产品的面料。在经纬密度、配棉及织造设备选用等方面优于芯类产品的小提花面料,一般被选作中、高档产品。

b) 用于芯类产品的面料总体品质较套类产品面料要低一些。

② 常用小提花面料

a) 小提花染色面料,主要规格有 14.6 tex×14.6 tex(40^s×40^s)×551.2 根/10 cm×472.4 根/10 cm,门幅为 235～250 cm;主要用于小四、小六件套类产品及柞蚕丝类、再生纤维素为填料的被芯产品的生产,颜色种类繁多,可选择性强,是目前市场上运用最广泛的小提花产品之一。面料主要差异在于纬密及织造工艺方面的差异,这类面料的纬密变化范围为393.7～472.4 根/10 cm 之间,织造设备主要有进口喷气布机和国产剑杆布机之分,价格悬殊也较大,用作套件类生产面料的质量一般都比被芯类面料的质量高,花型主要以条格、几何图案为主。

b) 小提花印花面料,主要规格有 14.6 tex×14.6 tex(40^s×40^s)×551.2 根/10 cm×472.4 根/10 cm,门幅为 250 cm;主要用于优质小四、小六件套类产品的生产。

c) 小提花色织面料,主要规格有 14.6 tex×14.6 tex(40^s×40^s)×460 根/10 cm×343 根/10 cm,14.6 tex×14.6 tex(40^s×40^s)×435 根/10 cm×276 根/10 cm,门幅为 250 cm;主要用于优质小四、小六件套类产品的生产,经纬纱线颜色较为丰富,采用色纱交织工艺,花型主要以条格、几何图案为主。

（4）大提花面料

① 大提花面料的主要用途

a) 用于小四件、六件套类及大件套类产品的生产,一般用于中、高档产品的生产;色织大提花类面料是目前市场上最高档次的面料,尤其是在大件套类产品上的运用非常广泛,这也是大提花类面料较其他面料的最突出的优点之一。

b) 用于芯类产品的生产,中、高档蚕丝被产品一般采用染色类大提花面料。

② 常用大提花面料

a) 全棉染色大提花面料,主要规格有 9.7 tex×14.6 tex(60^s×40^s)×681.1 根/10 cm×472.4 根/10 cm,门幅为 279 cm;用于各种套类产品的 A 版面料,这类产品 2003 年至 2008 年间最流行的高档床上用品面料,近年来,逐渐被涤棉、涤黏交织大提花面料所替代。

b) 涤/棉、黏/棉、莫代尔/棉染色大提花面料,主要规格有 9.7 tex×14.6 tex(60^s×40^s)×681.1 根/10 cm×472.4 根/10 cm,门幅为 279 cm;主要用于各种套类产品的 A 版面料,经向采用全棉纱,纬向采用涤纶、黏胶、莫代尔纱交织而成,由于交织面料在染色过程中的吸湿率的差异及涤纶、黏胶纤维的光泽度较高,较全棉染色大提花产品面料外观优势明显,这是其成为替代产品的主要原因,但由于其价格较全棉染色大提花面料高,使用受到限制。

c) 涤棉、黏棉染色大提花面料,主要规格有 14.6 tex×14.6 tex(40^s×40^s)×551.2 根/10 cm×472.4 根/10 cm,门幅为 250 cm;主要用于各种套类产品的 A 版面料,是目前市场上运用最广泛的产品,虽然在产品风格上不及 9.7 tex×14.6 tex(60^s×40^s)×681.1 根/10 cm×472.4 根/10 cm 规格产品细腻,但其良好的性价比,奠定了其在市场中的绝对地位。

d) 真丝染色大提花面料,主要规格有 2/20/22×3/20/22D×1 180 根/10 cm×640 根/10 cm,门幅为 250～285 cm;主要用于高档蚕丝被或全真丝套件类产品中 A 版面料。

e) 全棉/真丝染色大提花面料,主要规格有 9.7 tex×3/20/22D(60^s×3/20/22D)×708.7 根/10 cm×640 根/10 cm,门幅为 250 cm;主要用于高档小四、小六件套及高档蚕丝被的生产,由于其采用经棉纬丝的交织工艺,面料较为厚实且正面显现出真丝的优点,性价比较全真丝面料高,市场运用较为广泛。

f) 全棉色织大提花面料

主要规格有 9.7 tex×14.6 tex (60^s×40^s)×681.1 根/10 cm×472.4 根/10 cm,11.7 tex×11.7 tex(50^s×50^s)614.2 根/10 cm×456.7 根/10 cm 和 4.9 tex/2×9.7 tex(120^s/2×60^s)724 根/10 cm×645 根/10 cm,门幅为 279 cm;主要用于各种套类产品的 A 版面料,是仅次于真丝色织大提花面料的一款高档面料。

g) 真丝色织大提花面料,主要规格有 3/20/22D×5/20/22D×1 180 根/10 cm×640 根/10 cm,门幅为 280～290 cm;主要用于高档豪华类套件产品的 A 版面料,是目前最高档的床上用品面料,克服了传统真丝面料滑丝、勾丝、不易于洗涤维护的缺点,深受高档消费市场客户的青睐。

h) 天丝/真丝色织大提花面料,主要规格有 9.7 tex×3/20/22D(60^s×3/20/22D)708.7 根/10 cm×640 根/10 cm,门幅为 280～290 cm;主要用于高档豪华类套件产品的 A 版面料,较真丝色织大提花面料,价格存在一定优势,具有部分替代性,目前属于新产品范畴。

2. 餐厨类

(1) 全棉类面料

主要规格:²⁄₂18.2 tex×18.2 tex/2(32^s/2×32^s/2)×354.3 根/10 cm×236.2 根/10 cm,2/13.9 tex×2/13.9 tex (42^s/2×42^s/2)×405.5 根/10 cm×374.0 根/10 cm,这类产品主要有斜纹、缎纹及大提花两种组织,门幅为 150～280 cm;主要用途:用于高档口布、台布,这类产品以白色为主,兼有部分中、浅色,其中,2/13.9tex×2/13.9tex(42^s/2×42^s/2)×405.5 根/10a×374.0 根/10 cm 的面料经常采用大提花独花工艺,所称"缎框"台布、口布。

(2) 涤纶类面料

主要规格:150D×3/150D 600 根/10 cm×290 根/10 cm,每平方米 220～250 g,幅宽为 150～320 cm;主要用于桌布、口布、椅套、台垫、桌旗类产品,一般采用平纹、缎纹及大提花组织,价格低廉,色彩丰富,规格齐全,洗涤后不易褪色,是目前市场上运用最为广泛的面料。

3. 盥洗类

(1) 平织巾类面料

主要规格有 2/27.8 tex(底经)×2/27.8 tex(底纬)×2/27.8 tex(圈经)(21^s/2×21^s/2)×125 根/10 cm×190 根/10 cm×125 根/10 cm,2/27.8 tex×27.8 tex×2/18.2 tex(21^s/2×21^s×32^s/2)×125 根/10 cm×190 根/10 cm×125 根/10 cm;主要用于方巾、面巾、大浴巾、浴袍。

2/27.8 tex (底经)×27.8(底纬)(21^s/2×21^s)的纱支,密度基本是固定不变的,根据设计要求可以变化圈纱的纱支,一般可用 41.6 tex(14s)、36.4 tex(16s)、27.8 tex(21s)纱。

螺旋、非螺旋是巾类面料的外观风格,主要区别在于圈经纱的捻度和搓揉整理工艺的差异,螺旋面料的纱捻度较非螺旋面料大,螺旋面料必须经过搓揉后整理工艺。

割绒、毛圈的面料的区别主要在于:割绒是在毛圈面料的基础上,将毛圈割断后,使得面料毛圈变为单根纱竖立状态,出现绒状外观,其他工艺参数基本相似。

(2) 提花巾类面料,这类面料与平织巾类面料的差异主要在于:提花类产品必须将酒店 logo 通过大提花工艺织造在面料上,底经、底纬、圈经的纱支、密度配置、螺旋及割绒工艺及参数与平织类面料基本一致,这类产品主要用于方巾、面巾、大浴巾、浴袍的生产。

(3)地巾与方巾、面巾及大浴巾相比,其单位面积较大,所以在经纬密度配置上也有较大差异,主要规格有 2/27.8 tex(底经)×27.8 tex(底纬)×2/27.8 tex(圈经) (21^s/2×21^s×21^s/2)×72 根/10 cm×190 根/10 cm×180 根/10 cm,2/27.8 tex×27.8 tex×18.2 tex(21^s/2×21^s×32^s/2)×272 根/10 cm×190 根/10 cm×180 根/10 cm;底经与圈经的数量比为 1：2～3,圈经纱一般不使用单股纱。

二、针织物

(一) 针织物特点

1. 优点

(1) 弹性大

具有较大的弹性和伸缩性。一般针织物的弹性和伸编性要大于机织物,这是由于针织物在编织过程中,线圈的套结排列,使纱线间具有较大的空隙,当受到外力拉伸时,即产生较大的延伸性,当外力解除后,可迅速恢复原状。采用弹力纤维织造的针织面料,这种伸缩性表现的更为突出。针织物这种优良的伸缩性,能够适应人体各部位伸展、弯曲的变化,使针织服装随合人体,穿着既贴身,又能体现出身体的曲线美。

(2) 柔软性好

有较好的柔软性和舒适性。针织物编织所用纱线捻度一般要比机织物小,而且针织物的密度也要小于机织物,加上编织过程中,采用线卷相互套结,因此针织物比机织物柔软性好,穿着舒适感强。

(3) 透气性强

具有良好的吸湿性和透气性。针织物是由线圈套结而成,线圈间空隙较大,有利于人体排除汗液,具有良好的吸湿性和透气性。

2. 缺点

(1) 尺寸稳定性差

尺寸称定性较差。针织物不像机织物由经纬纱交织而维持纵向和横向的称定尺寸,而是由同一组纱线套圈织成,当纵向拉伸时,横向尺寸就会收编,横向拉伸时,纵向也会收缩,所以尺寸稳定性不如机织面料。

(2) 坚牢耐磨度低

坚牢耐磨性较差。针织物的断裂强力、顶破强力、耐磨性都不如机织物。在穿着过程中,不如机织物坚牢耐穿。

(3) 易勾丝

抗勾丝性差,易起毛起球。

(二) 常见针织物

按加工工艺不同,针织物可分为纬编织物和经编织物两类。

纬编针织物为纱线沿纬向顺序编织成圈,并相互串套而成的织物。纬编针织物的质地松软,具有较大的延伸性、弹性、较好的随身性和透气性等,适宜做内衣、紧身衣、运动服、袜子、手套等。纬编针织物的组织常见的有纬平针组织、罗纹组织、双反面组织、双罗纹组织、提花组织、集圈组织等。

经编针织物为一组纱线沿经向编织成圈,并相互串套而成的织物。经编针织物相对纬编针织物延伸性、弹性、脱散性小,宜做外衣、蚊帐、窗帘、花边、渔网、头巾等,在工业、农业和医疗卫生等领域也有广泛应用。

根据针织类织物具备的优缺点,在床上用品面料使用中,一般只是配合机织物作辅料、衬料使用,几乎无法单独使用。

三、非织造布

(一) 非织造物特点

非织造物是一种不需要纺纱织布而形成的织物,只是将短纤维或者长丝进行定向或随机撑列,形成纤网结构,然后采用机械、热粘或化学等方法加固而成。他直接利用高聚物切片、短纤维或长丝通过各种纤网成形方法和固结技术形成的具有柔软、透气和平面结构的新型纤维制品。其用途非常广泛,同时,因其强度和耐久性较差,不宜像其他布料一样清洗。

（二）常见非织造布

非织造布的加工方法主要是纤维网的制造和固结，按纤维网的制造方法和固结方法的不同，非织造布一般分为干法非织造布、湿法非织造布和聚合物直接成网法非织造布三大类。

1. 干法非织造布

干法非织造布一般是利用短纤维在干燥状态下经过梳理设备或气流成网设备制成单向的、双向的或三维的纤维网，然后经过针刺、化学粘合或热粘合等方法制成的非制造物。这种加工工艺是非织造布中最先采用的方法，使用的设备可以直接来自纺织或印染工业。他可以加工多种纤维，生产各种产品，生产的产品应用领域十分广阔，有薄型、厚型、一次性、永久性、蓬松型、密实型等。从应用角度讲，服装用、装饰用及工业、农业、国防各个领域用的干法非织造布产品应有尽有。

2. 湿法非织造布

湿法非织造布是将天然或化学纤维悬浮于水中，达到均匀分布，当纤维和水的悬浮体移到一张移动的滤网上时，水被滤掉而纤维均匀地铺在上面，形成纤维网，再经过压榨、黏结、烘燥成卷而制成。湿法非织造布起源于造纸技术，但不同于造纸技术。其材料应用范围广，生产速度高，由于纤维在水中分散均匀，排列杂乱，呈三维分布，产品结构比较蓬松，特别适合做过滤材料。产品的主要用途有以下四个方面。

（1）食品工业：茶叶过滤、咖啡过滤、抗氧剂和干燥剂的包装、人造肠衣、高透气度滤嘴棒成型材料等。

（2）家电工业：吸尘器过滤袋、电池隔离膜、空调过滤网等。

（3）内燃机及建材工业：各种内燃机（飞机、火车、船舶、汽车等）的空气、燃油和机油过滤及建筑防护基材等。

（4）医疗卫生行业：手术服、口罩、床单、手术器械的包覆、医用胶带基材等。

3. 聚合物直接成网非织造布

聚合物直接成网是近年发展较快的一类非织造物成网技术。他是利用化学纤维纺丝原理，在聚合物纺丝成形过程中使纤维直接铺置成网，然后纤网经机械、化学或热方法加固而成非织造布；或利用薄膜生产原理直接使薄膜分裂成纤维状制品。聚合物直接成网包括纺丝成网法、熔喷法和膜裂法。

（1）纺丝成网法非织造布：主要有纺丝粘合法，合纤原液经喷头压出制成的长纤网，铺放在帘子上，形成纤维网并经热轧而制成纺丝黏合法非织造布。纺丝黏合法非织造布产品具有良好的机械性能，被广泛用于土木水利建筑领域，如制作土工布，用于铁路、高速公路、海堤、机场、水库水坝等工程；在建筑工程中做防水材料的基布；此外，在农用丰收布、人造革基布、保鲜布、贴墙布、包装材料、汽车内装饰材料、工业用过滤材料等方面具有广泛的应用。

（2）熔喷法非织造布：熔喷法非织造布是利用高温、高速气流的作用将喷射出的原液吹成超细纤维，并吸聚在凝聚帘子或转筒上成网输出来制成的。熔喷法非织造布主要用于液体及气体的过滤材料、医疗卫生用材料、环境保护用材料、保暖用材料及合成革基布等。

（3）膜裂法非织造布：膜裂法非织造布是将纺丝原液挤出成膜，然后拉裂薄膜制成纤维网而成。膜裂法可制造很薄、很轻的非织造布，单位面积重量为 $6.5 \sim 50 \ g/m^2$，厚度为 $0.05 \sim 0.5 \ mm$。产品主要用于医疗敷料、垫子等。

在家用纺织品中，无纺布的使用面较为狭窄，除了少量的一次性用品以外（如医院一次性床单),无法作为主要面料使用,只能作为芯料、衬料或包装袋的面料使用,如涤纶片状棉、绣花衬底布、黏合衬布等。

>>>> 项 目 六 <<<<
织物综合分析

织物的纱线材质、捻度、纱支、经纬密度及配置、重量、厚度等,参数设计是否合理,直接影响到织物的外观质量和内在质量,外观质量指标如:表面平整度、光泽,内在质量如断裂强度、缩水率、抗起毛起球等。常见的三原组织中,平纹与斜纹相比,同等条件下,前者手感较后者硬,而前者较后者的断裂强度高。直接都影响了面料的最终用途。织物的分析目的在于了解织物的正反面、经纬向、经纬纱线、组织结构、经纬密度几个主要的工艺参数,并通过对这些工艺参数的分析实践,提高对织物的综合分析能力和应用能力,同时确保织物织造过程的顺利完成,以达到使用要求。

一、取样
分析织物时,资料的准确程度与取样的位置、样品面积大小有关,因而对取样的方法有一定的规定。由于织物品种极多,彼此间差别又大,因此,在实际工作中,样品的选择还应根据具体情况来定。

(一)取样位置
织物下机后,在织物中因经纬纱张力的平衡作用,使得织物的幅宽和长度都略有变化。这种变化就造成织物中部和边部,以及织物的两端密度存在着差异。另外,在染整后整理过程中,织物的两端、边部及中部所产生的变形也不同,为了使测试的数据具有准确性和代表性,一般规定:从整匹织物中取样时,样品到布边的距离不小于 5 cm;离两端的距离在棉织物上不小于 1.5～3 m,在毛织物上不小于 3 m;在丝织物上不小于 3.5～5 m。

此外,样品不应选在带有明显的疵点处,并力求其处于自然状态,以保证分析结果的准确性。

(二)取样大小
取样面积大小,应随织物种类、组织结构而异。由于织物分析是项消耗试验,在满足试验要求的前提下,尽量减少织物的耗用。简单组织织物试样,一般为 15 cm×15 cm;组织循环较大的色织物试样,一般为 20 cm×20 cm;色纱循环大的色织物试样,应取一个色纱循环所占的面积;对于大提花织物,因其经纬纱循环数很大,一般分析具有代表性的组织结构部分既可,样品一般为 20 cm×20 cm,或 25 cm×25 cm。如样品织物尺寸比较小时,只要花、地所有的大于 5 cm×5 cm,也可进行分析。

二、织物正反面鉴别
织物有正反面之别。织物的正反面一般是根据织物的外观效应加以判断。简单的判断方法:一般织物正面的花纹都较平整、光滑和细致,色泽都比反面美观,清晰。

(一)根据组织结构分析
平纹组织的织物,如平布、细布、粗布、府绸、派力司、凡立丁等无明显的正反面之别,但一般把布面较光洁、平整的那一面作正面。

斜纹组织类的织物,如斜纹布、哔叽、华达呢、单卡、双卡等,一般棉布纱类纹路以右下角向左上角倾斜的左斜,线类织物纹路以左下角向右上角倾斜的右斜作为正面。真丝、化纤等斜纹纹路左斜或右斜统一规定。

化纤、毛织物双幅折合,折合在里面的是正面。

凸条或凹凸织物,正面细腻、紧密,具有条状或图案凸纹,而反面较粗糙,有较长的浮长线。

具有条纹的织物,条纹明显和匀整的一面为正面。

重经、重纬织物及双层织物若表里组织所用原料不同时,一般情况下正面所用的原料比反面好。若表里经(纬)排列比不同时,往往是表组织密度较大,而里组织密度较稀。

（二）根据织物的花纹、色泽分析

各种织物的花纹、图案正面清晰、洁净,图案线条明显,层次分明,色泽鲜艳;反面则比较浅淡模糊。

（三）根据织物布边分析

一般织物的布边正面比反面平整清晰;反面的布边边缘向里卷曲。有些织物的布边上织有边字,正面的边字正写并清晰光洁,反面的文字模糊。

（四）按出厂印章分析

有些织物两端布角 5 cm 之内加盖圆形出厂印章,一般印章盖在正面。

多数织物其正反面有明显的区别,但也有不少织物的正反面极为近似,两面均可应用。因此,对这类织物可不强求区别其正反面。

三、织物经纬向确定

在决定了织物的正反面后,还需判断出在织物的哪个方向是经纱,哪个方向是纬纱,这是分析织物密度、经纬纱特数及织物组织等的先决条件。

机织物面料的经纬向一般从以下几个方面进行判断:

（1）如被鉴别的面料是有布边的,则与布边平行的纱线方向便是经向,另一方是纬向。

（2）上浆的是经纱的方向,不上浆的是纬纱的方向。

（3）一般情况下,纺织品密度大的一方是经向,密度小的一方是纬向。

（4）箱痕明显的布料,箱痕方向为经向。

（5）对半线织物,通常股线方向为经向,单纱方向为纬向。

（6）若单纱织物的成纱捻向不同时,则Z捻向为经向,S捻向为纬向。

（7）若织物的经纬纱特数、捻向、捻度都差异不大时,则纱线条干均匀、光泽较好的为经向。

（8）若织物的成纱捻度不同时,则捻度大的多数为经向,捻度小的为纬向。

（9）条子织物,一般条子方向通常为经向方向。

（10）若织品有一个系统的纱线具有多种不同的特数同时出现时,这个方向则为经向。

（11）交织物中,一般棉毛或棉麻交织的织品,棉为经纱;毛丝交织物中,丝为经纱;毛丝绵交织物中,则丝、棉为经纱;天然丝与绢丝交织物中,天然线为经纱;天然丝与人造丝交织物中,天然丝为经纱。由于织物用途极广,品种繁多,对织物原料和组织结构的要求也是多种多样,因此在判断时,还要根据具体情况来定。

四、经纬纱线确定

正确和合理的选配各类织物所用原料、纱线股数、特数,对满足织物功能设计要求极为重要。

（一）股数

纱线股数可使用拆纱分析法，将面料用手工拆分开来，分别抽出经、纬纱线，再通过手工退捻度，数一下其中含有的单纱根数，如果是一根纱加捻称为单股纱线，表示为：$1/\times\times\times$D 或 $1/\times\times\times$tex 或$\times\times\times^s/1$、$\times\times\times$N/1，如 1/14.6 tex 或 14.6 tex($40^s/1$)。两根纱合并在一起加捻，就是两股纱线，可用 $2/\times\times\times$D 或 $2/\times\times\times$tex 或$\times\times\times^s/2$ 表示，如 2/14.6 tex($40^s/2$)。同样如果是 3 根纱合并在一起加捻就是三股纱线，可用 $3/\times\times\times$D 或 $3/\times\times\times$tex 或$\times\times\times^s/3$ 表示。3/9.7 tex($60^s/3$)表示，以此类推。

（二）特数

纱线的线密度是指 1 000 m 纱线在公定回潮率时的重量克数，测定线密度时可采用比较法和称重法。

（1）比较法：是将纱线放在放大镜下与已知线密度的纱进行比较，此法简单迅速，但与试验人员的经验有关。

（2）称重法：测定前，必须先检查样品的经纱是否上浆，若上浆则应先进行退浆处理。测定时，从 10 cm×10 cm 织物中取出 10 根经纱和 10 根纬纱分别称其重量，可在扭力天平上称重，经(纬)纱各测 10 个试验数据。求其平均值，然后用水份快速测量仪或电感式测湿仪测出织物的实际回潮率。在经、纬缩率已知的条件下，经、纬纱线密度可用下式求出。

$$Tt = \frac{g(1-a)\times(1+W_\phi)}{1+W} \tag{2-4-17}$$

式中：g——10 根经、(纬)纱的实际重量，mg；

a——经(纬)纱缩率，%；

W——织物的实际回潮率，%；

W_ϕ——该种纱线的公定回潮率，%。

（三）原料成分

纤维鉴别是利用各种纤维的外观形态和内在性质的差异，采用物理、化学等方法对纤维的属性加以鉴别。

1. 分析种类

（1）织物经纬纱原料的定性分析

目的是分析织物纱线是什么原料组成，既分析织物是属于纯纺织物、混纺织物，还是交织织物。鉴别纤维一般采用的步骤是先决定纤维的大类，是天然纤维，还是化学纤维，再具体决定是哪一种纤维，常用的鉴别方法有手感目测法、显微镜法、燃烧法及化学溶解法。

（2）混纺织物成分的定量分析

这是对织物进行不同种纤维的含量分析，一般采用溶解法。他是选用适当的溶剂，使得混纺织物中的一种纤维溶解，称取留下的纤维重量，从而求出被溶解纤维的重量，最后计算出混合百分率。

2. 分析方法

（1）手感目测法（感官鉴别法）

感官法即根据纤维、织物的不同外观和特点，通过人的感觉器官，眼、耳、鼻、手等，对其成分进行判断，纤维外观及特征见表 2-4-7 及表 2-4-8。

表 2-4-7 天然纤维和化学纤维外观特征

序号	项目	天然纤维	化学纤维
1	长度、细度	差异很大	同品种较均匀
2	含杂	附有各种杂质	几乎没有
3	色泽	光泽柔和、不均匀、真丝或珠宝光泽	色纯且均匀,部分纤维有金属感

表 2-4-8 常见天然纤维外观特征

序号	项目	棉	苎麻	羊毛	蚕丝
1	手感	柔软	粗硬	弹性好,有暖感	柔软光滑,有丰糯感
2	长度(mm)	15～40,离散大	60～250,离散大	20～200,离散大	细而长
3	细度(μm)	10～25	20～80	10～40	10～30
4	含杂	碎叶、硬籽、僵片、软籽等	麻屑、枝叶	草屑、粪尿、汗渍、油脂等	清洁

（2）显微镜法　天然纤维中棉、毛、麻、丝由于动植物物种的差异及形成纤维的过程不同,致使纤维形态各异。化学纤维由于纺丝方法、成形条件不同,横截面形状也有所不同。借助显微镜观察纤维纵向外形、截面形状或配合染色等方法,可以进行大致的区分,对形态特征典型的试样即可进行较准确的判断。当然利用显微镜法进行观察首先能够判别样品是否为单一纤维构成,进而考虑分开鉴别。观察纤维的横截面须将纤维切成较薄的切片。用切片机制得的切片厚度可小于 $10\ \mu m$,利于观察,但操作复杂,成本较高。常用的切片方法还有哈氏切片法,也可用金属孔板或塑料管等来制作切片。哈氏切片法可制得 $10～30\ \mu m$ 的切片。后两种方法简捷,但切片较厚,影响观察,不过作为一般纤维的鉴别,这两种方法均比较实用。

（3）燃烧法　不同纤维的化学组成不同,燃烧特征则不同,可以根据各种纤维燃烧现象的特征进行鉴别。如,棉花与黏胶、麻类等纤维素纤维的主要成分均为纤维素,因此在与火焰接触时迅速燃烧,离开火焰后会继续燃烧,且伴有烧纸(主要成分亦为纤维素)气味,燃烧后留下少量灰烬;羊毛、蚕丝、尼绒、羽毛等动物纤维接触火焰时也能燃烧,燃烧时散发出类似烧毛发味,这是因为他们的组成主要是蛋白质,燃烧完毕留下黑色松脆的灰烬。上述方法能够粗略地区分纤维的大类。合成纤维一般组成差异较大,接近火焰时,也有各种气味,但很难从中确切判断纤维品种。各种纤维的燃烧特征见表 2-4-9。燃烧法简单易行,无需特殊的设备和仪器,

表 2-4-9 几种常见纤维的燃烧特征

序号	纤维名称	接近火焰	在火焰中	离开火焰	残渣形态	气味
1	纤维素纤维	不熔、不缩	迅速燃烧	继续燃烧	细腻、灰白色	烧纸味
2	蛋白质纤维	收缩	渐渐燃烧	不易延烧	松脆黑灰	烧毛发臭味
3	涤纶	收缩、熔融	熔融燃烧	能延烧有溶液滴下	玻璃状黑褐色硬球	特殊芳香味
4	锦纶	收缩、熔融	熔融燃烧	能延烧有溶液滴下	玻璃状黑褐色硬球	氨臭味
5	腈纶	收缩、微熔	熔融燃烧	继续燃烧发光小火花	松脆黑色硬块	有辣味
6	维纶	收缩	熔融	继续燃烧	松脆黑色硬块	特殊的甜味
7	丙纶	收缩、熔融	熔融燃烧	继续燃烧	硬黄褐色球	轻微的沥青味
8	氯纶	收缩	熔融燃烧	不能延烧大量黑烟	松脆黑色硬块	带有氯化氢臭味

但比较粗糙,仅能进行大致的区分。这种方法不适于混合的纤维及经阻燃处理的纤维。在纤维燃烧过程中可给出很多信息,如燃烧的状态,火焰的颜色,散发出的气味,燃烧后灰烬的颜色、形状和硬度等,均可作为鉴别的依据。对纤维热分解时产生的气体进行分析也会有助于纤维区分。即将纤维试样放入试管,加热试管,用 pH 试纸在试管口检验。纤维受热后释放出的气体可以是酸性、中性或碱性,通过鉴定释出的气体酸碱性来判断是何种纤维。酸性:棉、麻、黏胶纤维、铜氨纤维、醋酸纤维素纤维、维纶、氯纶;中性:丙纶、腈纶;碱性:羊毛、蚕丝、锦纶等。

(4) 溶解法　是利用各种纤维在不同的化学溶剂中的溶解特性来鉴别纤维的方法。采用这种方法,试剂准备简单,准确性较高,且不受混纺、染色的影响,故应用范围较广。对于混纺纤维可用一种试剂溶,从而进行定量测定。各种纤维的溶解情况,见表 2-4-10。由于一种溶剂往往能溶解多种纤维,因此,需要进行几种溶剂的溶解试验,才能最终确认鉴别结果。

表 2-4-10　常用纤维的溶解性能

序号	纤维名称	盐酸 37%24℃	硫酸 75%24℃	氢氧化钠 5%煮沸	甲酸 85%24℃	冰醋酸 24℃	间甲酚 24℃	二甲基甲酰胺 24℃	二甲苯 24℃
1	棉	I	S	I	I	I	I	I	I
2	羊毛	I	I	S	I	I	I	I	I
3	蚕丝	S	S	S	I	I	I	I	I
4	麻	I	S	I	I	I	I	I	I
5	黏胶	S	S	I	I	I	I	I	I
6	醋酯	S	S	P	S	S	S	S	I
7	涤纶	I	I	I	I	I	S(93℃)	I	I
8	锦纶	S	S	I	S	I	S	I	I
9	腈纶	I	SS	I	I	I	I	S(93℃)	I
10	维纶	S	S	I	S	I	S	S	I
11	丙纶	I	I	I	I	I	I	I	S
12	氯纶	I	I	I	I	I	I	S(93℃)	I

注:S—溶解;SS—微溶;P—部分溶解;I—不溶

五、组织结构分析

对织物样品做了以上各种测定后,再对经纬纱交织规律进行分析,以求得此种织物的组织机构。在此基础上再结合织物经纬纱所用原料、特数、密度等因素,以确定织物的上机图或其他上机织造工艺。

常用的织物组织分析法有以下几种。

(一) 拆纱分析法

这种方法对初学者很适用。主要用在普通单层织物、起绒织物、毛巾织物、纱罗织物、多层织物和纱支高、密度大、组织复杂的织物。

首先,确定拆纱系统,为了拆纱后比较清楚地看清经、纬纱的交织状态,宜将密度较大的纱线系统拆去,利用密度较小系统的纱间空隙,可清楚地看出经、纬纱的交织规律。

其次,确定织物的分析面,确定分析面的目的在于看清织物的组织,对于经面组织以分析反面比较方便。但若经过刮绒的织物,应先将表面毛绒用火焰烧除,直至能看出经、纬纱的交织点时为止。

(二) 局部分析法

对于有些小提花或大提花细纹,要对花部和地部分别进行分析。然后根据花纹的经、纬纱根数和地部组织循环数求出一个花纹循环的总的经、纬纱数。而不必一一分析每一个经、纬组织点。但应注意地组织与花组织的起点要统一,否则可能导致织造工艺出现。

(三) 直接观察法

对单层织物,有经验的工艺员或织物设计人员,可靠目力观察或借助照布镜将织物的经、纬交织规律逐次填入方格纸中,分析时,可多绘制几个经、纬纱的组织规律最终绘制确定出一个组织循环。

在分析织物组织时,还要注意布样的组织与色纱的配合关系,多数色织物的风格效应,不光由经、纬交织规律来体现,往往是由组织与色纱配合而得到其外观效应的。因此,在分析这类色纱与组织配合的织物时,必须使组织循环和色纱排列循环配合起来,在织物的组织图上要标出色纱的颜色和组织循环规律。

六、经纬密度简易鉴别法

(一) 直接测数法

1. 用密度分析器测定

将织物密度分析器放在被测织物上面,使刻度尺平行于经纱或纬纱方向,刻度尺的"0"对准某两根经纱或纬纱的间隙中间,并且使刻度线也对准"0"点。然后转动螺杆,刻度线通过一根根纱线,开始计数,直到刻度线与刻度尺的 50 mm 对齐,即得出 50 mm 内纱线的根数。经纱测量 3 次,纬纱测量 4 次,分别求出算术平均值,即得到公制经(纬)纱密度值。

2. 目力点数法

有时没有密度分析器、或者密度很大、或组织不规则时,可直接用拆纱法在织物上量出一定的长度,拆出此长度上的纱线来计数织物的经、纬密度。此法运用于密度很小的织物。

3. 放大镜测数法

将放大镜放在织物上,直接计数一定长度织物上的纱线根数。在测数时应注意:计数纱线根数时要以两根纱线之间的中央为起点,若数到终点时,落在纱线上超过 0.5 根不足 1 根的以 0.75 根计,不足 0.5 根的以 0.25 根计,然后按经纱密度 3 个观察值,纬纱密度 4 个观察值求得算术平均值,精确到 0.01 根,再四舍五入为 0.1 根。

(二) 间接测数法

这种方法适用于密度大、或者纱线线密度小的规则组织的织物。首先检查一个组织循环内的经纱根数和纬纱根数,然后数出 10 cm 中的组织循环个数,再将两个数据相乘,乘积所得数加上不足一个循环的尾数就是经、纬纱密度观察值,然后按经纱密度 3 个观察值,纬纱密度 4 个观察值,分别求出算术平均数,作为织物的经、纬纱密度值。

七、常见床上用品织物配置

常见床上用品面料,其原料、特数、密度及组织结构的常见配置见表2-4-11。

表 2-4-11　床上用品常用织物配置

序号	材质		特数		密度(根/10 cm)		组织结构
	T	W	T	W	T	W	
1	棉	棉	14.6	14.6	523.6	283.5	斜纹
2	棉	涤纶	14.6	14.6	551.2	472.4	大提花
3	棉	黏胶	14.6	14.6	551.2	472.4	大提花
4	棉	棉	14.6	14.6	551.2	472.4	缎条、缎格
5	棉	棉	9.7	14.6	681.1	472.4	大提花、缎纹
6	天丝	天丝	9.7	14.6	681.1	472.4	缎纹
7	棉	棉	9.7	7.29	787.4	362.2+362.2	缎纹(双纬)
8	棉	棉	7.29	9.7	905.5	720.5	缎纹

>>>>项 目 七<<<<
家用纺织面料的规格、性能及分析

　　家用纺织品面料主要包括床上用品、餐厨用品、盥洗用品及覆盖类等,每一类产品面料必须具备相应的性能,才能满足其功能和用途。面料的各种性能要求,可以通过织物的不同工艺参数组合完成。所以,在选用面料过程中,应按面料的功能和用途,选用相应性能及工艺参数配置的织物。

　　随着人们生活质量的提高,家用纺织品面料的使用量越来越大,花色品种及具备的功能也越来越丰富。这对如何科学地、合理地选择面料提出了更高要求。

一、床上用品

　　床上用品面料是家用纺织面料中最主要的产品之一。根据床上用品成品功能、用途的要求,面料必须具备其基本性能、装饰性能、舒适性能及安全性能。

　　床上用品面料基本性能,是指良好的遮盖、保暖、牢度及可洗涤性;装饰性能指面料具有良好的外部美观性;舒适性是指面料具有良好的柔软、贴身、透气、蓬松及合适的摩擦力;安全性能,是指面料具有良好的可洗涤性、对人体无刺激及抗菌性等。要满足以上四大基本性能要求,在选择面料时,就应考虑面料的原料、特数、经纬密度、幅宽、颜色花型及后整理工艺等。

(一) 原料

　　绝大多数纺织纤维织物都具有一定的保暖性,但这并不意味着所有这些纤维织物都可作为床上用品面料,考虑到床上用品与人体直接接触的特点,不但要具备良好的保暖性能,还必须具备一定的透气柔软程度、外部美观性及可洗涤性等。一般情况下,80%以上的床品面料选用棉为原料,部分面料选用人造纤维,如木代尔、天丝、竹浆纤维等,只有少量面料采用真丝及合成纤维。棉纤维的截面外观为中空圆腰型,分子链中含有大量的羟基,具备保暖性、透气性和可洗涤性能方面的要求。人造纤维以天然纤维为原料制造而成,性能与棉接近,但其良好的柔软程度弥补了棉纤维的不足,即使使用、洗涤较多次数以后,仍然可以保持较好的柔软性。如真丝具有滑爽、柔软的手感及亮丽的光泽,满足了手感及外部美观性的要求。

(二)纱线特数、股数

特数是衡量纱线粗细的指标。纱线特数、股数的选择,应兼顾到保暖性、柔软度、摩擦力、表面美观性及经济性。中等特数的单股纱,其粗细、原料用量、捻度及条干均匀度等参数较好地满足了面料性能的需求。所以,一般情况下,50%以上面料选用经纬向都为 14.6 tex 的单纱,部分面料经向选用 9.7 tex 单纱,纬向选择 14.6 tex 单纱,极少数面料经向使用 7.3 tex 单纱,纬向采用 9.7 tex 单纱,也有采用 2/4.86 tex 的合股纱。

经纬向同时使用 14.6 tex 单纱的面料,其直径为 0.14 mm,通过织造后,由于经纬纱线呈交织状态,其面料厚度必然大于 0.14 mm,具有一定的厚重感;虽然这类面料表面还不够光滑、细腻,但在与人体皮肤接触过程中,保持了一定的摩擦力;这种纱线在纺制过程中,对原料等级、技术要求及设备等,没有特殊要求,因此具有较高性价比优势。

经纬向使用 14.6 tex 以上单纱面料,主要是通过面料表面平整度、细腻程度及光泽度提高,来改善面料的外部美观性。而其他方面性能改善并不明显,甚至还有下降,如厚重感和摩擦力等。所以,从人体触觉上来讲,并不是纱支越高越舒适。

(三)密度

密度是衡量单位长度内纱线排列紧密程度的指标。密度与紧度密切相关,同等条件下,密度越大,紧度越大,反之,则越小。选择面料密度过程中,既要考虑到密度的多少,更要关注经纬密度的配置。要兼顾到面料的保暖性、外部美观性、柔软透气及后整理可加工性。

同等条件下,面料的密度越大,其保暖性及外部美观性越好,密度大的织物,其经纬纱之间的空隙就越小,人体的温度散发速度较慢,改善了织物的保暖性,而密度大的织物,因为纱线排列比较紧密,表面平整度及细腻程度等外观性指标有所提高。

纱线特数与密度之间配置的合理性,可以通过面料的紧度加以判断。经纬向紧度数据是在兼顾面料各种性能以后,确定下来的经验数据,见表 2-4-12。从织造原理上讲,一般情况下,按不同的纱线特数、密度组合都可以织造出织物,但如果其经纬向紧度数据不匹配,会影响面料的总体功能,如在经纬密度总和一样的情况下,通过加大经密,减少纬密的工艺参数,虽然提高了效率、降低了织造工费,但其外部美观程度、挺括程度下降,经纬向强力差过大,缩短了使用周期。

表 2-4-12　三原组织紧度经验数据

序号	组织结构	布面风格	经向紧度	纬向紧度	经纬向紧度比
1	平纹	经纬向紧度比较接近,布面平整	35~60	35~60	≈1∶1
2	斜纹	布面呈斜纹,纹路较细	60~80	40~55	≈3∶2
3	直贡	高经密织物,厚实或柔软,平滑、匀整	65~100	45~55	≈3∶2

同等条件下,面料密度越高,手感越挺括,柔软透气性越低;后整理加工过程中,染化料的渗透效果越差,越容易起皱,总体的加工性能下降。

常见床上用品面料纱线特数、经纬密度配置,见表 2-4-13。

表 2-4-13　常见面料纱线特数、经纬密度

序号	材　质		特　数		密度(根/10 cm)		紧　度		组织结构
	T	W	T	W	T	W	T	W	
1	棉	棉	14.6	14.6	523.6	283.5	74	40	斜纹
2	棉	棉	14.6	14.6	551.2	472.4	78	67	缎条、缎格
3	棉	棉	9.7	14.6	681.1	472.4	78	67	大提花、缎纹
4	棉	棉	7.29	9.7	905.5	720.5	90	83	缎纹

(四) 幅宽

床上用品成品要保持对人体的遮盖作用,在选择面料时,必须具备一定的长度和幅宽,满足成品规格制作的设计要求,常见床上用品规格见表 2-4-14。

表 2-4-14　常见床及床上用品规格

序号	床(cm)	枕套规格(cm)	被套(cm)	床单(cm)
1	120×200	48×74	180×220	220×245
2	150×200	48×74	200×230	250×245
3	180×200	48×74	220×240	270×245
4	200×200	48×74	240×240	290×245

从表 2-4-14 可知,要达到成品规格要求,面料必须具备一定的幅宽,所以,一般情况下,床上用品面料的幅宽,应选择 230～300 cm 之间。如果幅宽太小,则必须采取拼接的方法,而拼接工艺既提高加工成本,又影响产品外部美观程度。

(五) 组织结构

组织结构中,最简单组织是三原组织。以三原组织为基础加以变化,或联合使用几种组织,可得到各种各样的织物组织。每一种组织都有各自的特点,其反映出来的织物性能也各不相同,见表 2-4-15。在选择床上用品面料组织结构的时候,要兼顾面料的牢度、柔软性、透气性及外部美观性等。

表 2-4-15　原组织的性能比较

序　号	项　目	面　料　特　性		
		平纹	斜纹	缎纹
1	组织循环 R	2	>2	>5 不等于 6
2	密度	小	中等	大
3	手感	硬挺	中等	柔软、平滑
4	光泽	暗淡	暗淡	亮且饱满
5	质地外观	粗糙	中等	细腻
6	厚度	薄	中等	厚实
7	耐用程度	结实	中等	不结实

目前,50％以上的床上用品面料选择斜纹组织,如图 2-4-8(彩图 43)所示,这类面料主要用于染色、印花、绣花等中档产品的制作;部分面料选择缎纹及大提花组织,这类面料主要用于染色、印花、提花、绣花等高档产品的制作。平纹组织在家用床上用品中的使用量越来越少,一

般以 14.6 tex 及以下低档产品为主,如 19.4 tex×19.4 tex 平纹面料。值得一提的是,平纹组织在公共场所的床品等家居纺织品运用依然非常广泛,这是因为平纹面料具有良好的坚牢性,产品使用周期较长,如:酒店床单选用的 14.6 tex×14.6 tex 平纹组织面料。

图 2-4-8 斜纹印花六件套

二、盥洗类产品

盥洗类产品主要包括方巾、面巾、浴巾、地巾和浴衣等产品,其功能要求织物具有外观丰满、质地松厚,手感柔软及良好的吸水性能。

(一)原料

大多数毛巾织物选用棉作为原料,是因为棉纤维具有较好地吸水性。近年来,随着人造纤维的不断发展,其在毛巾中的运用越来越广泛,因为人造纤维不但具备比棉更高的吸水性,而且长时间洗涤后,有较好的柔软程度,弥补了棉纤维的不足,如经向圈纱选用竹浆纤维的原料,不但可以获得比棉更舒适的手感,且还具有一定程度的抗菌防臭性能。但人造纤维织物洗涤时不宜在水中用力过猛。

(二)纱线特数

毛巾织物纱线特数一般较高,见表 2-4-16,这是因其厚重、吸水强的性能要求所决定。

表 2-4-16　毛巾织物常见纱线特数

序号	底经纱	底纬纱	圈经纱	适用织物
1	2/27.8 tex	1/27.8 tex	2/27.8 tex	方巾、面巾、浴巾、地巾
2	2/27.8 tex	1/27.8 tex	2/18.2 tex	方巾、面巾、浴巾、地巾
3	2/27.8 tex	1/27.8 tex	1/41.6 tex	方巾、面巾、浴巾
4	2/27.8 tex	1/27.8 tex	1/36.4 tex	方巾、面巾、浴巾

(三)经纬密度

毛巾织物要保持一定的厚重感和较强的吸水性能,除了使用特数较高的纱线以外,还必须选择合理的经纬密度。毛巾组织经向由底经纱、圈经纱组成,纬向由纬纱组成,一般情况下,其底经、底纬纱线特数选择 2/27.8 tex×1/27.8 tex,密度也固定在一定范围内。对毛巾织物引起毛巾质量较大变化的最重要因素是毛巾织物的圈经纱,圈经纱用纱量大小决定于毛倍比的大小,所谓毛倍比是表示毛圈高度的常用指标,指毛巾织物中起毛部位单位长度内毛经用纱长度与地经用纱长度的比值,毛倍比越大,毛圈越高,用纱量越大,所以,要保持毛巾织物具有良好的厚重感,可以适当扩大毛倍比。

一般情况下,毛巾类织物的毛倍比建议在 3～7 之间为宜。设计毛倍比时,要兼顾到毛巾织物手感、厚度及紧度,防止因毛圈过长引起的抽丝。

(四)幅宽

毛巾织物的幅宽大小是按照其成品宽度的整数倍数来确定的,成品宽度见表 2-4-17,如宽度为 35 cm 的面巾,其织造面料幅宽为 35 cm×2 或 35 cm×3(不考虑后整理门幅缩率),用于制作浴袍的织造面料,其经印染后整理后的门幅一般在 150 cm 左右。

表 2-4-17　常见毛巾规格及重量

序　号	产品名称	规格(cm)	重量(g/条)
1	方巾	30×30	45～50
2	面巾	35×70	120～140
3	浴巾	70×130	500～550
4	地巾	45×75	350～400

（五）组织结构

如图 2-4-9 所示,毛巾组织是由毛、地两系统经纱与一个系统纬纱组成,属复杂组织。毛巾组织按形成一个毛圈的纬纱数不同,可分为 3 纬与 4 纬两种。毛经纱与纬纱组成的毛经纱组织一般为变化经重平组织。地经纱与纬纱组成的地经纱组织一般为、变化经重平组织。毛经和地经纱的排列比依织物要求不同而异。毛经与地经比一般为 1∶1,2∶1,2∶2 或 3∶1 等,也有以 1∶1 与 2∶1 交替排列的。

毛圈分布位置按毛巾织物的基本组织结构可分为单面、双面和表里交换起毛圈三种。

毛巾织物的组织结构,是决定毛巾织物外观风格、物理机械性能的一个主要因素。如最简单的单经单毛三纬双面起毛组织结构,这种毛巾织物正反两面毛圈均匀,平整。若以此为基础,在组织结构上加以变化,则可得到不同风格的毛巾织物,如:单经双毛三纬双面起毛组织结构。在相同的条件下,这种结构的毛巾织物较单经单毛三纬双面起毛的毛圈更为丰满,吸水性更好。又如:单单经单双毛双面起毛毛巾织物,其正面毛圈数是反面毛圈数的二倍。诸如此类,还有许多风格各异的毛巾织物,这些毛巾织物的风格差

图 2-4-9　机制绣花毛巾

别除了采用不同的生产加工手段和选用不同的原材料外,很重要的一个方面是取决于毛巾织物的组织结构设计。

三、餐厨类

餐厨类主要包括口布、台布、台垫、椅套等产品,餐厨类面料按使用场所可分为家庭和酒店用两种。家庭用餐厨类面料相对要求较低,目前,在我国居民家庭中,其主要作用是装饰。而酒店用餐厨类产品的面料要求较高,主要功能有,一是为了减少餐具与餐桌的碰撞,产生的摩损及声音;二是吸收一定量的汤汁及佐料汁,防止汤汁飞溅到用餐者身上;三是为了装饰用餐环境;四是擦拭汤汁、食物碎屑等。从其功能看,要求其面料具备一定的吸水性、厚度和紧度。除此之外,因为餐厨产品容易沾污,洗涤频率高,洗涤工艺条件较为剧烈,抗耐洗也是餐厨面料必备的另一重要性能。

（一）原料

餐厨类产品面料的原料主要有棉和涤纶。棉具有良好的吸水性,涤纶的吸水性极小,吸水性远不及棉高,但其色牢度及强力等性能指标高于棉,所以,目前纯涤面料的使用比例高达 70%～80%。经纬向原料配比一般为经棉纬棉、经涤纬涤、经涤纬棉,一般不用混纺原料。

（二）纱线特数

为了保持面料具有一定的厚度,全棉面料一般采用 2/18.2 tex, 2/13.9 tex,涤纶面料一般采

用 1/150 D，2/150 D，3/150D，涤纶与棉交织面料中，采用涤纶 1/150 D，棉 1/27.8 tex。

（三）经纬密度

为了保持面料具有较好的耐洗性，洗涤后纱线无滑移，面料无明显变形，面料必须具备足够的紧密程度，其常用经纬密度配置，见表 2-4-18。

表 2-4-18　常见餐厨类面料经纬密度

序号	原　料		特　数		密度（根/10 cm）	
	T	W	T	W	T	W
1	棉	棉	2/18.2 tex	2/18.2 tex	354.3	236.2
2	棉	棉	2/13.9 tex	2/13.9 tex	405.5	374.0
3	涤纶	涤纶	1/150 D	3/150	600.0	180.0

（四）幅宽

餐厨类产品的面料幅宽，除了满足餐桌的覆盖、隔离、装饰及吸附等功能外，还要尽量减少拼接，提高其整体美观性及耐洗性。现有的餐厨类面料幅宽为 150～340 cm，除了 φ200 以上餐桌的底台布需要拼接以外，其余皆不需拼接，常见规格见表 2-4-19。

表 2-4-19　常见口布、桌布规格

序号	产品	规格（cm）	用途
1	口布	50×50	中餐、西餐
2	口布	55×55	中餐、西餐
3	餐垫	30×40	西餐
4	桌布	137×137	西餐
5	桌布	183×183	西餐
6	桌布	228×228	西餐
7	桌布	上 φ220/底 φ310	中餐
8	桌布	上 φ240/底 φ330	中餐
9	桌布	上 φ260/底 φ350	中餐

（五）组织结构

餐厨类产品中，全棉类产品的面料常用组织规格为缎纹和大提花，产品达到了一定的厚重感及装饰效果，但其坚牢度相对较低，这类产品的运用受到限制；而涤纶类产品的面料常用组织为平纹和大提花，如图 2-4-10（彩图 44）所示，平纹类产品，因其极好地坚牢度而备受市场青睐，大提花类产品较平纹类产品，虽然坚牢度有所下降，但因采用的涤纶原料弥补了平纹涤纶产品坚牢度的不足，同时良好的装饰效果也使得他具有一席之地。

图 2-4-10　餐垫

>>> 项 目 八 <<<
家纺产品的消费使用及储存注意事项

家纺产品消费使用方面,目前市场上的家纺用品档次、价格差别大。质量比较好的产品布面平整均匀、质地细腻、印花清晰、富有光泽、缝纫均匀平整。如果产品布面不匀、质地稀疏、花纹紊乱、缝纫粗糙,则质量难以保证,水洗尺寸变化率、染色牢度不合标准。家纺品中最常用的原料是棉、麻纤维,其他天然纤维,涤棉纤维及其他合成纤维。优质的家纺品经过多次洗涤和长时间的日光照射不会掉色。优质床上用品有抗菌功能,沙发布有防污功能,窗帘能防紫外线等。

大部分消费者在选择家纺床品时,首选纯棉制品。儿童家纺用品最适合采用的材料也是全棉、素色的。医学专家提醒说,在购买家纺产品时,越是自然越是纯棉的产品,对身体越好。另外很多布料为了平展需要,在加工中使用甲醛,如果使用过度加工的产品,会对房间造成污染。消费者在购买时,要多学习了解相关知识。

购买家纺产品时,要注意看产品的包装。正规产品的使用说明都注明制造者的名称和地址、产品名称、规格型号、采用原料的成分和含量、洗涤方法、执行标准、质量等级、质量合格证明等内容,且规格型号、采用原料的成分和含量、洗涤方法必须采用耐久性标签。

厂商在标明原料、染料时还标明正确的使用方法和洗涤方式。消费者在选购家用纺织品时首先应注意品牌、原料(如纤维成分)、环保因素(如染料),其次是价格和款式。优质的家用纺织品即使经过多次的洗涤和接受长时间的日光照射也不会掉色。纺织品中有的染料会使人致癌,因此,贴身覆盖的被褥最好选用浅白色产品,其他家用纺织品宜选用不易褪色产品。

家用纺织品中儿童用品如儿童用床罩、毛毯、被褥等,最适合采用的材料是全棉、素色。床上用品最好有抗菌功能,沙发布要有防污功能,窗帘要能够防紫外线,宾馆等公共场所的纺织品要具备阻燃功能。

亚麻质家用纺织品具有吸湿散热的特性,夏季使用或铺盖最舒适。中空纤维以其纤维中的空隙多而比重轻、保暖好、弹性高、回弹性强等优异性能而备受青睐,其品质、价格由纤维中的空隙"孔"为参考标准,如"九孔被"要比"三孔被"质优价高,消费者在选购时以其性价比为决定因素。

毛巾、床单、被套、枕套上很容易滋生螨虫。螨虫不仅会生酒糟鼻,而且是哮喘病的敏感源之一。因此,毛巾、床单、被套、枕套应勤洗勤换,一般以每周换洗一次为佳,宾馆等公共场所纺织用品应每天换洗消毒。

棉织物存放时折叠整齐,并放入一定量樟脑丸,在暗处,温度低通风较好的地方,白色真丝产品不能放置樟脑丸和樟木箱中,否则会发黄。棉产品收藏应注意卫生清洁,防霉变,白色与深色分开存放,防止色影、泛黄。蚕丝被不能放置樟脑丸,存放时需用深蓝色的布包裹起来,以免泛黄,放在其他衣物上面,不要重压。羽绒被要保持清洁、定时晾晒,收藏时可放入适量杀虫剂。

情境五 家纺辅料性能要求及其选择

• 本单元知识点 •

1. 能认识家纺辅料,并正确分类。
2. 掌握里料的性能要求,并正确加以选择。
3. 掌握衬料的性能要求,并正确加以选择。
4. 掌握填充物的性能要求,并正确加以选择。
5. 掌握缝纫线的性能要求,并正确加以选择。
6. 掌握线带的性能要求,并正确加以选择。
7. 掌握紧扣材料的性能要求,并正确加以选择。
8. 掌握其他装饰材料的性能,并正确加以选择。

辅料不但决定着家用纺织品的色彩、造型、手感、风格,而且影响着家用纺织品的加工性能、使用性能和价格。辅料选配得当,可以提高家用纺织品的质量档次,反之,则会影响整体效果。辅料的种类很多,性能各异。在选用时,必须根据产品的种类、使用环境、款式造型、质量档次、使用保养方法以及面料的色彩和性能等,在外观、性能、质量和价格等方面与之配伍。辅料种类繁多,如花边、窗帘穗头、窗帘钩、浴帘钩、被芯、枕芯、拉链、纽扣、床垫芯料缝纫线、绳带以及沙发内部无纺衬等。

>>>> 项 目 一 <<<<
辅料的分类与认识

根据家用纺织品中所使用辅料的用途不同,可把辅料分为实用性辅料和装饰性辅料。

一、实用性辅料

实用性辅料是指具备某种实际使用功能的材料。

（一）填料

填料不仅能起到保暖的作用,而且对一些立体造型来说他是必不可少的造型材料,常用的有棉花、羽绒、化纤、混合絮、丝绵等。

填料的类别及其特点:

1. 纤维材料

（1）棉花中静止的空气是最保暖的物质,所以新棉花和曝晒后的蓬松棉花因充满空气而十分保暖。由于棉花价廉、舒适,因而常用于婴幼、儿童及中低档产品。

（2）动物毛绒中羊毛和骆驼绒是高档的保暖填充料。其保暖性好,但易毡结,所以如能混以部分化学纤维则更好。由羊毛或毛与化纤混纺制成的人造毛皮以及长毛绒,都是很好的高档保暖絮填材料，由他们制成的产品挺括而不臃肿。

（3）丝绵是由蚕茧经过加工得到的高档絮填薄片绵张，其分类有手工丝绵和机制丝绵两类。由于丝绵光滑而柔软，质量轻而保暖，使用感觉舒适，但由于其价格较高，只用于高档产品。

（4）木棉是木本植物攀枝花树果实中的天然野生纤维素，壳祛风除湿、活血化瘀，其内部中空度高达 86％以上，远高于化学纤维的 25％～40％以及其他天然纤维，木棉纤维抗菌、不蛀、不霉，超短、超细、超软。

（5）随着化学纤维的发展化纤絮填料，用作絮填材料的品种也日益增多。腈纶轻而保暖，所以"腈纶绵"被广泛用作絮填材料。中空涤纶的手感、弹性和保暖性均佳。以丙纶与中空涤纶或腈纶混合制成的絮片，经加热后丙纶会熔融并黏结周围的涤纶或腈纶，从而做成厚薄均匀、不用绗缝亦不会松散的絮片。这种絮片能水洗易干，并可根据产品尺寸任意裁剪，加工方便，是物美价廉的絮填材料。随着细旦涤纶纤维的品种开发，絮填料也有了新的发展。

（6）羽绒

主要是鸭绒、鹅绒，也有鸡、雁等毛绒。羽绒由于很轻而且导热系数很小，蓬松性好，是人们喜爱的防寒絮填料之一。含绒率是衡量羽绒材料质量和档次的指标之一，含绒率高，其保暖性好。用羽绒絮料时要注意羽绒的洗净与消毒处理，同时面料、里料及羽绒的包覆材料要紧密，以防羽绒毛梗外扎。由于羽绒来源受限制，而且含绒率高的羽绒产品价格较贵，所以羽绒只用于高档产品填充材料。

（7）驼绒

是目前保暖性、吸潮性、蓬松性、耐用性最好的稀缺天然动物纤维。用于高档产品的填充材料。

2. 泡沫塑料

泡沫塑料有许多贮存空气的微孔，膨松、轻而保暖。用泡沫塑料作絮填料的产品，挺括而富有弹性，裁剪加工也较简便，价格便宜。但由于他不透气，使用舒适性差，容易老化发脆，属于低档材料。

3. 混合絮填料

由于羽绒用量大，成本高，经实验研究，以 50％的羽绒和 50％的 0.03～0.056 tex（0.3～0.5 旦）细旦涤纶混合使用较好。这种使用方法如同在羽绒中加入"骨架"，可使其更加蓬松，提高保暖性，并降低成本。亦有采用 70％的驼绒和 30％的腈纶混合的絮填料，可使两者纤维特性充分发挥。混合絮填料有利于材料特性的充分利用，降低成本和提高保暖性。

4. 中药材

有决明子、野菊花、蚕砂、艾叶等。使在人睡眠时缓缓发挥药力，起到保健及治疗疾病的作用。

5. 谷物类

有荞麦壳、谷糠等。是民间传统的填充材料。荞麦壳有防潮、透气、冬暖夏凉之功能，谷糠中含有大量维生素和微量元素，对人体有很好的补益作用。

6. 乳胶

弹性好，不易变形，支撑力强。有的还具有按摩和促进血液循环的作用，价格较高。

7. 其他

如灯芯草、蒲绒、废茶叶等均是很好的枕头填料。具有良好的安眠、保健作用。

（二）紧扣材料

用于家纺紧扣材料有纽扣、拉链、钩环、尼龙搭扣及绳带等。扣紧材料看起来虽小，并且其价值对整件家纺产品来说也是很低的，但是，如果对这些辅料选配得当，不但可使他们充分发挥其功能性和装饰性，而且还会起到锦上添花、画龙点睛的作用。

1. 纽扣

纽扣的种类：按照纽扣的结构分为有眼纽扣、有脚（柄）纽扣、揿纽（按扣）、编结纽扣。按照纽扣的材料分为天然材料（金属、竹木、贝、骨、革等）纽扣，化学材料（树脂、塑料、有机玻璃等）纽扣，以及天然材料与化学材料结合的纽扣。有树脂扣、ABS注塑及电镀纽扣、电玉扣、胶木扣、金属扣、有机玻璃扣、玻璃扣、塑料扣、木扣和竹扣、贝壳扣、骨扣和牛角扣、蜜蜡扣、织物包覆扣与编结扣、组合扣等。见图2-5-1（彩图45、彩图46）。

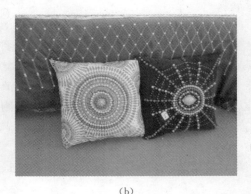

（a）   （b）

图 2-5-1　纽扣

2. 拉链

拉链的种类：拉链可按其结构形态和构成拉链牙的材料进行分类。

按拉链的结构形态分为闭尾拉链（常规拉链）、开尾拉链（分离拉链）；按拉链的加工工艺分为连续冲压排牙成型拉链、注塑成型拉链、螺旋拉链（圈状拉链）；按构成拉链的材料可分为金属拉链（铜、铝、锌等）、树脂拉链、尼龙拉链。拉链布带的材料亦有纯涤、棉与涤混纺或纯棉等。

（三）线类材料

线类材料包括用于缝纫机机缝、机绣或手工刺绣所用的缝纫线和刺绣线。按原料分有天然纤维用线、合成纤维用线及天然纤维与合成纤维混纺线。天然纤维用线分为棉线和蚕丝线。棉线包括软线、丝光棉线、蜡光线。化学纤维用线分为涤纶线、锦纶线、腈纶线、黏胶丝线及维纶线。混纺纱线有涤棉混纺纱线。按线类的卷装形式分为木芯线、纸管线、宝塔线等。

棉缝纫线：以棉纤维原料经过漂白、上浆、打蜡等工艺过程制成的缝纫线。棉缝纫线又可分为无光线（或软线）、丝光线和蜡光线。棉缝纫线强度高，耐热性好，适合于高速缝纫与耐久压烫产品。主要用于棉织物、皮革及高温熨烫的缝纫，缺点是弹性与耐磨性差。

蚕丝线：用天然蚕丝制成的长丝线或绢丝线，有极好的光泽，其强度、弹性和耐磨性均优于棉线。适用于丝绸、高档皮革等产品的缝制。

涤纶缝纫线：用涤纶长丝或短纤维制造,具有强度高、弹性好、耐磨、缩水率低、化学稳定性好等特点。但高速易熔融、堵塞针眼、易断线,因此,应注意机针的选用。主要用于床品、窗帘、靠垫、桌布等产品的缝制,是目前用的最多、最普遍的缝纫线。

锦纶缝纫线：用纯锦纶复丝制造,分长丝线、短纤维线和弹力变形线,常用的是长丝线。具有强度高、弹性好特点,其断裂瞬间的拉伸长度大于同规格的棉线的三倍。用于化纤、皮革以及弹力家纺产品的缝制。锦纶线最大的特点是透明,但是线迹易暴露在织物表面,加之不耐高温,缝速不宜过高。目前主要用于贴花、扦边等不易受力的部位。

腈纶缝纫线：由腈纶纤维制成,捻度较低,染色鲜艳,色牢度好,主要用于装饰和绣花。

黏胶线：丝线弹性好,一般用有光人造丝做棉布、丝绸、涤棉混纺或者交织面料绣花用。是目前使用最普遍的各类家纺产品的绣花线。

维纶缝纫线：强度高,线迹平稳,主要用于缝制家具布等。

涤棉缝纫线：采用65%的涤纶、35%的棉纤维混纺而成,兼具涤纶和棉的优点,强度高,耐磨性好,缩水率低。主要用于全棉、涤棉等各类产品高速缝纫线。

包芯线：一般以涤纶等合成纤维为芯线,以其他各类天然纤维为包线制成,用于高速及牢固的缝纫线。

家用纺织品所用线类材料的种类较多,性能特征、质量和价格各异。为使其在加工中具有最佳的可缝性和使产品具有良好的外观和内在质量,正确选择线类材料是很重要的。一般要求与面料有良好的配伍性。

(四) 其他

(1) 塑料垫片　为了塑造成形,需要硬质的塑料垫片支撑。

(2) 里布　用来部分或全部覆盖背里的材料,如地垫背面接触地面的材料。

(3) 窗帘杆、窗帘轨道　用于悬挂窗帘的材料。见图 2-5-2、图 2-5-3(彩图 47)。

图 2-5-2　窗帘杆

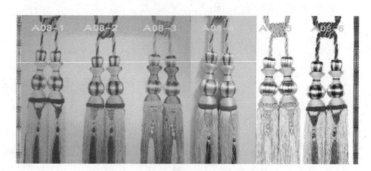

图 2-5-3　穗子

二、装饰性辅料

装饰性辅料指运用在家用纺织品上起装饰作用的辅料,如花边、珠片、丝带、穗子等。这些辅料基本不强调其实用功能。与其他辅料相比,装饰性辅料着重体现装饰效果。随着纺织业的发展,装饰性辅料的品种越来越丰富,在选配时一定要考虑与家用纺织品的款式、色彩、面料的协调性。

花边分为编织花边、针织花边、刺绣花边和梭织花边四大类。见图 2-5-4(彩图 48、彩图 49)。

(a)   (b)

图 2-5-4 花边

（1）编织花边：这种花边也是透孔型，质地稀松，以棉线为主要原料。用 5.8～13.9 tex（42～100 英支）棉纱为经纱，用棉纱、人造丝或金银丝为纬纱，交织成 1～6 cm 宽的各种色彩的花边。

（2）针织花边：针织花边由经编机织制。大多以锦纶丝、涤纶丝、人造丝为原料，俗称针织尼龙花边。花边宽度根据用途设计。针织花边组织稀松，有明显的孔眼，外观轻盈、优雅。

（3）刺绣花边：分机绣与手绣两种。绣花机为自动梭式，织制时由提花机构控制花纹图案，下机后，经处理开条即成。坯料可以是各种织物，以薄型为主。机绣色彩数量有一定的限制，图案较规则。手绣花边可以实现用机绣无法实现的复杂图案，形象逼真，富有艺术感。

（4）梭（机）织花边：由专用提花机构控制经线与纬线交织而成。梭织花边质地紧密，立体感强。可以多条同时织制或独幅织制后再分条。花边宽度一般为 3～170 mm 左右。

机织花边按原料又可分为纯棉、丝纱交织、尼龙花边等。机织花边的底组织有平纹、斜纹、缎纹、蜂巢、小花纹等。常用原料有棉线、蚕丝、金银线、人造丝、锦纶、腈纶和涤纶丝等。机织花边质地紧密，花形有立体感，色彩丰富。

▷▷▷ 项 目 二 ◁◁◁
里料的性能要求及选择

一、床品里料

主要有：被套、床罩、枕头、靠垫、糖果枕、床旗等。这些产品的里料主要起到支撑、包覆衬料、防尘、易于打理等功能，由于属于贴身材料，所以以舒适、卫生环保、柔软、质地紧密、色泽、风格、档次等各方面性能与面料相吻合的材料为好。里料与面料可以相同，也可以不同。如纯棉面料被子如果面料是高支纯棉纱线的缎纹布，里料则可选取同种材料，也可以选择稍微薄一些的纯棉斜纹或者平纹材料。靠垫可以选择与面料同种材料，也可以选择不同种材料。在面料与里料协调搭配时重在能够表现整体效果。床旗里料最好用厚度适中的纯棉材料，因为服帖性好，如果面料是涤纶、涤棉或者其他交织材料，里料也可采用涤棉。如果面料是蚕丝或者蚕丝与其他纤维交织织物，里料最好用纯棉或者蚕丝织物。常用里料有棉布、涤棉、蚕丝织物等。

二、窗帘里料

特种功能的窗帘里料一般选用经过抗紫外线涂层处理的各种纤维材料,如:棉、涤纶、涤棉等。

窗幔(帘头)的里料材料要求质地细密,手感舒适,价格适中,抗紫外线,耐老化,一般有专用的粗支纱涤纶或者涤棉白布带,涤棉质窗帘布带价格比常见的化纤布带略高,但使用寿命长。窗帘里料重点考虑强度、耐日光性能、耐摩等功能性即可,不必过多的考虑服用性能。

三、家具蒙罩类产品

主要功能是支撑、保护填芯料、防滑等。可选用与面料相匹配且服帖性好的材料,如:面料是涤纶,里料可选用纯棉或者涤棉等材料;面料是涤棉,里料可选用纯棉等。最好不要选用涤纶或锦纶等长丝作经纬的光滑材料。

四、洗浴用品里料

澡巾的功能是与人的机体产生摩擦而去掉皮肤污垢的作用,一般考虑面料摩擦系数大,里料选择摩擦系数小的材料为宜,如面料是强捻度的黏胶纤维,里料可选择柔软的纯棉毛绒结构的材料。

浴袍面料以棉绒类产品为宜。如果是双层,则里料一般为保暖性好、吸湿透气、细软的材料,如棉纤维、蚕丝、人棉、细旦涤纶纤维。绒织物作里料舒适性较好。

五、餐桌用品里料

茶垫以摩擦系数大、价格适中的纯棉、麻纤维材料为好。不宜采用光滑材料。微波防护手套面料以摩擦系数小、价格适中的纯棉材料为好。不易使用涤纶、锦纶等长丝为经纬的光滑材料。

椅垫应宜于安坐,在色泽、性能方面与面料相匹配,如果面料为纯棉面料,里料也为纯棉的为好;如果面料是涤纶,里料可用涤纶或涤棉混纺或者交织;如果面料是涤棉交织材料,里料常用材料为棉;如果面料是麻纤维材料,里料可用棉、麻织物为好;如果面料是蚕丝材料,里料最好也用蚕丝材料。

项目 三
衬料的性能要求及选择

如沙发套、床垫衬料等,其主要作用是缓解外力突然作用于面料,使硬质家具与面料之间产生顶破而带来的破坏,所以材料的强度好、抗冲击性好、稀薄、柔软的无纺布、薄型海绵为宜。因为不作为产品的主体材料,所以在厚重、弹性、外观质量等方面没有太高要求,只要能达到缓冲张力作用即可,以成本价格低廉的涤纶、来源丰富的丙纶、锦纶材料为多见。

项目 四
填充材料的性能要求及选择

一、枕头填充材料

要求软硬合适、弹性相当,满足人体躺卧姿态的头部、颈椎合理高度与角度、利于健康。选择时要看高度,材料是否软硬适中,弹力是否恰到好处,以及耐久性如何。

荞麦:具有坚韧不易碎的菱形结构,而荞麦皮枕可以随着头部左右移动而改变形状,睡起来十分舒服。其缺点则是可塑性较差,很难塑造出完美的人体工学造型。

木棉枕:是木本植物攀枝花树果实中的天然野生纤维素,可祛风除湿、活血止痛。而木棉纤维中空度高达86%以下,远超人工纤维的25%~40%和其他任何天然材料。超高保暖、天然抗菌,不蛀不霉。

中空涤纶化纤枕:由于化纤材料不太透气,使用久了容易变形结成块儿,缺乏弹性,枕头呈现高低不平的状态,便宜但不实用,优势在于易于清洗。

羽绒枕:蓬松度较佳,可提供给头部较好的支撑,也不会因使用久了而变形。而且羽绒有质轻、透气、不闷热的优点。羽绒枕是上好材质的枕头,但其最突出的缺点是不好清洗。

决明子:性微寒,略带青草香味,枕着睡觉闻着味道,犹如睡在青草丛中。其种子坚硬,又可对头部和颈部穴位按摩,所以对肝阳上亢引起的头痛、头晕、失眠,脑动脉硬化、颈椎病等,均有辅助作用。决明子特有凉爽特性。夏天使用特别舒适,尤其符合中医"凉头热脚"基本理疗理论。

乳胶:目前兴起的高科技产品乳胶材料在满足生理需要方面均被认为是较好的材料,弹性好,不易变形、符合人体学要求,但是价格较高。在选择枕芯的填充物时,要注意枕芯的质量。具有良好的支撑度和弹性回复力的枕芯能保护颈椎不受伤害。使用过硬的枕头,头部与枕头接触面积过少。压力太少,会使人觉得不舒服。过软的枕头难以保持枕头的高度,易因过于松软,导致头部与枕头接触面太大,影响血液循环。

二、被子填充材料

要求保暖,吸湿透气,提供舒适的睡眠,与体温维持相同的温度,抗菌,不会引起过敏反应,弹性及贴身性好。相比之下,羊毛被保暖性好,柔软,寿命比较长,是冬被首选材料;蚕丝被天然舒适,贴身,恒温、恒湿透气性好,寿命长;棉被棉花环保天然,弹性差,受压后弹性与保暖性降低,水洗后难干且易变形,容易受气候影响而潮湿、打团粘结;中空棉是化纤产品,重量轻,保暖性好,弹性好,与身体的服帖性不如天然纤维,在干燥季节使用容易产生静电,使身体发燥;羽绒被保暖性好,重量轻,不贴身,容易上火。综合看蚕丝被集中了上述材料的优点,男女老少皆宜。

三、脚垫填充材料

要求脚感舒适,弹性好,厚度相当。一般选用羊毛、中空棉为宜。经常洗涤的脚垫不宜用羊毛。

四、微波炉防护手套

要求防护高温,防止烫伤,抗磨损,抗刺伤,抗撕裂,有一定的厚度。以棉纤维为多见。

>>>项目五<<<
缝纫线的性能要求及选择

缝纫线是主要的线类材料,用于缝合各种家纺成品,兼具实用与装饰的双重功能,选用何种材料不仅影响缝纫效率,而且影响成品外观质量。

性能要求:考虑其特殊用途,要求材料具有一定的机械性能,线型紧密、纱条均匀、强度高、光滑,依据不同产品的性能进行合理匹配。

目前市场上较多的是锦纶线、涤纶线、涤纶包芯线、涤棉线、黏胶线和蚕丝线。

锦纶线又叫尼龙线,是由连续长丝尼龙纤维捻合而成,平顺、柔软,延伸性大,弹性好,耐磨性好,因线迹缝合度高、耐用、缝口平伏而被广泛使用。

特多伦线,又称高强线、涤纶线,是由高强度低菱形伸长涤纶丝线捻合而成,优点是:拉力强,低延伸率,缺点是:但耐磨性差,比锦纶线硬。

PP 纯涤纶线,又叫 SP 线、PP 线,由高强力低伸缩原料涤纶形成,表面有毛羽,能有效防止皱缩和跳针。

邦迪线,有锦纶 6 和锦纶 66 组成,表面如丝一般光滑,不易断线,但耐磨性差。

涤纶包芯线是以涤纶长丝作芯线,外包涤纶短纤的缝线,强力更高更均衡,韧度适中,针迹缝合紧密,具有低收缩率和良好的耐磨性。

由于蚕丝线及黏胶线光泽较亮,柔软,强度较高,是理想的高档家纺绣花用线。

家纺缝纫线选择主要应考虑以下几点:

(1)与面料种类和性能协调

缝纫线或刺绣线与面料的原料相同或相近,才能保证其缩率、耐化学品性、耐热性以及使用寿命等相配伍,以避免由于缝纫线与面料性能差异而引起的外观皱缩弊病。缝纫线的粗细取决于织物的厚度和重量。在接缝强度足够的情况下,缝纫线不宜粗,因粗线要使用大号针,易造成织物损伤。颜色、回潮率应力求与面料织物相配。如真丝面料宜用蚕丝缝纫线,纯棉面料宜用棉缝纫线,也可用涤棉混纺缝纫线。涤纶面料宜用涤纶缝纫线。

(2)与产品功能和用途协调

选择线类材料时应考虑产品的用途、使用环境和保养方式。如面料是弹性材料要用弹性缝纫线,阻燃产品要用阻燃缝纫线。

(3)与接缝和线迹的种类协调

包缝机选用细棉线,而对于双线线迹,则应选择延伸性较大的缝纫线。

(4)与线类材料的价格和质量协调

虽然线类材料占成本比例较低,但是若只顾价格低廉而忽视了质量,就会造成停车,既影响缝纫产量又影响缝纫质量。因此,合理选择缝纫线的价格与质量是不可忽视的。如高档蚕丝面料不宜用价格偏低的涤纶缝纫线。

>>>> 项 目 六 <<<<
线带的性能要求及选择

绳子、带子要求强度好,并根据使用终极产品的特殊性能要求进行定位选取,如糖果枕的绑带要粗细相当,柔软适中,与产品的主体材料相匹配。

>>>>> **项目七** <<<<<
紧扣材料的性能要求及选择

一、拉链

拉链是依靠连续排列的链牙,使物品并合或分离的连接件,大量用于被子、靠垫、床垫、沙发布、椅套等。家纺要求开口拉链封闭坚牢,拉紧,稳定引导织物闭合,性能持久,舒适、柔软,强度好,耐摩擦。

拉链的选择主要考虑以下几点:

(1) 应注意其外观和功能的质量。

(2) 应根据家用纺织品的用途、使用保养方式、面料厚薄、颜色以及使用拉链的部位来选择拉链。

(3) 根据用途不同,选用不同的底带。

目前市场最多的是尼龙拉链、树脂拉链和金属拉链。家纺产品因为接触人体机会较多宜用树脂和尼龙拉链。

二、纽扣

选配纽扣与选配其他辅料一样,要求在颜色、造型、重量、大小、性能和价格等方面应与面料相配伍。

(1) 在设计产品时应一并考虑纽扣的颜色要与面料颜色(或其主要色彩)统一谐调。

(2) 纽扣的大小尺寸和重量应与面料配伍。

(3) 纽扣的性能应与家用纺织品的使用、洗涤与保管条件相配伍。

(4) 纽扣的品种不同,价格各异。选用纽扣应与家用纺织品面料的价格相匹配。

三、尼龙搭扣带

尼龙搭扣带又称免扣带、粘合带,是一种使用非常方便的辅料,广泛用于床垫、沙发、座椅、袋子、垂帘、窗帘等的联结材料。

尼龙搭扣带以锦纶丝为原料,以绞经组织和成圈结构组成。钩面带采用直径为 0.25 mm 的锦纶单丝成圈,经热定型、涂胶、破钩等处理,获得硬挺直立而不易变形的钩子。圈面带采用 333 dtex×12 F(300 旦×12 F)锦纶复丝成圈,经热定型、涂胶处理的直立、浓密柔软并略为疏散的圈状结构。尼龙搭扣带带面平整,宽度有:16、20、25、30、38、40、50、100 mm 等规格。除此之外,还有蘑菇形的钩面带,其抗撕保留揭强力虽然较大,圈面容易损坏,只适用于不经常撕揭的场合。

>>>>> **项目八** <<<<<
其他装饰材料的性能要求及选择

一、花边

花边是有各种花纹图案作装饰用的带状织物,用作各种被子、床单、窗帘、床罩、枕头套、台布、灯罩、包装带、桌巾、椅套、饰品、灯罩等的嵌条或镶边,其主要作用是装饰。

家纺花边的种类按外观形态有以下几种：

（1）花边带

如图 2-5-5（彩图 50），与传统意义上的带类产品最大的不同之处在于其有着极强的装饰性。花边带通常被用作窗帘、沙发、床上用品及其他家用纺织品的饰品和辅件，起修饰和点缀的作用，对于提升相应产品的品味和档次起到画龙点睛的作用，因而深受消费者的喜爱。

图 2-5-5　家纺花边带

（2）饰物花边类

饰物花边，如图 2-5-6（彩图 51），是以花边带为基础，在花边带的边缘处编织出具有不同外观、不同长度的缨边，或直接成为产品，或利用手工在缨边上饰以珠子、丝包球、流苏等各种形式的饰物后的产品。产品主要用于家纺饰品的下边缘处。对家纺饰品的下边缘起修饰点缀作用。

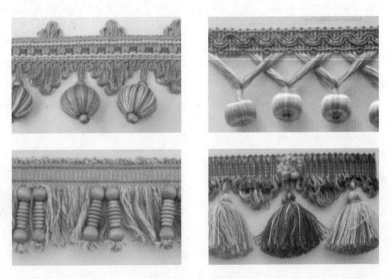

图 2-5-6　饰物花边

（3）毛须边

如图 2-5-7（彩图 52），主要用于各种枕饰的边缘处，可使相应产品边缘丰满，给人以亲和、自然的感觉。

图 2-5-7　毛须边

（4）裙摆

如图 2-5-8，主要用于各种家纺产品的下垂边缘处，如床盖边缘、布艺沙发下边缘等，给人以流畅、顺爽的感觉。

图 2-5-8　裙摆

（5）绳编花边

如图 2-5-9，是花边产品中的一类产品。通常应用于沙发、床垫及其他家用纺织品的边缘处作为滚边，起修饰和点缀的作用，可提升产品的品味和档次。

图 2-5-9　绳编花边

二、流苏

一种下垂的以各种色彩丝线等制成的穗子，常用于窗帘下摆、床罩、床旗、枕头边缘等处。

如图 2-5-10,他是花边产品中的大类产品。造型各异、色彩绚丽的各式流苏是家纺产品中的佼佼者。

图 2-5-10 流苏

主要根据家纺成品的色彩、整体风格、面料质地、成品类型、尺寸大小、使用部位与面料相匹配。如欧式风格窗帘宜用古典、厚重花边;高档蚕丝床旗宜用高档、典雅、质优的蚕丝材料。

流苏有帘带固定和墙带固定两种固定方式,绑带固定在窗帘上,这种较少;绑带固定在墙上,需要做隐蔽。这两种绑带都是可拆卸的。简单流苏可直接用该窗帘布的余料制作,好点的会选用装饰绳,并且有帘穗、帘花、帘坠等做装饰。材料有棉、黏胶、涤纶等,无论用何种流苏,都要与对应的产品风格、材质、性能等相匹配。

关于常见家纺材料无论是线类如绳带,还是面类如被套、枕类、垫类、辅料等,在生产加工、使用性能以及保养规范都有相对应的国家标准或者行业标准;选用材料时也可作为参考。

家纺产品和其他纺织品一样,在实际生产和贸易等活动中,要对其进行品质检验,以便衡量和评价品质的优劣程度和使用价值大小。检验是运用各种检验手段,包括仪器分析、化学检验、物理测试、感官检验、微生物学检验等,对纺织品的品质、规格、等级等方面进行检验,确定其是否符合有关标准或贸易合同的规定。对家纺产品进行检验是参照服装产品的检测指标,以及根据家纺产品的特点和用途来设定相关性能指标的,如其床品的安全性、窗帘的遮光性能指标、台布的滑移性能指标及地毯的压缩性能指标等。家纺产品的检验指标很多,有常规性的检测指标和功能性检测指标。

常规性检测指标包括安全性能、成分含量、外观、耐用性和舒适性等;功能性检测指标包括抗紫外线、抗静电、抗菌、防霉、抗污、防虫、遮光、阻燃、隔热、吸音等。检验方法如官能检验、仪器检验、理化检验等,这些在相应的检验标准里面都有明确的规定。因家纺产品在使用环境和方式上有很大的不同,故在检测之前,应根据不同产品的应用方式和特点,选择不同指标和方法进行检测。本情境对作为纺织品一部分的家纺产品的外观质量,如经向疵点、纬向疵点、纬档、纬斜、厚薄段、破洞、裂伤、色泽、成分比例和规格等的检验不作阐述,而对日益受到消费者普遍关注的床品的安全性、成分含量、色牢度、舒适性、卫生性、功能性等主要方面的检验方法和标准作详细介绍。

项目一
各类家纺检验初步了解与认识

一、布艺类产品检验

按照 FZ/T 62011.1—2008 布艺类产品 第 1 部分:窗帘是家居装饰中面积较大的纺织品,他的使用可以调节外来光到室内的亮度,遮挡和掩蔽令人不愉快的东西,隔出私人空间,产生美观的效果,还可以防风、除尘、隔热、保暖、消声,改善居室气候与环境。其在家居"软装修"中占据着重要的位置,对整个室内环境和氛围有着较大的影响,在公共场所的使用也越来越高档化、多样化。随着窗帘的发展,他已成为居室不可缺少的、功能性和装饰性完美结合的室内装饰品。窗帘种类繁多,常用的品种有:布窗帘、纱窗帘、无缝纱帘、直立帘、罗马帘、木竹帘、铝百叶、卷帘、窗纱、立式移帘等。种类繁多,用量较大,因此,窗帘类成品的各项性能指标的检测显得越来越重要,特别是根据中国国家标准化管理委员会规定:GB 18401—2010《国家纺织产品基本安全技术规范》2012 年 8 月 1 日起实施,自 2012 年 8 月 1 日起,不符合 GB 18401—2010《国家纺织产品基本安全技术规范》的纺织品,禁止生产、销售和进出口。国家纺织产品基本安全技术规范明确规定了"本标准适用于在我国境内生产、销售和使用的服用和装饰用纺织产品。"窗帘是该标准明确罗列在"非直接接触皮肤的产品"其中之一,这个标准的实施无疑为我国大众消费的安全性提高了一个新台阶。GB/T 18885—2009《生态纺织品技术要求》在 4.4

项装饰材料中也明确了窗帘在其要求内。

　　由于考虑到窗帘一般是以大面积的形式暴露在空间中的特殊性,首先应对其安全性进行检验,如甲醛含量、pH值、可分解致癌芳香胺染料、异味等;其次是物理性能指标的检测,如色牢度,色牢度首要的是日晒色牢度;再次是功能性指标检测,如阻燃性能、遮光性、悬垂性、透气性等。窗帘类产品的外观质量要求,生产厂商和消费者一般可以通过视觉加以掌控,而内在的主要检测指标必须通过检测手段实现,这些主要指标见表2-6-1、表2-6-2。

表 2-6-1　GB 18401—2010 纺织品窗帘类产品的安全性能检测指标

考核项目及标准依据		A 类	B 类	C 类
甲醛含量（mg/kg）≤GB/T 2912.1		20	75	300
pH 值ᵃ GB/T 7573		4.0～7.5	4.0～8.5	4.0～9.0
染色牢度（级）≥	耐水（变色、沾色）GB/T 5713	3～4	3	3
	耐酸汗渍（变色、沾色）GB/T 3922	3～4	3	3
	耐碱汗渍（变色、沾色）GB/T 3922	3～4	3	3
	耐干摩擦 GB/T 3920	4	3	3
	耐唾液（变色、沾色）GB/T 18886	4	—	—
异味　GB 18401		无		
可分解芳香胺染料（mg/kg）≤GB/T 17592、GB/T 23344		20		

注：a 后续加工工艺中必须要经过湿处理的中间产品,pH 值可放宽至 4.0～10.5 之间。
　　b 对洗涤褪色型的中间产品及未着色的产品不要求。

　　按照 FZ/T 62011.2—2008 布艺类产品 第 2 部分 餐用纺织品、FZ/T 62011.3—2008 布艺类产品 第 3 部分 家具用纺织品、FZ/T 62011.4—2008 布艺类产品 第 4 部分 室内装饰物等标准基本上囊括了家具蒙罩类纺织成品。家具蒙罩类纺织品包括了餐用纺织品、家具用纺织品、室内装饰物,主要有:沙发罩、椅套、桌布、台布、桌垫、灯罩、开关罩等。家具蒙罩类成品如床罩、被罩、枕垫罩等检测有向床上用品延伸的动向,这类产品在检测分类中有配套床上用品的标准规定范畴。家具蒙罩类纺织品的功能是:一方面保护家具、避免污损,增加使用者的舒适度;另一方面在整体空间中起到调节色彩、活跃氛围的装饰点缀作用。其应用特点在整体织物系统中比较分散,也有可能面积较小,涉及室内空间的各个角落。其基本要求需符合 GB 18401—2010《国家纺织产品基本安全技术规范》,另外要符合产品标准,GB/T 18885—2009《生态纺织品技术要求》在项中也明确了桌布、墙布装饰材料的范围。

　　家具蒙罩类成品品种类别分散,其检验和窗帘类似,稍有针对性的相关项目改变,其外观质量要求,生产厂商和消费者一般可以通过视觉掌控,其内在的质量要求指标及考核检测项目和标准依据见表2-6-2。

表 2-6-2　FZ/T 62011.1.2.3.4—2008 帷幔、餐用纺织品、家具用纺织品、
室内装饰物的内在质量要求(物理性能检测指标)

序号	考核项目及标准依据	计量单位	优等品	一等品	合格品	产品标准的规定要求
1	规格尺寸偏差率 FZ/T 62011.1	%	±2.0	±3.0		FZ/T 62011.1
	规格尺寸偏差率 FZ/T 62011.2	%	±2.0	±3.0	±5.0	FZ/T 62011.2

续　表

序号	考核项目及标准依据		计量单位	优等品	一等品	合格品	产品标准的规定要求
2	强力（强度）≥	断裂强力 GB/T 3923.1	N	130	100		FZ/T 62011.1
		断裂强力 GB/T 3923.1		200	130		FZ/T 62011.2
		断裂强力 GB/T 3923.1		250	220		FZ/T 62011.3
		撕破强力 GB/T 3917.2		8.0	5.0		FZ/T 62011.1
		撕破强力 GB/T 3917.2		13	9		FZ/T 62011.2
		撕破强力 GB/T 3917.2		20	13		FZ/T 62011.3
		胀破强力 GB/T 7742.1	kPa	140	100		适用于针织物，不考虑弹性织物 FZ/T 62011.1
	纱线滑移 GB/T 13772.1		mm	4	6	7	FZ/T 62011.3
3	水洗尺寸变化率 GB/T 8629、8630		%	±3.0	−4.0～±3.0		适用于可水洗产品 FZ/T 62011.1
	水洗尺寸变化率 GB/T 8629、8630		%	±3.0	±5.0		适用于可水洗产品 FZ/T 62011.2
	水洗尺寸变化率 GB/T 8629、8630		%	±2.5	±3.0		适用于可水洗产品 FZ/T 62011.3
	水浸尺寸变化率 FZ/T 2009		%	±5.0			适用于最大尺寸＞20 cm产品 FZ/T 62011.4
4	干洗尺寸变化率 FZ/T 80007.3		%	±2.5	−4.0～±3.0		适用于可干洗产品 FZ/T 62011.1
	干洗尺寸变化率 FZ/T 80007.3		%	±2.5	±3.0		适用于可干洗产品 FZ/T 62011.3
5	耐洗色牢度≥	变色 GB/T 3921.3	级	4	3～4	3	适用于可水洗产品 FZ/T 62011.2、FZ/T 62011.3、FZ/T 62011.4
		沾色 GB/T 3921.3		4	3～4	3	
	耐洗色牢度≥	变色 GB/T 3921.1		4	3～4	3	适用于可水洗产品 FZ/T 62011.1
		沾色 GB/T 3921.1		4	3～4	3	
	耐干洗色牢度≥	变色 GB/T 5711		4	3～4	3	适用于可干洗产品 FZ/T 62011.1-4
		液沾色 GB/T 5711		4	3～4	3	
	耐摩擦色牢度≥	干摩擦 GB/T 3920		3～4	3	2～3	FZ/T 62011.1
		湿摩擦 GB/T 3920		4	3～4	3	FZ/T 62011.2 FZ/T 62011.3
6	耐光色牢度≥	窗帘类变色 GB/T 8427 方法3	级	6	5	4	FZ/T 62011.1
				5	4	3	FZ/T 62011.3
				4	3	3	FZ/T 62011.4
7	燃烧性能≤ GB/T 5455	损毁长度	mm	150			适用于明示为阻燃产品 FZ/T 62011.1
		燃烧时间	s	5			
		阴燃时间		5			

通过表 2-6-2 FZ/T 62011.1.2.3.4—2008 帷幔、餐用纺织品、家具用纺织品、室内装饰物四个标准的内在质量要求比对，可以看出：不同用途产品针对其功能所做的功能性检验检测项目有所区别。

二、床上用品类成品检验

床上用品是指摆放于床上，供人在睡眠、休息时使用的物品。

床上用品类成品包括床罩、被罩(套)、枕(头)垫(如靠垫、坐垫、床垫等)罩(套)、床单、被褥、毯子、凉席和蚊帐以及起充实、保暖隔热作用的絮用材料或填充物,如纺织纤维、动物羽毛或发泡材料等。本情境所指的床上用品主要指纺织制品、绗缝制品和聚酯纤维制品,不包括毯子和凉席。GB/T 22844—2009针对配套床上用品的统一包装的独立产品或配套产品均作了定义,GB/T 22796—2009 被、被套,GB/T 22797—2009 床单,GB/T 22843—2009 枕、垫类产品,GB 18383—2007 絮用纤维制品通用技术要求等国家标准对其内、外在的质量要求做出明确规定,由于消费者和床上用品类成品长时间密切的接触,在安全方面直接引用了 GB 18401—2010《国家纺织产品基本安全技术规范》的标准要求,其内在的质量要求指标及考核检测项目和标准依据见表2-6-3。

表2-6-3　被、被套、床单、枕垫类产品及填充物的内在质量要求(物理性能检测指标)

序号	考核项目及标准依据或设备		单位	优等品	一等品	合格品	产品标准的规定要求
1	填充物品质要求		—	无杂质	无明显杂质		色泽均匀无异味
2	填充物质量偏差率		%		−5.0		
3	填充物含油,GB/T 14340、GB/T 6977		%		1.0		天然纤维素纤维除外
4	压缩回弹性能≥	压缩率	%	45	40	30	克重 150 g/m² 及以下不考核
		回复率	%	75	70	60	
5	纤维含量偏差 GB/T 2910		%		按 FZ/T 01053 要求考核		
6	织物断裂强力 ≥ GB/T 3923.1		N		250	220	
7	织物起球性能 ≥ GB/T 4802.2		级	4	3	—	
8	水洗尺寸变化率　GB/T 8628 GB/T 8629 GB/T 8630		%	±3.0	±4.0	±5.0	面、里料差绝对值≤3
9	干洗尺寸变化率 FZ/T 80007.3		%	±3.0	±4.0	±5.0	可干洗产品考核 GB/T 22843
10	色牢度≥	耐光 GB/T 8427 变色	级	4	4	3	丝绸面料一等品3级
		耐皂洗 GB/T 3921 变色		4	3~4	3	可水洗产品考核,试验温度按使用说明,不低于40,或按标准规定温度
		耐皂洗 GB/T 3921 沾色		4	3~4	3	
		耐干洗 GB/T 5711 变色		4	3~4	3	可干洗产品考核 GB/T 22843
		耐干洗 GB/T 5711 液沾色		4	3~4	3	
		耐汗渍 GB/T 3922 沾色		4	3~4	3	
		耐汗渍 GB/T 3922 变色		4	3~4	3	
		耐摩擦 GB/T 3920 干摩		4	3~4	3	
		耐摩擦 GB/T 3920 湿摩		3~4	3	2~3	

注:1.被芯产品只考核第1、2、3、4、5项。
　　2.被套、床单、枕垫类产品只考核第5、6、7、8、10项,枕垫类可干洗产品要考核第9项。
　　3.除在备注内注明的第9项、10项的干洗项目,被全项考核。

三、巾帕类纺织品检验

由于毛巾产品是由纱线相互交织而成,外观具有毛圈结构的织物,其毛圈密集,手感柔软,吸水储水性强,耐磨、保暖性能好,诸多优点让其产品形成了产业,其拓展产品得到了广泛的应用。从一个人婴幼儿开始到老年谢世,我们的肌肤每天都和盥洗、浴室、床用、服用等巾帕类纺织品亲密接触,涉及到的巾帕类纺织品有毛巾、浴巾、汗巾、面巾、帕巾、餐巾、地巾、枕巾、沙发巾、沙滩巾、毛巾被、毛巾布等等,甚至用这些毛巾材料做成浴衣、睡衣等,我国相关部门先后制定毛巾标准,对毛巾产品质量评定奠定了基础,如 GB/T 22864—2009 毛巾、FZ/T 62003—2006 手帕、FZ/T 62006—2004 毛巾、FZ/T 62015—2009 抗菌毛巾、FZ/T 62017—2009 毛巾浴衣等国家标准和行业标准,GB/T 22800—2009 星级旅游饭店用纺织品中的检验项目也大量涵盖了巾帕类纺织品检验,随着巾帕类纺织品消费的提升,保证消费者合法权益的标准规定也在不断完善。见表 2-6-4。

表 2-6-4　巾帕类纺织品的内在质量要求(物理性能检测指标)

序号	考核项目及标准依据或设备			单位	优等品	一等品	合格品	产品标准的规定要求
1	重量偏差率(结合公定回潮率) GB/T 9995、GB/T 9994			%	±2.5	≥−3.5	≥−4.5	方巾、面巾 10 条称重 GB/T 22864 10 条、单条称重 FZ/T 62006、
					±2.5	≥−3.5	≥−4.5	10 条称重 GB/T 22800
2	GB/T 3923.1 织物断裂强力 ≥			N	220	180		GB/T 22864、FZ/T 62006、FZ/T 62017
					100	80		FZ/T 62003 要求
					300	250	200	GB/T 22800
3	GB/T 13773.2 接缝强力 ≥				100			FZ/T 62017 考核肩与袖,连体不考核
4	GB/T 22799 吸水性 ≤			s	5	10	20	FZ/T 62006
					10	20	30	GB/T 22800、GB/T 22864
5	脱毛率 ≤GB/T 22798	非割绒毛巾		%	0.4	1.0	1.5	GB/T 22864、FZ/T 62017
		割绒毛巾			0.5	1.5	2.0	
	脱毛率 ≤GB/T 22798				0.5	1.0		GB/T 22800
					0.4	1.0	1.5	FZ/T 62006 毛巾被不考核
6	纤维含量偏差 GB/T 2910			%	按 FZ/T 01053 要求考核			GB/T 22864、GB/T 22800、FZ/T 62006 FZ/T 62017、
7	密度偏差率 ≥ GB/T 4668			%	0	−2	−4	FZ/T 62003
8	水洗尺寸变化率　GB/T 8628 GB/T 8629 GB/T 8630			%	±5.0	±60	±8.0	FZ/T 62003
					−5.0	−6.0	−7.0	FZ/T 62017 浴帽不考核
9	色牢度 ≥	耐皂洗 GB/T 3921	变色、沾色	级	4	3～4		GB/T 22800、
			变色		4	3～4	3	GB/T 22864、FZ/T 62003、FZ/T 62006、FZ/T 62017
			沾色		4	3～4	3	
		耐摩擦 GB/T 3920	干摩	级	4	3～4	3	GB/T 22864、FZ/T 62003 FZ/T 62006、FZ/T 62017、
			湿摩		3～4	3	2～3	
			干摩		3～4			GB/T 22800
			湿摩		3			
		耐氯漂 GB/T 7069	变色		4	3～4	3	GB/T 22864 不可氯漂产品不考核
			沾色		4	3～4	3	
		耐汗渍 GB/T 3922	变色	级	4	3～4	3	FZ/T 62003
			沾色		4	3～4	3	
		耐唾液 GB/T 3922	变色		4	3～4	3	FZ/T 62003
			沾色		4	3～4	3	

注:1. 耐洗、耐摩擦色牢度检测 GB/T 22864,FZ/T 62006,FZ/T 62017 对深浅颜色要求不同,详情具体查阅标准相关项目。
2. 吸水性和脱毛率 GB/T 22864 中规定毛巾被不考核。
3. FZ/T 62015—2009 抗菌毛巾规定的技术指标检测采用 GB/T 22864 中规定,增加抗菌效果考核。

由于巾帕类纺织品用途的不同,其纺织材料也不尽相同,有纯棉制品,也有混纺制品。随着新材料的不断应用,其混纺织品的材料多种多样,纯棉、真丝、麻类、无纺布、化学纤维、黏胶纤维、蛋白质纤维、甲壳素纤维、竹炭纤维、石纤维等花样繁多;其装饰工艺也是花色琳琅,有印花、提花、抽花、绣花、色织、剪花等等。因此其检验项目自然涉及到安全耐用等指标,所以不但GB 18401—2010《国家纺织产品基本安全技术规范》明确规定了强制检验项目,而且 GB/T 18885—2009《生态纺织品技术要求》也明确了其要求。巾帕类纺织品其内在的质量要求指标及考核检测项目和标准依据见表 2-6-4。由于巾帕类纺织产品的用途不同,所以规定的检测项目有较大差异,表 2-6-4 中对不同产品标准规定做了罗列。

四、地毯的检验

随着人们生活和审美观念的提高,地毯的需求量和使用率也越来越高,地毯是地面铺设类的纺织成品,是以棉、麻、毛、丝、草等天然纤维或化学纤维类为主的原料,经手工或机械工艺进行编结、栽绒或纺织而成的地面铺敷物。他是世界范围内具有悠久历史传统的工艺美术品类之一。覆盖于住宅、宾馆、体育馆、展览厅、车辆、船舶、飞机等的地面,有减少噪声、隔热和装饰效果。从我国前后制修订的标准来看,根据不同的成分、不同的用途、不同的工艺做出了不同的产品检测项目和标准,目前现行地毯的标准有:GB/T 11746—2008 簇绒地毯、GB/T 14252—2008 机织地毯、GB/T 15050—2008 手工打结羊毛地毯、GB/T 24983—2010 船用环保阻燃地毯、QB/T 2792—2006 针刺地毯,其内在的质量要求指标及考核检测项目和标准依据见表 2-6-5。其中 GB/T 24983—2010 船用环保阻燃地毯的内在质量执行 GB/T 14252—2008 机织地毯内在质量的要求,对于其阻燃性能、燃烧废气有害气体排放限值、烟雾光密度的检测采用了 ISO 国际标准和 IMO 国际海事组织标准要求。

表 2-6-5 簇绒地毯、机织地毯、手工打结羊毛地毯、船用环保阻燃地毯的内在质量要求(物理性能检测指标)

序号	考核项目及标准依据或设备		单位	技术要求	产品标准的规定要求
1	外格保持性:六足 1 200 次 GB/T 26844		/	≥2.0	GB/T 11746、GB/T 14252
2	绒簇拔出力 QB/T 1090		N	≥5.0	GB/T 14252
				割绒≥10 圈绒≥20	GB/T 11746
3	背衬剥离强力 ISO 11857、GB/T 26843		N	≥20.0	GB/T 11746
4	耐光色牢度:氙弧 GB/T 8427		级	≥5.0、 ≥4(浅)	GB/T 11746、GB/T 14252
5	耐摩擦色牢度 GB/T 3920	干	级	≥3~4	GB/T 11746、GB/T 14252
		湿		≥3	
6	耐燃性:水平法(片剂) GB/T 11049		mm	最大损毁 长度≤75 至少 7 块合格	GB/T 11746、GB/T 14252
7	毯面纤维类型及含量 GB/T 2910	标称值	%	—	GB/T 11746、GB/T 14252
8	羊毛或尼龙含量 GB/T 2910	下限允差	%	—5	GB/T 11746、GB/T 14252
9	毯基上单位面积绒头质量、 单位面积总质量 QB/T 1188	标称值	g/m²	—	GB/T 11746、GB/T 14252
		允差	%	±10	
10	毯基上绒头厚度、绒头高度总高度 QB/T1555、ASTM D6859	标称值	mm	—	GB/T 11746、GB/T 14252
		允差	%	±10	

序号	考核项目及标准依据或设备			单位	技术要求	产品标准的规定要求
11	尺寸	块毯:宽×长	标称值	m	—	GB/T 14252
			允差	%	+2～−1	
		满铺地毯	幅宽	标称值	m	—	GB/T 11746、GB/T 14252
				允差	%	±1	GB/T 14252
				下限允差	%	−0.5	GB/T 11746
			卷长	标称值	m	—	GB/T 14252、GB/T 14252
				实际长度		大于标称值	

注：1. 凡是特性值未作规定的项目，由生产企业提供待定数据。
　　2. 2 500 绒簇结/dm² 及以上的高密度机织地毯，绒簇拔出力指标可以由供需双方协商制定。
　　　　a. 绒头纤维为丙纶或≥50％涤纶混纺机织地毯允许低半级。
　　　　b. 羊毛或≥50％羊毛混纺机织地毯允许低半级。
　　　　c. "浅"标定界限为≤1/12标准深度。

五、检测方法与依据

　　当今纺织行业依然面临着新的机遇和挑战，关税壁垒消失的同时，技术壁垒却接踵而来，如何应对国际市场，已成为纺织行业必须认真面对的问题。比如我们经常会看到国内企业出口的某种产品的一些性能由于不符合国外的标准要求，而遭到国外技术壁垒的阻挡，从而导致企业出口经济受损或定单被取消；另外，随着国民经济和人民生活水平的提高、消费意识和目标的转向，国人对纺织品的要求耐用观念转向美观、环保、安全、服用性能方面；因此，纺织检测与国计民生、贸易、国防、科研密切相关，这些都迫使我们在纺织测试领域尽可能采用最新的国家标准或国际标准。

　　从上表 2-6-1～2-6-8 中看出，各类纺织品检验依据。这些"依据"是国家标准，近几年来我国国家纺织标准和国际标准（ISO）的采标率为 80％以上，换而言之，在执行国家标准的同时，也在执行了国际标准。有了国际贸易标准的通用性，方可便于货币贸易，更可抵御国外技术壁垒的阻挡，因此我国纺织业的一些产品标准和方法标准不同程度的采用了国际上先进国家的同类标准，以便我国的优秀纺织品以一定高度态势加入国际竞争，从而以最大限度的减少纺织贸易的技术风险。

　　我国标准分三类：产品标准、方法标准和基础标准，纺织业也不例外。为了让各类产品有贸易方面的可比性，国家有关部门牵头，对产品结构、规格、质量和检验方法所做的技术规定，称为产品标准。他是在一定时期和一定范围内、具有约束力的产品技术准则，也是产品生产、质量检验、选购验收、使用维护和洽谈贸易的技术依据。上述的表 2-6-1～2-6-8 中左侧"考核项目及标准依据或设备"栏目是方法标准，右侧"产品标准的规定要求"则是产品标准。我国产品标准的规律是：当展开一个产品标准时可以从"规范性引用文件中"看出引用了大量方法标准。方法标准指的是通用性的方法，如试验方法、检验方法、分析方法、测定方法、抽样方法、工艺方法、生产方法、操作方法等项规定的标准。所以，当我们对于某一项技术指标进行检验、分析时就是依据这些"方法标准"进行，这些标准对于检测仪器、步骤、环境等都做了技术要求，因此，同种产品在不同的地域检测和分析，只要按照方法标准中的要求进行，做出的技术指标结论就有了准确性与真实性。当我们执行方法标准检测时，也会发现在"规范性引用文件中"引用的标准有基础标准，例如环境要求、术语要求等等不一而足，基础标准是指具有广泛的适用范围或包含一个特定领域的通用条款的标准。

当我们在对某项产品进行质量分析时,首先要看这个产品的检验分析依据,这些检验分析依据落实到工作中则是试验室的检测、分析工作,因此测得数据准确与否是关系到国计民生、贸易、国防、科研方面技术层面高度的大是大非问题,也是企业、个人生存的基础条件。

>>>> 项目二 <<<<
甲醛含量的检测

• 本单元知识点 •

1. 纺织品中甲醛的存在会对人们的生活带来什么危害?
2. 简述水萃取法和蒸汽吸收法测试原理的异同。
3. 为什么甲醛是列入 GB 18401 标准的首要必测项目?

一、概述

纺织品的甲醛含量主要来自于整理剂、固色剂、防水剂、阻燃剂、柔软剂、黏合剂和分散剂等。甲醛是一种缓慢释放的气体,会被人体皮肤吸收。纺织品甲醛含量超标会对人体产生一定的危害,经常吸入少量甲醛也会引起慢性中毒,长期接触甲醛,甚至会产生癌变,因此甲醛含量测定是国家纺织产品基本安全技术规范规定的首要考核指标。甲醛含量是 GB/T 18885—2009《生态纺织品技术要求》规定考核的主要项目之一。在我国纺织品甲醛含量测试方法有三种:水萃取法、蒸气吸收法和高效液相色谱法。水萃取法适用于游离甲醛检测,用于模拟人体在穿着过程中织物释放甲醛的定量测定法;蒸气吸收法适用于释放甲醛含量检测,用于模拟织物在仓贮和压烫过程中释放甲醛的定量测定。强制性国家标准 GB 18401—2010《国家纺织产品基本安全技术规范》中规定采用水萃取法测定游离甲醛作为纺织品甲醛含量的测试方法。

二、目的与要求

通过测试和学习,了解纺织品甲醛的有害含量,掌握甲醛检测方法,提高纺织品消费环保意识。

三、采用标准

（一）采用标准

GB 18401—2010 国家纺织产品基本安全技术规范

GB/T 2912.1—2009 纺织品 甲醛的测定 第 1 部分:游离和水解的甲醛(水萃取法)

GB/T 2912.2—2009 纺织品 甲醛的测定 第 2 部分:释放甲醛(蒸气吸收法)

GB/T 2912.3—2009 纺织品 甲醛的测定 第 3 部分:高效液相色谱法

（二）相关标准

GB/T 6682—2008 实验室用水规格和试验方法

四、仪器与用具

（一）游离和水解的甲醛(水萃取法)使用仪器、释放甲醛(蒸汽吸收法)使用仪器

见图 2-6-1。

图 2-6-1 JQC-F 纺织品甲醛测定仪

(二) 高效液相色谱法使用仪器

见图 2-6-2。

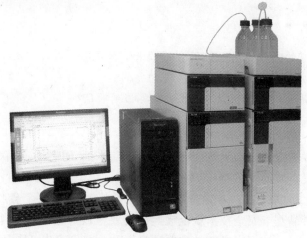

图 2-6-2 高效液相色谱仪

(三) 辅助设备与工具

(1) 恒温水浴锅(40±2℃)。

(2) 精度 0.1 mg 天平。

(3) 烘箱,温度控制在(49±2℃)。

(4) 0.45 μm 滤膜、2 号玻璃漏斗式滤器(符合 GB/T 11415 的规定)、具塞试管及试管架、10 mL 及 50 mL 量筒、250 mL 碘量瓶或具塞三角烧瓶、多种容量瓶及移液管、有密封盖的 1 L 玻璃(或聚乙烯)广口瓶[或瓶盖顶部带有小勾的密封盖]、小型金属丝网篮(或用双股线将织物的两端分别系起来,挂于水面上,线头系于瓶盖顶部钩子上)、试管或比色管或测色管。

(四) 试剂

(1) 蒸馏水或三级水(高效液相色谱法规定用二级水),满足 GB/T 6682—2008 实验室用水规格。

(2) 乙酰丙酮试剂(纳氏试剂)

在 1 000 mL 容量瓶中加入 150 g 乙酸铵,用 800 mL 水溶解,然后加 3 mL 冰乙酸和 2 mL 乙酰丙酮,用水稀释至刻度,用棕色瓶储存(注:储存开始 12 h 颜色逐渐变深,为此,用前必须储存 12 h,有效期为 6 周。经长时间储存后其灵敏度会稍起变化,故每星期应作一次校正曲线与标准曲线校对为妥)。

(3) 甲醛溶液

浓度约 37%(质量浓度)。

（4）双甲酮的乙醇溶液

1 g 双甲酮(二甲基-二羟基-间苯二酚或 5，5-二甲基环己烷-1，3 二酮)用乙醇溶解并稀释至 100 mL。现用现配。

（5）乙腈：色谱纯。

（6）衍生化试液：称取 0.05 g^2，4-二硝基苯肼，用适量内含 0.5%（体积分数）醋酸的乙腈溶解后置于 100 mL 棕色容量瓶中，用水稀释至刻度，摇匀(此溶液不稳定，应现配现用)。

五、测试原理

（一）水萃取法

也称液相萃取法。甲醛能与乙酰丙酮反应形成稳定的有色物质，该有色物质的最大吸收波长为 412 nm。利用这一原理，将经过精确称量的试样，在 40℃水浴中萃取一定时间，从织物上萃取的甲醛被水吸收，然后萃取液乙酰丙酮显色，显色液用分光光度计比色测定显色液中的吸光度。对照标准甲醛工作曲线，计算出样品中游离甲醛的含量。

（二）蒸气吸收法

一定质量的织物试样，悬挂于密封瓶中的水面上。置于恒定温度的烘箱内一定时间，释放的甲醛用水吸收，经乙酰丙酮显色后，用分光光度计比色法测定显色液中的吸光度。对照标准甲醛工作曲线，计算出样品中释放甲醛的含量。

（三）高效液相色谱法

试样经水萃取或蒸汽吸收处理后，以 2，4-二硝基苯肼为衍生化试剂，生成 2，4-二硝基苯腙，用高效液相色谱-紫外检测器（HPLC/UVD）或二极管阵列检测器（HPLC/DAD）测定，对照标准甲醛工作曲线，计算出样品的甲醛含量。

六、取样

从每批产品中随机抽取有代表性的试样。布匹试样应尽可能从布匹中间取，至少距布端 2 m，每个样品尺寸为长度不小于 0.5 m 的整幅宽；服装或制品试样以一个单件(套)为一个样品。试样上不得有影响测试结果的疵点或整理剂浸轧不匀等情况。

（一）有颜色图案的产品

有规律图案的产品，按循环取样，剪碎混合后作为一个试样；图案循环很大的产品，按地、花面积的比例取样，剪碎混合后作为一个试样；独立图案的产品，其图案面积满足一个试样时，图案单独取样，图案很小不足一个试样时，取样应包括该图案，不宜从多个样品上剪取后合为一个试样。

（二）多层及复合的产品

能手工分层的产品，分层取样，分别测定；不能手工分层的产品，整体取样。

七、修正

试样不需调湿，因为与调湿有关的干度和湿度可影响样品中甲醛的含量。若出现异议，则使用一个调湿过的相同样品来计算一个校正系数，用于校正试样的质量。从样品上剪取试样后立即称量，并在 GB/T 6529—2008 规定的标准大气调湿后再次称量，用二次称量值计算校正系数，然后用校正系数计算样品溶液中使用的试样调湿后的质量。

八、试样及制备

（1）样品抽取后应密封放置，在测试以前，把样品贮存进一个容器(可以把样品放入一个聚乙烯包袋里贮藏，外包铝箔。这样可预防甲醛通过包袋的气孔散发，又避免催化剂及其他留在整理过的未清洗织物上的化合物与铝箔发生反应)。

(2) 从样品上取两块试样剪碎,称取 1 g,精确至 ±10 mg。如果甲醛含量过低,增加试样量至 2.5 g,以获得满意的精度。

九、程序与操作

(一) 游离水解的甲醛(水萃取法)检测

本方法适用于游离甲醛含量为 20～3 500 mg/kg 之间的纺织品,检出限为 20 mg/kg。

1. 甲醛原液的配制与标定

用水稀释 3.8 mL 甲醛溶液至 1 L,即为 1 500 μg/mL 的甲醛原液。记录该标准原液的精确浓度,该原液可贮存四星期,用以制备标准稀释液。

方法 A:

移取 50 mL 亚硫酸钠(每升水溶解 126 g 无水亚硫酸钠)入三角烧瓶中,加百里酚酞指示剂(1 g 百里酚酞溶解于 100 mL 乙醇溶液中)2 滴,如需要,加几滴硫酸(0.01 mol/L)直至蓝色消失。然后将 10 mL 甲醛原液移至瓶中(蓝色再次出现),用硫酸滴定至蓝色消失,记录所用硫酸体积。上述操作程序重复进行一次,按式 2-6-1 计算原液中甲醛浓度,取两次结果的平均值。

$$c = \frac{V_1 \times 0.6 \times 1\,000}{V_2} \tag{2-6-1}$$

式中:c——甲醛原液中的甲醛浓度,μg/mL;

V_1——硫酸溶液用量,mL;

V_2——甲醛溶液用量,mL;

m——与 1 mL 0.01 mol/L 硫酸相当的甲醛的质量,mg。

方法 B:

移取 10 mL 甲醛溶液加入到 250 mL 碘量瓶中,准确加入碘液(0.1 mol/L)25 mL,加氢氧化钠溶液(1 mol/L)10 mL,盖上瓶盖于暗处放置 15 min,同时用蒸馏水作空白。加入硫酸溶液(0.5 mol/L)15 mL,用硫代硫酸钠溶液(0.1 mol/L)滴定成黄色,加入数滴淀粉指示剂继续滴定至蓝色褪去。上述操作程序重复一次。

按式 2-6-2 计算原液中甲醛浓度,取两次结果的平均值。

$$c = \frac{(V_B - V_S) \times c_1 \times m}{V} \times 10^6 \tag{2-6-2}$$

式中:c——甲醛原液中的甲醛浓度,μg/mL;

V_B——空白硫代硫酸钠溶液用量,mL;

V_S——硫代硫酸钠溶液用量,mL;

c_1——硫代硫酸钠标准溶液浓度,mol/L;

m——与 1 mL 硫代硫酸钠($c=1.000\,0$ mol/L)标准溶液相当的甲醛的质量,g;

V——甲醛溶液用量,mL。

2. 稀释

相当于 1 g 样品中加入 100 mL 水,样品中甲醛的含量等于标准曲线上对应的甲醛浓度的 100 倍。

(1) 标准溶液的制备:在容量瓶中将 10 mL 滴定过的标准甲醛原液(含甲醛 1.5 mg/mL)用水稀释至 200 mL 得到标准溶液,此溶液含甲醛 75 mg/L。

(2) 校正溶液的制备:根据标准溶液制备下列所示校正溶液至少 5 种(根据样品中甲醛含量的多少任选,但应保证其精度):在 500 mL 容量瓶中用水稀释溶液:

1 mL 标准溶液至 500 mL,包含 0.15 μg 甲醛/mL=15 mg 甲醛/kg 织物

2 mL 标准溶液至 500 mL,包含 0.30 μg 甲醛/mL=30 mg 甲醛/kg 织物

5 mL 标准溶液至 500 mL,包含 0.75 μg 甲醛/mL=75 mg 甲醛/kg 织物

10 mL 标准溶液至 500 mL,包含 1.50 μg 甲醛/mL=150 mg 甲醛/kg 织物

15 mL 标准溶液至 500 mL,包含 2.25 μg 甲醛/mL=225 mg 甲醛/kg 织物

20 mL 标准溶液至 500 mL,包含 3.00 μg 甲醛/mL=300 mg 甲醛/kg 织物

30 mL 标准溶液至 500 mL,包含 4.50 μg 甲醛/mL=450 mg 甲醛/kg 织物

40 mL 标准溶液至 500 mL,包含 6.00 μg 甲醛/mL=600 mg 甲醛/kg 织物

计算工作曲线 $y = a + bx$,此曲线用于所有测量数值,如果试样中甲醛含量高于 500 mg/kg,稀释样品溶液(注:若要使校正溶液中的甲醛浓度和织物试验溶液中的浓度相同,必须进行双重稀释。如果每千克织物中含有 20 mg 甲醛,用 100 mL 水萃取 1.00 g 样品溶液中含有 20 μg 甲醛,以此类推,则 1 mL 试验溶液中的甲醛含量为 0.2 μg)。

(3) 试样萃取:将每个剪碎后的试样分别放入 250 mL 带塞子的碘量瓶或三角烧瓶中,加 100 mL 水,盖紧盖子,放入(40±2)℃水浴(60±5)min,每 5 min 摇瓶一次,用过滤器过滤至另一碘量瓶或三角烧瓶中,供分析用。

(4) 用单标移液管精确吸取 5 mL 过滤后的样品萃取液放入一试管,及各吸取 5 mL 标准甲醛溶液分别放入试管中,分别加 5 mL 乙酰丙酮溶液摇动。

(5) 将试管放在(40±2)℃水浴中显色(30±5)min,然后取出,常温下避光冷却(30±5)min,用 5 mL 蒸馏水加等体积的乙酰丙酮作空白对照,用 10 mm 的吸收池在分光光度计 412 nm 波长处测定吸光度。

注:若预期从织物上萃取的甲醛量超过 500 mg/kg,或测试采用 5:5 比例,计算值超过 500 mg/kg 时,稀释萃取液使之吸光度在工作曲线的范围中(在计算结果时,要考虑稀释因素)。

(6) 如果样品的溶液颜色偏深,则取 5 mL 样品溶液放入另一试管,加 5 mL 水,按上述操作。用水作空白对照。

(7) 做两个平行试验。

注意:将已显现出的黄色暴露于阳光下一定时间会造成褪色,因此在测定过程中应避免在强烈阳光下操作。

(8) 如果怀疑吸光值不是来自甲醛而是由样品溶液的颜色产生的,按下述方法用双甲酮进行一次确认试验:取 5 mL 样品溶液放入一试管(必要时稀释),加入 1 mL 双甲酮乙醇溶液并摇动,把溶液放入(40±2)℃水浴中显色(10±5)min,加入 5 mL 乙酰丙酮试剂摇动,继续按九(一)2(5)操作。对照溶液用水而不是样品萃取液。来自样品中的甲醛在 412 nm 的吸光度将消失。

(9) 校正吸光度

按式 2-6-3 计算校正后的吸光度。

$$A = A_s - A_b - A_d \qquad (2\text{-}6\text{-}3)$$

式中:A——校正吸光度;

A_s——试验样品(萃取液+乙酰丙酮)中测得的吸光度;

A_b——空白试剂(三级水+乙酰丙酮)中测得的吸光度;

A_d——空白样品(三级水+萃取液)中测得的吸光度(仅用于变色或沾污的情况下)。

用校正后的吸光度数值,通过工作曲线查出甲醛含量,用 $\mu g/mL$ 表示。

用式 2-6-4 计算从每一织物样品中萃取的甲醛量。取两次检测结果的平均值作为试验结果,计算结果修约至整数位。

如果结果小于 20 mg/kg,试验结果报告"未检出"。

(二) 释放的甲醛(蒸汽吸收法)检测

本方法适用于释放甲醛含量为 20～3 500 mg/kg 之间的纺织品,检出限为 20 mg/kg。

(1) 甲醛原液的配制与标定:同水萃取法。

(2) 稀释:相当于 1 g 样品中加入 50 mL 水,样品中甲醛的含量等于标准曲线上对应的甲醛浓度的 50 倍。

① 标准溶液的制备同水萃取法。

② 校正溶液的制备:根据标准溶液制备下列所示校正溶液至少 5 种(根据样品中甲醛含量的多少任选,但应保证其精度):在 500 mL 容量瓶中用水稀释溶液:

1 mL 标准溶液至 500 mL,包含 0.15 μg 甲醛/mL=7.5 mg 甲醛/kg 织物

2 mL 标准溶液至 500 mL,包含 0.30 μg 甲醛/mL=15 mg 甲醛/kg 织物

5 mL 标准溶液至 500 mL,包含 0.75 μg 甲醛/mL=37.5 mg 甲醛/kg 织物

10 mL 标准溶液至 500 mL,包含 1.50 μg 甲醛/mL=75 mg 甲醛/kg 织物

15 mL 标准溶液至 500 mL,包含 2.25 μg 甲醛/mL=112.5 mg 甲醛/kg 织物

20 mL 标准溶液至 500 mL,包含 3.00 μg 甲醛/mL=150 mg 甲醛/kg 织物

30 mL 标准溶液至 500 mL,包含 4.50 μg 甲醛/mL=225 mg 甲醛/kg 织物

40 mL 标准溶液至 500 mL,包含 6.00 μg 甲醛/mL=300 mg 甲醛/kg 织物

计算工作曲线 $y=a+bx$,此曲线用于所有测量数值,如果试样中甲醛含量高于 500 mg/kg,稀释样品溶液(注:若要使校正溶液中的甲醛浓度和织物试验溶液中的浓度相同,必须进行双重稀释。如果每千克织物中含有 20 mg 甲醛,用 50 mL 水萃取 1.00 g 样品溶液中含有 20 μg 甲醛,以此类推,则 1 mL 试验溶液中的甲醛含量为 0.4 μg)。

③ 每只试验瓶中加入 50 mL 水,试样放在金属丝网篮上或用双股缝线将试样系起来,线头挂在瓶盖顶部钩子上(避免试样与水接触),盖紧瓶盖,小心置于(49±2)℃烘箱中 20 h±15 min 后,取出试验瓶,冷却(30±5)min,然后从瓶中取出试样和网篮,再盖紧瓶盖,摇匀。

④ 用单标移液管精确吸取 5 mL 乙酰丙酮溶液放入试管(或比色管)中,加 5 mL 试验瓶中的试样溶液混匀,再吸取 5 mL 乙酰丙酮溶液放入另一试管中,加 5 mL 蒸馏水作空白试剂。

⑤ 把试管放在(40±2)℃水浴中显色(30±5)min,然后取出,常温下避光冷却(30±5)min,用 10 mm 的吸收池在分光光度计 412 nm 波长处测定吸光度。通过甲醛标准工作曲线计算样品中的甲醛含量。

注:a) 若预期从织物上萃取的甲醛量超过 500 mg/kg,或测试采用 5:5 比例,计算值超过 500 mg/kg 时,稀释萃取液使之吸光度在工作曲线的范围中(在计算结果时,要考虑稀释因素)。

b) 将已显现出的黄色暴露于阳光下一定时间会造成褪色。若显色后预计需过一段时间后进行测试(如 1 h),且阳光强烈的情况下,需采取措施保护试管,如用不含甲醛的遮盖物遮盖

试管。否则,颜色需要很长时间(至少过夜)才能稳定,这样则会影响读数。

⑥ 用式 2-6-5 计算织物样品中的甲醛含量。取两次检测结果的平均值作为试验结果,计算结果修约至整数位。

如果结果小于 20 mg/kg,试验结果报告"未检出"。

(三) 高效液相色谱法

本方法检出限为 5.0 mg/kg,在 7.5～75 mg/kg 的甲醛添加浓度下,回收率为 85%～105%。

(1) 甲醛标准贮备溶液:吸取 3.8 mL 甲醛溶液于 1 000 mL 棕色容量瓶中,用水稀释至刻度(甲醛含量约 1 500 μg/mL),按九(一)1 中方法 A 标定其准确浓度。

(2) 甲醛标准工作溶液:准确移取 1.0 mL 甲醛标准贮备溶液于 100 mL 容量瓶中,用水稀释至刻度,摇匀(现配现用)。

(3) 样品预处理:水萃取法采用步骤九(一)2(3);蒸汽吸收法采用步骤九(二)2(3)。

(4) 衍生化:准确移取 1.0 mL 上述样液和 2.0 mL 衍生化试液于 10 mL 具塞试管中,混合均匀后在(60±2)℃水浴中静置反应 30 min。此溶液冷却至室温后用 0.45 μm 的滤膜过滤,供 HPLC/UVD 或 HPLC/DAD 分析。

(5) 测定

① 液相色谱分析条件

由于测试结果取决于所使用的仪器,因此不能给出色谱分析的普遍参数,用下列参数已被证明对测试是合适的。

a) 液相色谱柱:C_{18},5 μm,4.6 mm×250 mm 或相当者;

b) 流动相:乙腈+水(65+35);

c) 流速:1.0 mL/min;

d) 柱温:30℃;

e) 检测波长:355 nm;

f) 进样量:20 μL。

② 标准工作曲线:分别准确移取 1.0、2.0、5.0、10.0、20.0 和 50.0 mL 甲醛标准工作液于 100 mL 容量瓶中,用水稀释至刻度(甲醛浓度分别为 0.15、0.30、0.75、1.5、3.0 和 7.5 μg/mL)。稀释后的甲醛标准系列溶液按九(三)4 进行衍生化。按九(三)5(1)分析条件进样测定。以甲醛浓度为横坐标,2,4-二硝基苯腙的峰面积为纵坐标,绘制标准工作曲线。

③ 定性、定量分析:经衍生化的样品溶液按九(三)5(1)分析条件进样测定。以保留时间定性,以色谱峰面积定量。

④ 结果计算

用测得的 2,4-二硝基苯腙峰面积,通过标准工作曲线查出甲醛浓度,用 μg/mL 表示。按式 2-6-4 计算样品游离水解的甲醛含量,按式 2-6-5 计算样品释放甲醛含量。

取两次检测结果的平均值作为试验结果,计算结果修约至 0.1 mg/kg。若两次平行试验结果的差异与平均值之比大于 20%,则应重新测定。若结果小于 5.0 mg/kg,试验结果报告"<5.0 mg/kg"。

十、测试结果

计算从每一样品中萃取的甲醛量:

$$F = \frac{c \times 100}{m} \qquad (2-6-4)$$

$$F = \frac{c \times 50}{m} \qquad (2-6-5)$$

式中：F——织物样品中的甲醛含量，mg/kg；

c——读自工作曲线上的萃取液中的甲醛浓度，μg/mL；

m——试样的质量，g。

十一、测试报告

(一) 记录

执行的标准；来样日期、试验前的贮存方法及试验日期；试验样品的说明和包装方法；试样质量和校正系数；工作曲线的范围；各次测量数值；指定程序中产生的偏差等。

(二) 计算

样品中游离水解甲醛或释放甲醛含量。

十二、相关知识

在纺织生产中，为了改善织物的性能并提升附加值，达到防皱、防缩、阻燃、改善手感及保持印花、染色的耐久性等，常在后整理时加入一些助剂，这些助剂中含有一定量的甲醛。经各种染整加工（树脂整理、固色处理、涂料印花等）后的织物，在穿着或使用过程中，会不同程度地释放出游离甲醛，通过人体的皮肤和呼吸道对人体产生危害。所以对纺织品甲醛含量的测定和有效限定尤为必要。甲醛的毒害程度与接触浓度和时间之间的关系见表 2-6-6。

表 2-6-6　甲醛的毒害程度与接触浓度和时间之间的关系

浓度（mg/kg）	毒 害 程 度
<1	可嗅到气味
2~3	轻微刺激粘膜，可引起眼痒、鼻酸、咽喉毛糙等症状，停止接触后，一般可迅速康复
4~5	可引起流泪、流鼻涕、咳嗽等症状，不能长期忍受
10	难以长期忍受，停止吸入后，上呼吸道刺激症状可持续 1 h 左右
50~100	接触 5~10 min，可引起严重的肺部损伤
4 900	数小时后即死亡

如若未采取适当的预防措施，本测试方法中所使用的物质和程序有可能因技术上的不当而造成对健康的危害，操作人员必须是合格并有经验者。

>>>> 项目 三 <<<<
pH 值 测 试

● 本单元知识点 ●

1. 纺织品的 pH 值指标为什么会导致人们生存环境的改变？

2. GB 18401—2001《国家纺织产品基本安全技术规范》为什么把 pH 值作为指标？

3. 为什么检测纺织品的 pH 值指标要把试样剪成碎片？

一、概述

由于人体皮肤呈弱酸性,控制纺织品 pH 值在中性或弱酸性有益于人体健康,因此 pH 值是国家纺织产品基本安全技术规范规定的主要考核指标之一。标准中规定的 pH 值指标,用作检验、评价生产、市场销售过程中织物的酸碱程度。pH 值指标也是 GB/T 18885《生态纺织品技术要求》规定考核的主要项目之一。

二、目的与要求

通过测试和学习,了解纺织品 pH 值,提高纺织品消费环保意识和了解 pH 值检测方法。

三、采用标准

(一)采用标准

GB/T 7573—2009 纺织品 水萃取液 pH 值的测定

(二)相关标准

GB/T 6682—2008 实验室用水规格和试验方法

四、仪器与用具

(一)水萃取液 pH 值的测定使用仪器

见图 2-6-3。

(二)辅助设备与器具

机械振荡器,精度 0.01 g 天平;化学物质稳定的具塞 250 mL 烧杯、150 mL 烧杯、100 mL 量筒、1 L 容量瓶(A 级)、玻璃棒。

(三)萃取介质

(1)试验用水 符合 GB/T 6682 要求的三级以上的蒸馏水或去离子水。

图 2-6-3 pH 测定仪

(2)氯化钾溶液 0.1 mol/L,用符合 GB/T 6682 要求的三级以上的蒸馏水或去离子水配制。

(四)缓冲溶液

(1)邻苯二甲酸氢钾缓冲溶液,0.05 mol/L(pH 4.0)

称取 10.21 g 邻苯二甲酸氢钾($KHC_8H_4O_4$),放入 1 L 容量瓶中,用去离子水或蒸馏水溶解后定容至刻度。该溶液 20℃的 pH 值为 4.00,25℃时为 4.01。

(2)四硼酸钠缓冲溶液,0.01 mol/L(pH 9.2)

称取 3.80 g 四硼酸钠十水合物($Na_2B_4O_7 \cdot 10H_2O$),放入 1 L 容量瓶中,用去离子水或蒸馏水溶解后定容至刻度。该溶液 20℃的 pH 值为 9.23,25℃时为 9.18。

五、原理

在室温下,用 pH 计的玻璃棒电极通过被测纺织品水萃取液的 pH 值。

六、取样

从批量大样中选取有代表性的实验室样品,其数量应满足全部测试样品。

七、试样制备

(1)将样品剪成约 5 mm×5 mm 的碎片,以便样品能够迅速润湿。制备试样时,避免污染和用手直接接触样品。

(2)每个测试样品准备 3 个平行试样,每个试样称取 2.00 g±0.05 g。

八、水萃取液制备

将制备的 3 个平行试样,分别放入 3 个 250 mL 具塞烧杯中,在每个烧杯中加入 100 mL 试验用水或氯化钾溶液萃取介质,摇动烧瓶使试样充分湿润,然后将烧瓶置于机械振荡器上振荡 2 h ±5 min,如果能够确认振荡 2 h 与振荡 1 h 的试验结果无明显差异,可采用 1 h 振荡测定。

九、程序与操作

(一) pH 计标定

用邻苯二甲酸氢钾缓冲溶液和四硼酸钠缓冲溶液对 pH 计进行校准:把玻璃电极浸没到 2 种的各同一萃取液中反复数次,直到 pH 值在 2 种冲溶液中都有稳定示值为止。

(二) pH 值测定

将第一份萃取液倒入烧杯,迅速把电极浸没到液面下至少 10 mm 的深度,用玻璃棒轻轻地搅拌溶液,直到 pH 示值稳定(本次用来洗涤电极);将第二份萃取液倒入另一个烧杯,迅速把电极(不清洗)浸没到液面 10 mm 下的深度,静置直到 pH 示值稳定并记录;取第三份萃取液,迅速把电极(不清洗)浸没到液面 10 mm 下的深度,静置直到 pH 示值稳定并记录。用第二份萃取液和第三份萃取液的 pH 值的 2 个测试结果作为测量值。

十、测试结果

如果 2 个 pH 测量值之间差异(精确到 0.1)大于 0.2,则另取其他试样重新测试,直到得到两个有效的测量值。计算其平均值,结果保留一位小数。

十一、测试报告

(1) 记录:样品取样或来源等细节、测试标准依据、测试日期、仪器型号、试样名称、规格、实验室测试温度、萃取液温度及可能对结果产生影响的因素,包括妨碍试样润湿的现象等。

(2) 结果:pH 平均值,精确到 0.1;使用的萃取介质(水或氯化钾溶液);萃取介质的 pH 值。

十二、相关知识

在人体皮肤呈弱酸性的状态下可抵御细菌入侵,如果服用纺织品含有碱性,会影响皮肤弱酸性状态产生偏碱性变化,从而导致易在碱性条件下生长的细菌繁殖,对人体健康造成损害,尤其婴幼儿,细嫩的皮肤抵御力弱,更易造成伤害。因此 pH 值被强制性国家标准 GB 18401《国家纺织产品基本安全技术规范》作为主要指标考核。

>>>> 项目四 <<<<
耐水、耐酸碱汗渍、耐唾液染色牢度检测

• 本单元知识点 •

1. 试分析耐水、耐酸碱汗渍、耐唾液染色牢度检测相同和不同的地方。

2. 耐水、耐酸碱汗渍、耐唾液染色牢度检测的干燥方式为什么要在规定的温度和时间中干燥?

3. 仪器结构是如何应保证试样长时间受压 12.5 kPa 的?

4. 为什么人工酸性或碱性汗液不允许一次配制长期使用?

一、概述

耐水、耐酸碱汗渍、耐唾液染色牢度是各类纺织品主要测试项目之一，也是国家纺织产品基本安全技术规范规定的考核指标之一，在我国境内生产、销售和使用的服用或装饰用纺织产品，必须符合其要求。耐水、耐酸碱汗渍、耐唾液的染色牢度也是 GB/T 18885《生态纺织品技术要求》规定的考核项目之一。

二、目的与要求

通过测试和学习，了解试验纺织品耐水、耐酸碱汗渍、耐唾液的染色牢度检测，提高纺织品消费环保意识和了解耐水、耐酸碱汗渍、耐唾液的染色牢度检测方法。

三、采用标准

（一）采用标准

GB/T 5713—1997 纺织品色牢度试验耐水色牢度

GB/T 3922—1995 纺织品耐汗渍色牢度试验方法

GB/T 18886—2002 纺织品 色牢度试验 耐唾液色牢度

（二）相关标准

GB/T 250—2008 纺织品 色牢度试验 评定变色用灰色样卡

GB/T 251—2008 纺织品 色牢度试验 评定沾色用灰色样卡

GB/T 6151、ISO 105—A01 纺织品 色牢度试验 试验通则

GB 7564—7568 纺织品 色牢度试验用标准贴衬织物规格

GB 11404 纺织品 色牢度试验 多纤维贴衬织物规格

四、仪器与用具

（一）检测使用仪器

耐水、耐酸碱汗渍、耐唾液的染色牢度使用相同仪器。

YG631 型耐汗渍色牢度仪：如图 2-6-4，包括一个不锈钢架；一组重约 5 kg、底部面积约 11.5 cm×6 cm 重锤（包括弹簧压板）；并附有尺寸约为 11.5 cm×6 cm，厚度为 0.15 cm 的玻璃板或丙烯酸树脂板，10 cm×4 cm 组合试样，夹于板的中间。仪器结构应保证试样受压 12.5 kPa。

图 2-6-4　YG631 型耐汗渍色牢度仪　　　图 2-6-5　Y902 汗渍色牢度烘箱

（二）恒温烘箱

保温在(37±2)℃，无通风装置，外观见图 2-6-5。

（三）贴衬织物

每个组合试样需两块单纤维贴衬织物或一块多纤维贴衬织物,每块尺寸为 10 cm×4 cm。如使用单纤维贴衬,第一块用试样的同类纤维制成,第二块则由表 1 规定的纤维制成。如试样为混纺或交织品,则第一块用主要含量的纤维制成,第二块用次要含量的纤维制成。使用的贴衬织物的规格应符合 GB 7564—7568 和 GB 11404 的规定。见表 2-6-7 。

表 2-6-7　贴衬织物的选用

第一块贴衬物	第二块贴衬物	第一块贴衬物	第二块贴衬物
棉	羊毛	醋酯	黏纤
羊毛	棉	聚酰胺纤维	羊毛或黏纤
丝	棉	聚酯纤维	羊毛或棉
麻	羊毛	聚丙烯腈纤维	羊毛或棉
黏纤	羊毛		

（四）色卡

评定变色用灰色样卡,应符合 GB/T 250；评定沾色用灰色样卡,应符合 GB/T 251。

（五）试剂

符合三(一)采用标准中各标准规定试剂。

五、原理

（一）耐水色牢度测试原理

纺织品试样与一或二块规定的贴衬织物贴合一起,浸入水中,挤去水分,置于试验装置的两块平板中间,承受规定压力。干燥试样和贴衬织物,用灰色样卡评定试样的变色和贴衬织物的沾色。

（二）耐汗渍色牢度测试原理

将纺织品试样与规定的贴衬织物合在一起,放在含有组氨酸的两种不同试液中,分别处理后,去除试液,放在试验装置内两块具有规定压力的平板之间,然后让试样和贴衬织物分别干燥。用灰色样卡评定试样的变色和贴衬织物的沾色。

（三）耐唾液色牢度测试原理

将试样与规定的贴衬织物贴合在一起,于人造唾液中处理后去除试液,放在试验装置内两块平板之间并施加规定压力,然后让试样和贴衬织物分别干燥,用灰色样卡评定试样的变色和贴衬织物的沾色。

六、试样准备

（一）裁剪试样

把待测试样裁成 100 mm×40 mm。

（二）织物

取试样一块,夹在两块贴衬织物(见表 2-6-7 贴衬织物)之间,或与一块多纤维贴衬织物相贴合并沿一侧短边缝合,形成一个组合试样。印花织物试验时,正面与二块贴衬织物每块的一半相接触,剪下其余一半,交叉覆于背面,缝合二短边。或与一块多纤维贴衬织物相贴合,缝一侧短边。如不能包括全部颜色,需用多个组合试样。

（三）纱线或散纤维

取质量约为贴衬织物总质量的一半夹于两块单纤维贴衬织物之间,或夹于一块多纤维贴衬织物和一块同尺寸但染不上色的织物之间缝四边。

耐水色牢度还需要制作:取试样一块,正面与多纤维贴衬织物(见表 2-6-7 贴衬织物)相接触,沿一短边缝合,形成一个组合试样。

七、试液配置

耐汗渍、耐唾液色牢度需要配置试液。

(一) 耐汗渍色牢度试液配置

试液用蒸馏水配制,现配现用。

碱液每升含:

L-组氨酸盐酸盐一水合物($C_6H_9O_2N_3 \cdot HCl \cdot H_2O$)	0.5 g
氯化钠(NaCl)	5 g
磷酸氢二钠十二水合物($Na_2HPO_4 \cdot 12H_2O$)	5g 或
磷酸氢二钠二水合物($Na_2HPO_4 \cdot 2H_2O$)	2.5 g
用 c(NaOH)=0.1 mol/L 氢氧化钠溶液调整试液 pH 值至	8

酸液每升含:

L-组氨酸盐酸盐一水合物($C_6H_9O_2N_3 \cdot HCl \cdot H_2O$)	0.5 g
氯化钠(NaCl)	5 g
磷酸二氢钠二水合物($NaH_2PO_4 \cdot 2H_2O$)	2.2 g
用 c(NaOH)=0.1 mol/L 氢氧化钠溶液调整试液 pH 值至	5.5

(二) 耐唾液色牢度试液配置

试液用三级水配制,现配现用。每升溶液中含:

乳酸	$CH_3 \cdot CH(OH) \cdot COOH$	3.0 g	尿素	$H_2N \cdot CO \cdot NH_2$	0.2 g
氯化钠	NaCl	4.5 g	氯化钾	KCl	0.3 g
硫酸钠	Na_2SO_4	0.3 g	氯化铵	NH_4Cl	0.4 g

八、程序与操作

(一) 耐水色牢度测试

(1) 组合试样在室温下置于三级水中,完全浸湿。倒去溶液,平置于两块玻璃或丙烯酸树脂板之间,放于预热的试验装置中,受压 12.5 kPa。每台试验设备,可装多至 10 块试样,每块试样之间,用一块板隔开。

(2) 带有组合试样的装置放入烘箱内,于 37℃±2℃下处理 4 h。

(3) 展开组合试样,使试样和贴衬仅由一条缝线连接(如需要,断开所有缝线),悬挂在不超过 60℃的空气中干燥。发现有风干的试样,必须弃去,重做。

(4) 用灰色样卡评定试样的变色和贴衬织物的沾色。

(二) 耐汗渍色牢度测试

(1) 在浴比为 50:1 的酸、碱试液里分别放入一块组合试样,使其完全润湿,然后在室温下放置 30 min,必要时可稍加揿压和拨动,以保证试液能良好而均匀地渗透。取出试样,倒去残液,用两根玻璃棒夹去组合试样上过多的试液,或把组合试样放在试样板上,用另一块试样刮去过多的试液,将试样夹在两块试样板中间。用同样步骤放好其他组合试样,然后使试样受压 12.5 kPa。

注:碱和酸试验使用的仪器要分开。

（2）执行八（一）（2）～八（一）（4）相同程序。

（三）耐唾液色牢度测试

（1）在浴比 50∶1 的人造唾液里放入一块组合试样,执行和八（二）（1）相同的程序使试样受压 12.5 kPa。

（2）执行八（一）（2）～八（一）（4）相同程序。

九、结果评价

用灰色样卡评出每一试样的变色级数和贴衬织物与试样接触一面的沾色级数。

十、测试报告

记录:执行的标准,采用的方法;测定日期;试样的品种、规格;对酸、碱试液中的试样变色和每一种贴衬织物的类型和沾色级数分别作出报告;偏离细节等。

十一、相关知识

（一）非仲裁性试验

可用汗渍快速试验法。该方法所用设备与材料均与上同,只是操作时将烘箱升温至(70±2)℃,将汗渍仪也同时加热;将已浸透试液的组合试样逐块平放于夹板上,刮去多余试液,盖上盖板,叠齐放好弹簧压板,加重锤时放松支头螺丝,使试样受 12.5 kPa 压强,拧紧支头螺丝,移去重锤块,在 70℃下处理 60 min。最后分别评定酸、碱溶液中的试样变色和每种贴衬织物沾色,选出最严重的一个变色、沾色级数,作出报告。

（二）应重视的细节

纺织品耐汗渍色牢度的测试中某些技术细节必须予以足够的重视,举例如下。

1. 试液配置时间

标准规定,人工酸性或碱性汗液必须现配现用。事实上,现配现用并不是指每做一个样品都必须当场配制人工汗液试液,但也不允许一次配制长期使用。当一次配制未用完时,可低温避光保存,一旦出现浑浊或沉淀,必须废弃而不得再次使用。对存放时间较长的,尽管未出现浑浊或沉淀,也必须废弃。

2. 试液的 pH 值调整

对人工汗液配制时 pH 值的调整,对某些较为生疏的试验人员,日本标准 JISL 0848 给出了一个实用的建议:酸液加 15 mL 0.1 mol/L 的 NaOH,使溶液 pH 为 5.5,碱液加 25 mL 0.1 mol/L 的 NaOH,使溶液 pH 为 8.0。

3. 试样晾干放置方式

试样晾干时,为避免染料的泳移,平放晾干为最佳方式。

>>>> 项目五 <<<<
规格尺寸偏差率测定

• 本单元知识点 •

1. 标准中为什么要测定成品的规格尺寸?

2. 为什么要有足够的检测空间、场地和检测台?

3. 将样品平摊在检验台上后,为什么要用手轻轻抚平?

一、概述

纺织品的规格尺寸及偏差是否合格,是对消费者合法权益的保护。尤其是窗帘、被罩、床单等大面积纺织品,其影响尤其显著。在帷幔的检测中,其规格尺寸偏差率是内在主要技术指标之一。

二、目的与要求

通过测试和学习,了解试验纺织品尺寸偏差率检测,提高纺织品消费保护意识和了解纺织品尺寸偏差率检测方法。

三、采用标准

FZ/T 62011.1—2008 布艺类产品 第 1 部分:帷幔

FZ/T 62011.2—2008 布艺类产品 第 2 部分:餐用纺织品

四、测试工具

钢直尺或钢卷尺。

五、测试环境

要有足够的检测空间和场地,在场地中的检测台要超过 4 m×2 m 的面积,如图 2-6-6。

六、原理

样品放在检验台上,检验工作者用钢直尺或钢卷尺量取尺寸。

图 2-6-6 帷幔检测工作台

七、取样

(一)数量及方案

帷幔产品内在质量检验抽样数量及方案见表 2-6-8。

表 2-6-8 帷幔产品内在质量检验抽样数量方案

批量范围 N	样本大小 n	合格判定数 Ac	不合格判定数 Re
1~500	1	0	1
501~3 500	2	0	1
>3 500	3	0	1

(二)批量

当样本大小 n 大于批量 N 时,实施全检,合格判定数 Ae 为 0。

(三)抽取

帷幔产品质量检验样品应从检验批中随机抽取,外包装应完整无损。

(四)规定

监督抽查、质量仲裁、合同协议等,对抽样方案另有规定的,按相关规定执行。

八、程序与操作

将样品平摊在检验台上,用手轻轻抚平,不要影响其物理尺寸,使样品呈自然状态,用钢直尺或钢卷尺在整条样品长、宽方向的四分之一和四分之三处测量,精确到 1 mm。

九、测试结果

规格尺寸偏差率按式 2-6-6 计算:

$$p = \frac{L_1 - L_0}{L_0} \times 100 \qquad (2\text{-}6\text{-}6)$$

式中：P——规格尺寸偏差率，%；

　　　L_1——样品规格尺寸明示值，mm；

　　　L_0——样品规格尺寸实测平均值，mm。

十、测试报告

记录：执行的标准，采用的方法；测定日期；试样的品种、规格；对纺织品样品规格尺寸及偏差率做出报告。

十一、相关知识

国内外标准有 GB/T 4666《机织物长度的测定》、ISO 3933《纺织品—机织物—长度的测量》和 GB/T 4667《机织物幅宽的测定》、ISO 3932《纺织品—机织物—幅宽的测量》，其检测方式大同小异：如果整段织物能放在标准大气中调湿，调湿后，用钢尺在织物的不同点测量幅宽。如果整段织物不能放在标准大气中调湿的，可使织物松弛后，在温湿度较稳定的普通大气中测量其幅宽，然后用系数对幅宽加以修正。

>>>> 项 目 六 <<<<
织物的断裂强力测试

• 本单元知识点 •

1. 织物内纱线的细度、捻度以及密度对织物断裂强力有何影响？
2. 织物拉伸性能的测试指标有哪些？
3. 预加张力的大小在拉伸中对什么指标有影响？

一、概述

织物在使用过程中，会因受到各种不同的物理、机械、化学等作用而逐渐遭到破坏。在一般情况下，机械力的破坏作用是主要的。其受一次外力而遭到破坏的基本形式有拉伸断裂、撕破和顶破等。织物的拉伸、撕裂和顶破等机械性能，与所用的纤维和纱线性质有关，也和织物本身的结构特征有关，当所用纤维及性质相同时，织物结构的不同会给这些机械性质带来很大差异。织物拉伸断裂采用的主要指标有断裂强力、断裂伸长率、断裂功、断裂比功等。有时根据需要还有断脱强力和断脱伸长率。织物拉伸断裂强力试验适用于机械性质具有各向异性、拉伸变形能力较小的制品。目前主要采用单向（受力）拉伸，即测试织物试样的经（纵）向强力、纬（横）向强力。

试样的尺寸及其夹持方法对拉伸断裂强力试验，结果影响较大。常用的试条及其夹持方法有拆纱条样法、剪切条样法和抓样法（见图 2-6-7）。

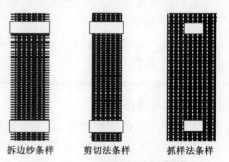

拆边纱条样　　　剪切法条样　　　抓样法条样

图 2-6-7　织物断裂试验的试
条形状和夹持方

拆纱条样法试验结果不匀率较小,用布节约,用于一般机织物试样。剪切条样法一般用于不易抽边纱的织物,如针织物、缩绒织物、毡品、非织造布及涂层织品等。抓样法试样准备较容易,快速,试验状态比较接近实际情况,但所得强力、伸长值略高,用布较多。比较3种形态试样的试验结果,拆边法的强力不匀率较小,而强力值略低于抓样法。

二、试验目的与要求

根据国家标准规定的方法测定织物的拉伸断裂强力和断裂伸长,通过试验掌握织物拉伸断裂强力和断裂伸长的测试方法,并了解织物的拉伸断裂机理,学会分析影响试验结果的各种因素。

三、引用标准

(一) 采用标准

GB/T 3923.1 纺织品　织物拉伸性能　第1部分:断裂强力和断裂伸长率的测定　条样法

GB/T 3923.2 纺织品　织物拉伸性能　第2部分:断裂强力的测定　抓样法

(二) 相关标准

GB/T 6529—2008 纺织品　调湿和试验用标准大气

GB/T 8170—2008－数值修约规则与极限数值的表示和判定

FZ/T 10013.2 温度与回潮率对棉及化纤纯纺、混纺制品断裂强力的修正方法　本色布断裂强力的修正方法

四、试验仪器与用具

(1) 英斯特朗或 YG065 型电子织物强力仪(CRE):等速伸长型,如图 2-6-8 所示。

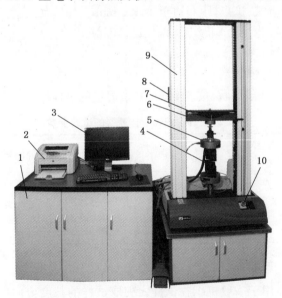

图 2-6-8　英斯特朗电子式织物强力仪

1—控制箱；2—打印机；3—显示器；4—下夹持器；5—上夹持器；6—传感器；
7—移动横梁；8—隔距定位；9—主机；10—急停按键

(2) 试样制备器具:剪刀、直尺、挑针等。

(3) 调湿用品:如需进行湿润试验时,应具备用于浸渍试样的器具、三级水、非离子湿

润剂。

五、原理

将一定尺寸的试样,按等速伸长方式拉伸至断裂,测其承受的最大力——断裂强力及产生对应的长度增量——断裂伸长。必要时,还可画出织物的强力——伸长曲线,算出多种拉伸指标。

六、取样

根据织物的产品标准规定,或根据有关各方协议取样。在没有上述要求的情况下,按表2-6-9规定随机抽取相应数量的匹数,对运输中有受潮或受损的匹布不能作为样品。

表 2-6-9　批样

一批的匹数	≤3	4~10	11~30	31~75	≥76
批样的最少匹数	1	2	3	4	5

从批样的每一匹中随机剪取至少1 m长的全幅作为实验室样品,但离匹端至少3 m。保证样品没有折皱和明显的疵点。

七、试样及制备

（一）剪取试样规则

从每一个实验室样品剪取两组试样,一组为经（纵）向试样,另一组为纬（横）向试样。每组试样至少应包括五块试样,另加预备试样若干。如有更高精度要求,应增加试样数量。试样应避开折皱、疵点,距布边至少150 mm,保证试样均匀分布于样品上。对于机织物,两块试样不应包括有相同的经纱或纬纱。剪取试样示例如图2-6-9。

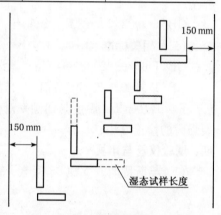

图 2-6-9　从实验室样品上剪取试样实例

（二）试样尺寸与试验规则

根据织物品种,选择试条形状,按表2-6-10中规定的试样尺寸裁剪试样。

表 2-6-10　织物拉伸断裂的试验参数

试样类型	试样尺寸 （宽 mm×长 mm）	隔距长度(mm)	织物断裂伸长率(%)	拉伸速度(mm/min)
条样试样	50×250①	200	<8	20
	50×250①	200	8~75	100
	50×150	100	>75	100
抓样条样	100×150	100	—	50

注:拆边纱条样试样应先裁剪成60 mm宽或70 mm宽(疏松织物),然后两边抽去等量边纱,使试样的有效宽度为50 mm。①为便于施加张力,试样长度宜放长30~50 mm。

（1）拆边纱法条样:用于一般机织物试样。剪取试样的长度方向应平行于织物的经向或纬向,宽度应根据留有毛边的宽度而定,然后通过拆边纱法从试样宽度两侧拆去数量大致相等的纱线,直至试样宽度符合规定要求,以确保试验过程中纱线不会从毛边中脱出。

注:对一般的机织物,毛边约为5 mm或15根纱线的宽度较为合适。对较紧密的机织物,较窄的毛边即可。对稀松的机织物,毛边约为10 mm。

（2）剪切法条样:适用于针织物、涂层织物、非织造布和不易拆边纱的机织物试样。剪取试样的长度方向应平行于织物的纵向或横向,其宽度符合规定的尺寸。

(3) 抓样法条样:适用于机织物,特别是经过重浆整理的、不易抽边纱的高密度的织物。每块试样的宽度为 100 mm±2 mm,长度至少为 150 mm。在每一试样上,距长度方向的一边 37.5 mm 处画一条平行于该边的标记线。

八、试验环境及修正

按照 GB 6529 规定将试样进行预调湿、调湿和试验,仲裁试验采用二级标准大气。对于湿润状态下试验不要求预调湿和调湿。用于工厂内部作为质量控制等的常规试验,可在普通大气中进行,但测得强力结果应根据测试时的实际回潮率和温度加以修正。

九、试验程序与操作

(一) 开机

预热 30 min,复位状态下选择定速拉伸功能。

(二) 设定隔距长度

对断裂伸长率小于或等于 75% 的织物,隔距长度为 200 mm;对断裂伸长率大于 75% 的织物,隔距长度为 100 mm±1 mm。抓样法试验的隔距长度为 100 mm±1 mm。

(三) 设定拉伸速度

根据织物的断裂伸长或伸长率,按表 2-6-10 设定拉伸速度。

(四) 夹持试样

按"实验"键进入试验状态,按下述方法夹持试样:先将试样一端夹紧在上夹持器中心位置,然后将试样另一端放入下夹持器中心位置,以保证试样的纵向中心线通过夹持器的中点,并与夹持器钳口线垂直。并在预张力作用下伸直,再紧固下夹持器(或采用松式夹持法)。当采用预张力夹持试样时,产生的伸长率不大于 2%。如果不能保证,则采用松式夹持,即无张力夹持(抓样法要将试样上的标记线对齐夹片的一边,如图 2-6-10 所示,靠织物的自重下垂)。

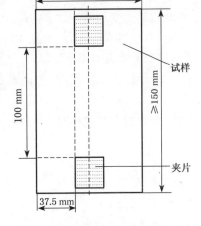

图 2-6-10 抓样法试样夹持示意图

1. 采用预张力夹持

a) 根据试样的单位面积质量采用如下的预张力:

≤200 g/m²:2 N;

>200 g/m²,≤500 g/m²:5 N;

>500 g/m²:10 N。

b) 断裂强力低于 20 N 时,按概率断裂强力的(1±0.25)%确定预张力。

c) 抓样法的预加张力,采用织物试样的自重即可。

d) 当试样在预加张力作用下产生的伸长大于 2% 时,应采用无张力夹持法(即松式夹持)。这对伸长变形较大的针织物和弹力织物更合适。

2. 松式夹持

计算断裂伸长率所需的初始长度应为隔距长度与试样达到预张力的伸长量之和,该伸长量可从强力-伸长曲线图上对应于九、(四)1 预张力处测得。

注:同一样品的两方向的试样采用相同的隔距长度、拉伸速度和夹持状态,以断裂伸长率大的一方为准。

（五）拉伸试样

按"拉伸"键，拉伸试样至断脱后下夹持器自动返回初始位置。记录断裂强力，断裂伸长或断裂伸长率。如需要，可记录断脱强力及断脱伸长或断脱伸长率（从强伸曲线中）。重复上述操作，直至完成规定的试样数。

试样在拉伸过程中出现问题要及时处理，举例如下。

1. 滑移

如果试样在钳口处滑移不对称或滑移量大于 2 mm 时，舍弃试验结果。

2. 钳口断裂

如果试样在距钳口 5 mm 以内断裂，则作为钳口断裂。当五块试样试验完毕，若钳口断裂的值大于最小的"正常值"，可以保留；如果小于最小的"正常值"，应舍弃，另加试验以得到五个"正常值"；如果所有的试验结果都是钳口断裂，或得不到五个"正常值"，应当报告单值。钳口断裂结果应当在报告中指出。

（六）湿润试验

将试样从液体中取出，放在吸水纸上吸去多余的水后，立即按照九、（一）至（五）进行试验。预张力为九、（四）1、规定的 1/2。

十、试验结果计算

（一）断裂强力计算

分别计算经纬向或纵横向的断裂强力平均值，以 N 表示，按 GB 8170 修约。如需要可计算断脱强力平均值。计算结果 10 N 及以下，修约至 0.1 N；大于 10 N 且小于 1 000 N，修约至 1 N；1 000 N 及以上，修约至 10 N。

（二）断裂伸长率计算

分别计算试样的经、纬向断裂伸长率及其平均值，以百分率表示。如需要，计算断脱伸长率。

预张力夹持试样时：

$$断裂伸长率 = \frac{\Delta L}{L_0} \times 100\% \qquad (2-6-7)$$

$$断脱伸长率 = \frac{\Delta L_t}{L_0} \times 100\% \qquad (2-6-8)$$

松式夹持试样时：

$$断裂伸长率 = \frac{\Delta L' - L_0'}{L_0 + L_0'} \times 100\% \qquad (2-6-9)$$

$$断脱伸长率 = \frac{\Delta L_t' - L_0'}{L_0 + L_0'} \times 100\% \qquad (2-6-10)$$

式中：ΔL——预张力夹持试样时的断裂伸长（见图 2-6-11），mm；

L_0——试样夹持原始长度，mm；

$\Delta L'$——松式夹持试样时的断裂伸长（见图 2-6-12），mm；

L_0'——松式夹持试样达到规定预张力时的长度（见图 2-6-12），mm；

ΔL_t——预张力夹持试样时的断脱伸长（见图 2-6-11），mm；

$\Delta L_t'$——松式夹持试样时的断脱伸长（见图 2-6-12），mm。

断裂伸长率平均值的计算精度,按 GB 8170 修约。平均值≤8%时,修约至 0.2%;平均值≥50%时,修约至 1%;8%<平均值<50%时,修约至 0.5%。

(三) 数字修约

计算断裂强力和断裂伸长率的变异系数,修约至 0.1%。

(四) 断裂强力修正

棉布断裂强力修正公式如下:

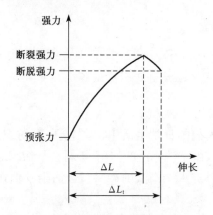

图 2-6-11　预张力夹持试样的拉伸曲线　　图 2-6-12　松式夹持试样的拉伸曲线

$$P = K \times P_0$$

式中：P——修正后织物的断裂强力,N;

　　　P_0——实际织物的断裂强力,N;

　　　K——织物强力修正系数,见附录 FZ/T 10013.1 棉本色纱断裂强力的温度和回潮率修正系数表。

十一、试验报告

(一) 说明

此试验参照的标准;所用的标准大气;实际所用的方法;隔距长度;拉伸速率;测定日期;任何偏离本试验方法的细节。

(二) 记录

试样名称与规格,预加张力或松式夹持;试样状态,即调湿或湿润;试样数量、舍弃的试样数量及原因;各次测定的数值及平均值。

(三) 计算

织物经、纬向断裂(脱)强力、断裂(脱)伸长、断裂(脱)伸长率及其变异系数。

十二、相关知识

如果要求测定织物的湿强力,则剪取的试样长度应为干强试样的两倍。每条试样的两端编号后,沿横向剪为两块,一块用于干态的强力测定,另一块用于湿态的强力测定。根据经验或估计浸水后收缩较大的织物,测定湿态强力的试样长度应比干态试样长一些。

湿润试验的试样应放在温度 20℃±2℃的三级水中浸渍 1 h 以上,也可用每升不超过 18 g 的非离子湿润剂的水溶液代替三级水。

棉本色纱断裂强力的温度和回潮率修正系数见附录 1 。

>>>> **项 目 七** <<<<
纺织品耐洗色牢度测试

• 本单元知识点 •

1. 测试织物耐水洗色牢度有何意义？
2. 影响耐洗色牢度测试结果的因素有哪些？
3. 为什么标准中规定要对不同材料采用不同的温度进行耐洗试验？

一、概述

耐洗色牢度指纺织材料耐皂洗的程度。在人们的日常生活中，基本上所有纺织品都是要进行洗涤的，纺织品在一定温度的洗涤液中洗涤，由于洗涤液的作用，染料会从纺织品上脱落，致使纺织品原来的颜色发生变化，称为变色；同时进入洗涤液的染料又会沾染其他纺织品，也会使其他纺织品的颜色产生变化，称为沾色。

由于洗涤方法及洗涤液多种多样，测试结果是一项有严格条件值含义的指标。影响测试结果的主要因素为：温度、液量、不锈钢球交互作用等，其中以温度的影响为最大。测试时对不同纤维、不同品种的试样，应选择不同的温度。温度的确定主要依据纤维本身的耐热性能以及实际使用场合的要求。一般情况下，黏胶纤维织物、人造丝、真丝织物、毛织物的洗涤温度为40℃；合成纤维产品为60℃；棉、麻产品为95℃，并加入10粒不锈钢球放在容器内；混纺、交织、复合产品的试验温度以产品中耐较低试验温度的纤维种类而定。在具体执行时，可根据产品要求选择其中合适的方法进行测试。

国家标准中耐洗色牢度测试共包含5个标准。不同标准的步骤和方法基本相同，仅在测试条件方面，温度从低到高，时间由短到长，洗涤从温和到剧烈的过程存在一定差异。五种测试方法的温度、时间和加料分别是：方法一为40℃，30 min；方法二为50℃，30 min；方法三为60℃，30 min；方法四为95℃，30 min，加10粒不锈钢珠；方法五为95℃，240 min，加10粒不锈钢珠。在具体执行时，可根据产品要求选择其中合适的标准进行测试。本节仅以方法一为例来介绍耐洗色牢度的测试过程。

二、目的与要求

通过测试，了解耐水洗色牢度仪的结构及主要工作原理，掌握正确的仪器操作方法、测试步骤和评级方法，并对结果进行分析。

三、采用标准

（一）采用标准

GB/T 3921—2008 纺织品色牢度试验 耐皂洗色牢度

GB/T 250—2008 纺织品 色牢度试验 评定变色用灰色样卡

GB/T 251—2008 纺织品 色牢度试验 评定沾色用灰色样卡

（二）相关标准

GB/T 6151、ISO 105—A01 纺织品 色牢度试验 试验通则

GB 7564～7568 纺织品　色牢度试验用标准贴衬织物规格

GB 11404 纺织品　色牢度试验　多纤维贴衬织物规格

四、仪器与用具

（1）耐洗色牢度试验仪：如图 2-6-13 所示，可选择 SW-12、SW-8、SW-4 三种洗涤机中的任何一种作为耐洗色牢度试验用。相对转速为（40±2）r/min，水浴温度由恒温器控制，使试验溶液保持在（40±2）℃的规定范围。

图 2-6-13　耐洗色牢度仪外观图及试样杯

（2）天平，精确至±0.01 g。

（3）耐腐蚀的不锈钢珠，直径约为 6 mm。

（4）试剂。

① 肥皂，含水率不超过 5％，并符合下列要求（以干质量计）：

　　游离碱（以 Na_2CO_3 计）　　　　0.3％（最大）

　　游离碱（以 NaOH 计）　　　　　0.1％（最大）

　　总脂肪物　　　　　　　　　　850 g/kg（最小）

　　制备肥皂混合脂肪酸冻点　　　30℃（最高）

　　碘值　　　　　　　　　　　　50（最大）

　　肥皂应不含荧光增白剂

② 无水碳酸钠（Na_2CO_3）

③ 皂液，条件为 A 和 B 的试验，每升水（三级水）含 5 g 肥皂，条件为 C、D 和 E 的试验，每升水（三级水）中含 5 g 肥皂和 2 g 碳酸钠。建议用搅拌器将肥皂充分地分散溶解在温度为（25±5）℃的三级水中，搅拌时间（10±1）min。

（5）三级水，符合 GB/T 6682

（6）贴衬用织物

① 多纤维贴衬织物，符合 GB/T 11404，根据试验温度选用：含羊毛和醋纤的多纤维贴衬织物（用于 40℃和 50℃的试验，某些情况下也可用于 60℃的试验，需在报告中注明）；不含羊毛和醋纤的多纤维贴衬织物（用于某些 60℃的试验和所有 95℃的试验）。

② 两块单纤维贴衬织物，符合 GB/T 7565、GB/T 7568.1、GB/T 7568.4～7568.6、GB/T 11403、GB/T 13765、ISO105—F07。

第一块用试样的同类纤维制成，第二块用表 2-6-11 所规定的纤维制成。如果是多种纤维混纺或交织的试样，则第一块由主要含量的纤维制成，第二块由次要含量的纤维制成。或另做规定。

表 2-6-11　单纤维贴衬织物

第一块	第二块	
	40℃和50℃的试验	60℃和95℃的试验
棉	羊毛	黏纤
羊毛	棉	—
丝	棉	—
麻	羊毛	黏纤
黏纤	羊毛	棉
醋纤	黏纤	黏纤
聚酰胺	羊毛或棉	棉
聚酯	羊毛或棉	棉
聚丙烯腈	羊毛或棉	棉

（7）一块染不上色的织物（如聚丙烯），需要时用。

（8）灰色样卡,用于评定变色和沾色,符合 GB250 和 GB251;或光谱测色仪,依据 GB/T 8424.1、FZ/T 01023 和 FZ/T 01024 评定变色和沾色。

五、原理

（一）仪器的结构

原理如图 2-6-14 所示。

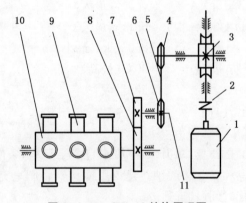

图 2-6-14　SW-12 结构原理图

1—电动机；2—联轴器；3—蜗轮减速机；4—链轮；5—链条；6—大链轮；7—小齿轮；
8—大齿轮；9—试杯；10—旋围架；11—油嘴

（二）测试原理

有色纺织品试样与1块或2块规定的标准贴衬织物缝合在一起,放于皂液或肥皂和无水碳酸钠混合液中,在规定的时间和温度条件下,经机械搅拌,再经清洗、干燥。以原样作为参照样,用灰色样卡或仪器评定试样的变色和贴衬织物的沾色。

六、取样

半成品或成品取样应至少在距离匹织物两端 2 m、布边 5 cm 以上处。印花布还应包括同色位的全部色泽,若在一块试样中的各种色泽无法取全时,可分别取数块同样大小的试样,使各种色泽均能包括。

七、环境及修正

试样和贴衬织物一般不需专门调湿,但不应潮湿或太干燥。当试样和贴衬织物含水率会影响测试结果时,则所有织物应在标准条件下,即(20±2)℃温度和(65±2)%相对湿度的大气中平衡。

八、试样及制备

(一)织物试样

取 40 mm×100 mm 试样 1 块,正面与 1 块 40 mm×100 mm 多纤维贴衬织物相接触(或夹于两块 40 mm×100 mm 单纤维贴衬织物之间),沿一侧短边缝合(或另作规定),形成一个组合试样。

(二)纱线或散纤维试样

取纱线或散纤维的质量约等于贴衬织物总质量的一半,夹于 1 块 40 mm×100 mm 多纤维贴衬织物及 1 块 40 mm×100 mm 染不上色的织物之间(或夹于两块 40 mm×100 mm 规定的单纤维贴衬织物之间),沿四边缝合,形成一个组合试样。

用天平测定组合试样的质量,单位为 g,以便于精确浴比。

九、程序与操作

(1)根据产品要求选择合适的方法,并按照所采用的试验方法来制备皂液。

(2)接通仪器总电源,LED 均显示 0。

(3)依据表 2-6-12 规定的试验条件预置参数。在 LED 显示 0 时,按"预置"键,LED 显示前次预置的工作室、预热室温度及工作时间,如需修改,则按"位选"键后,再按"+"、"−"键,依次对工作室、预热室温度及工作时间进行预置,预置完毕后再按一次"预置"键,LED 恢复显示 0 后预置结束。

表 2-6-12　试验条件

试验方法编号	温度(℃)	时间	钢珠数量	碳酸钠
A(1)	40	30 min	0	—
B(2)	50	45 min	0	—
C(3)	60	30 min	0	+
D(4)	95	30 min	10	+
E(5)	95	4 h	10	+

(4)往工作室内加注蒸馏水,水位高度以水位线为准,当注水至规定水位时水位灯亮,示意加热器可以工作。当旋转架未装试样杯时以下面水位线为准,当装上试样杯时,以上面水位线为准。

(5)按"(工作)加热"键,再按"(预热)加热"键,工作室及预热室的蒸馏水开始升温。

(6)配制好浴比为 50:1 的皂液,并放入预热室预热。准备好试样。

(7)当工作室及预热室达到规定温度时,讯响器给以提示,这时打开门盖,将组合试样放入试样杯,注入预热到规定温度的皂液,盖好试样杯,逐一将试样杯插入旋转架的孔中,旋转45°,将试样杯安装在旋转架上(如果不需要全部试样杯,安装在旋转架每一面的试样杯数量需相同,以保证旋转架的平衡),按"开/停"键,旋转架开始工作,并开始计时。如需暂停测试,再按一下"开/停"键,旋转架停止转动,LED保留已运转时间,继续测试时则再按一下"开/停"键,旋转架继续运转至测试结束。

(8) 当讯响器发出信号时,表示已达到规定时间,这时旋转架停止运转,打开门盖,取下试样杯,倒出试液、试样。

(9) 取出组合试样,放在三级水中清洗两次,然后在流动水中冲洗至干净。

(10) 用手挤去组合试样上过量的水分。如果需要,留一个短边上的缝线,去除其余缝线,展开组合试样。

(11) 将试样放在两张滤纸之间并挤压除去多余水分,再将其悬挂在不超过60℃的空气中干燥,试样与贴衬仅由一条缝线连接。

(12) 用灰色样卡或仪器,对比原始试样,评定试样的变色和贴衬织物的沾色。

十、结果计算

测试完毕,对试样的变色和每种贴衬的沾色,用灰色样卡评出试样的变色级数和贴衬织物与试样接触一面的沾色级数。

十一、测试报告

记录:执行的标准;使用表2-6-12中的试验方法编号;试样的详细描述;使用灰卡或仪器评定的试样变色级数;如用单纤维贴衬织物,所用每种贴衬织物的沾色级数;如用多纤维贴衬织物,其类型和每种纤维的沾色级数;偏离细节等。

十二、相关知识

(1) 样品在不超过60℃的空气中干燥时,一旦发现有风干的试样,则必须弃去、重做。因为发生风干现象的试样在干燥时,水分散失过快,上面的色料(包括沾色)会因迁移而造成分布不匀,使最终结果无法准确评判。

(2) 电加热器为湿式加热器,不能在无水状态下通电使用,故在工作室及预热室无水时,不能通电加热。不进行试验时,试样杯盖不应盖紧,以免损坏密封圈,不应将试样杯装在旋转架上,以免旋转架上弹簧疲劳。

(3) 宜将含荧光增白剂和不含荧光增白剂的试验所用容器清楚地区分开。其他试验所用洗涤剂和商业洗涤剂中的荧光增白剂可能会沾污容器。如果在后面使用不含荧光增白剂的洗涤剂的试验中,使用这种沾污的容器,可能会影响试样色牢度。

>>>> 项 目 八 <<<<
纺织品耐摩擦色牢度测试

• 本单元知识点 •

1. 影响织物耐摩擦色牢度的因素有哪些?

2. 试分析造成干、湿摩擦牢度差异的主要原因。

3. 不同的摩擦方式之间有可比性吗?

4. 干、湿摩擦牢度的摩擦测试结果有可比性吗?

一、概述

耐摩擦色牢度指纺织品的颜色耐摩擦的能力。纺织品在使用过程中经常要与其他物体发生摩擦,有时这种摩擦是在湿态情况下进行的,若染料的染色牢度不好,在摩擦过程中就会沾染其他物品。有色纺织材料的耐摩擦色牢度主要取决于浮色的多少和染料与纤维结合的情况等因素。因为摩擦时主要是沾染其他物品,故耐摩擦色牢度只有沾色,而无变色。本方法适用于各种纺织品,包括纺织地毯、绒类织物及纱线。

二、目的与要求

通过测试,了解耐摩擦色牢度仪的结构及主要工作原理,掌握正确的仪器操作方法和测试步骤,并学会对数值结果进行分析评价。

三、采用标准

(一)采用标准

GB/T 3920、ISO 105—X12、JIS. L 0849—2013 纺织品　色牢度试验　耐摩擦色牢度

GB/T 251—2008 纺织品　色牢度试验　评定沾色用灰色样卡

ISO 105/A03 纺织品色牢度试验评定沾色用灰色样卡

(二)相关标准

GB/T 6151、ISO 105—A01 纺织品　色牢度试验　试验通则

GB 7565、ISO 105/F02 纺织品　色牢度试验　棉和黏纤标准贴衬织物规格

四、仪器与用具

(1)耐摩擦色牢度试验仪:如图 2-6-15 所示,该仪器具有两种不同尺寸的摩擦头,用于绒类织物(包括纺织地毯)的具有长方形摩擦表面的摩擦头,尺寸为 19 mm×25 mm;用于其他各种纺织品的具有圆形摩擦表面的摩擦头,直径为 16 mm。

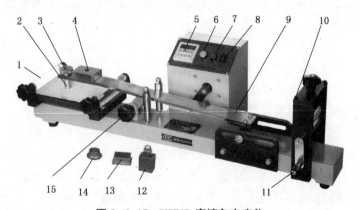

图 2-6-15　Y571L 摩擦色牢度仪

1—夹持器;2—圆摩擦头;3—配重块;4—压重块;5—计数器;6—启动键;7—停止键;8—电源开关;9—曲柄连杆;
10—轧水装置;11—手摇柄;12—方摩擦头;13—方摩擦头紧固圈;14—圆摩擦头紧固圈;15—托架

(2)摩擦用棉布,按照 GB 7565 中规定采用退浆、漂白、不含任何整理剂的棉织物,剪成 50 mm×50 mm 的正方形用于圆形摩擦头,或剪成 25 mm×100 mm 的长方形用于长方形摩擦头。

(3)不锈钢丝,直径为 1 mm,网孔宽约为 20 mm 的滴水网,或可调节的轧液装置。

(4)评定沾色用灰色样卡。

（5）三级水。

五、原理

将试样夹于试样台上,并压上包裹摩擦用布的摩擦头(分别用一块干摩擦布和湿摩擦布),在电机的驱动下经过减速器,由曲柄连杆机构带动摩擦头以每分钟 60 次的速度作往复直线运动,使摩擦用布被沾色。当达到规定往复次数后停机,取下摩擦用布,然后对照样卡评定出织物的耐摩擦色牢度。绒类织物和其他纺织品分别采用两种不同尺寸的摩擦头。

六、取样

半成品或成品取样应至少在距离匹织物两端 2 m、布边 5 cm 以上处。印花布还应包括同色位的全部色泽,若在一块试样中的各种色泽无法取全时,可分别取数块同样大小的试样,使各种色泽均能包括。

七、环境及修正

试样和贴衬织物一般不需专门调湿,但不应潮湿或太干燥。当试样和贴衬织物含水率会影响测试结果时,则应在标准条件下,即 $20℃±2℃$ 温度和 $65\%±2\%$ 相对湿度的大气中平衡。

八、试样及制备

(一)织物(或地毯)试样

须备有两组不小于 50 mm×200 mm 的样品,每组两块。一组其长度方向平行于经纱,用于经向的干摩和湿摩;另一组其长度方向平行于纬纱,用于纬向的干摩和湿摩。

当测试有多种颜色的纺织品时,应细心选择试样的位置,应使所有颜色都被摩擦到。若各种颜色的面积足够大时,必须全部取样。

(二)纱线试样

应将其编结成织物,并保证试样的尺寸不小于 50 mm×200 mm。或将纱线平行缠绕于与试样尺寸相同的纸板上。

九、程序与操作

（1）打开电源开关,设定所需要的摩擦次数。

（2）将试样平放在摩擦色牢度仪测试台的衬垫物上,两端以夹持器固定(以摩擦试样不松动为准),使试样的长度方向与仪器的动程方向一致。

（3）干摩擦:将干摩擦布固定在试验仪的摩擦头上,并用"摩擦头紧固圈"固定,在紧固时使摩擦布的经、纬纱方向与试样经、纬纱方向相交成 45°,将测试台拉向一侧。按计数器上"清零"按钮,使计数器清零后再按"启动"键,摩擦头在试样上作往复直线运动至设定次数后自动停止。在干摩擦试样的长度方向上,在 10 s 内摩擦 10 次,往复动程为 100 mm,垂直压力为 9 N。分别测试经向和纬向。

（4）湿摩擦:先把一块干摩擦布用三级水浸透取出,放在滴水网上均匀滴水或经小轧液辊挤压,使其含水率达到 $95\%～105\%$,将测试台推向另一侧,用湿摩擦布按九(3)所述方法做湿摩擦测试。测试完毕,将湿摩擦布放在室温下干燥。

注:摩擦时,如有染色纤维被带出,而留在摩擦布上,用毛刷去除摩擦布上的试样纤维,评级仅仅考虑由染料沾色的着色。

（5）用灰色样卡评定上述摩擦布的沾色级数,对于干摩擦和湿摩擦分别以经、纬向沾色较重的级数评出最后牢度等级。

十、结果计算

应至少选三个不同部位的染色试样分别测试,测定结果取平均值。

十一、测试报告

记录:执行的标准;测定日期;试样的详细规格;该产品经、纬向干、湿摩擦的沾色级数;偏离细节等。

十二、相关知识

(1) 当测试有多种颜色的纺织品时,试验前,可前后拉动测试台,测试台可沿滑轨前后移动位置,方便选择试样的位置,使所有颜色都被摩擦到。

(2) 如做绒类试样的测试,应换成附件中的方形摩擦头。

(3) 摩擦色牢度仪常见的有 3 种,除上述介绍的以外,还有手动的 YG571SX 摩擦色牢度仪和日本学(术)振(兴委员会提出)形(状)的 Y571LA6 摩擦色牢度仪,其有六个摩擦头,可同时进行试验,测试台和摩擦头都是曲面。如图 2-6-16,2-6-17 所示。

图 2-6-16 YG571SX 摩擦色牢度仪　　　　图 2-6-17 Y571LA6 摩擦色牢度仪

≫≫≫ 项 目 九 ≪≪≪
纺织品耐光色牢度测试

• 本单元知识点 •

1. 影响织物耐光色牢度的因素有哪些?

2. 试分析造成耐光色牢度差异的主要原因。

3. 本试验采用氙弧人造光测试耐光色牢度,听说过碳弧人造光测试耐光色牢度吗?

一、概述

纺织品在使用时要暴露在光线下,光线能破坏染料和被染物从而导致"褪色",使有色纺织品变色、变浅、发暗。染料和被染物的耐光性差异很大,因此要有测定其色牢度的方法,在纺织品检测中耐光色牢度又称日晒色牢度,检测中日晒色牢度要用日晒色牢度仪。日晒色牢度试验方法是把试样和一组用不同色牢度级数的蓝色羊毛标样,在同一时间、同一条件下进行曝晒。当试样已经充分褪色时,将试样与蓝色羊毛标样进行比较,如果试样褪色程度与蓝色羊毛标样 4 相似,那么他的耐光色牢度就评定为 4 级。

二、目的与要求

通过测试,了解耐光色牢度仪的结构及主要工作原理,掌握正确的仪器操作方法和测试步骤,并学会对数值结果进行分析评价。

三、采用标准

(一)采用标准

GB/T 8427—2008 纺织品　色牢度试验　耐人造光色牢度:氙弧

GB/T 8426 纺织品 色牢度试验　耐光色牢度:日光

GB/T 8431—1998 纺织品　色牢度试验　光致变色的检验和评定

(二)相关标准

GB/T 250—2008 纺织品　色牢度试验　评定变色用灰色样卡

GB/T 6151 纺织品　色牢度试验　试验通则

四、仪器与用具

(1) 日晒色牢度试验仪:如图 2-6-18 所示。

(2) 蓝色标样。

(3) GB/T 250 评定沾色用灰色样卡。

五、原理

纺织品试样与一组蓝色羊毛标样一起在人造光源下按照规定条件曝晒,然后将试样与蓝色羊毛标样进行变色对比,评定色牢度。对于白色(漂白或荧光增白)纺织品,是将试样的白度变化与蓝色羊毛标样对比,评定色牢度。

图 2-6-18　150 s 日晒色牢度仪

六、试样

试样尺寸不小于 10 mm×45 mm,使每一个曝晒部分不小于 10 mm×8 mm。

七、环境及修正

仪器用氙弧灯可以制造一个为 5 500～6 500 K 的色温,氙弧灯滤光片所用滤光玻璃在 380～750 mm 之间的透光率不小于 90%,而在 310～320 mm 之间为 0,滤光片置于光源和试样及蓝色羊毛标样之间,滤除红外辐射、紫外光谱稳定;温湿度调节系统可以有效调节实验舱里的温湿度。

八、装夹试样

试验时需要把试样与蓝色羊毛标样装夹到一起,然后遮盖一部分按照规定条件曝晒,不同的测试规定,采用不同的遮盖方式,根据图 2-6-19 和图 2-6-20 在试样夹上加装试样图。

九、程序与操作

(一)湿度的调节

(1) 检查设备是否处于良好的运转状态,氙弧灯是否洁净。

(2) 将一块不小于 45 mm×10 mm 的湿度控制标样与蓝色羊毛标样一起装在硬卡上,并尽可能使之置于试样夹的中部。见图 2-6-19、2-6-20 所示。

(3) 将装妥的试样夹安放于设备的试样架上,试样架上所有的空档,都要用没有试样而装着硬卡的试样夹全部填满。

(4) 开启氙弧灯后,设备需连续运转到试验完成,除非需要清洗氙弧灯或因灯管、滤光片已到规定使用期限需进行调换。

(5) 将部分遮盖的湿度控制标样与蓝色羊毛标样同时进行曝晒,直至湿度控制标样上曝晒和未曝晒部分间的色差达到灰色样卡 4 级。

(6) 在此阶段评定湿度控制标样的耐光色牢度,必要时可调节设备上的控制器,以获得选定的曝晒条件。每天检查,必要时重新调节控制器,以保持规定的黑板温度(黑标温度)和湿度。

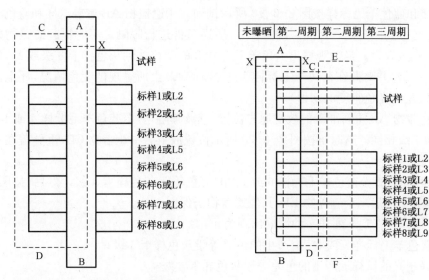

图 2-6-19　装样方法 1 示意图　　　　图 2-6-20　装样方法 2 示意图

AB—第一遮盖物。在×—×处可折叶使他能在原处从试样和蓝色羊毛标样上提起和复位;
CD—第二遮盖物;EF—第三遮盖物

(二) 曝晒方法

(1) 在预定的条件下,对试样(或一组试样)和蓝色羊毛标样同时进行曝晒,其方法和时间要以能否对照蓝色羊毛标样完全评出每块试样的色牢度为准。在整个试验过程中要逐次遮盖试样和蓝色羊毛标样的两侧,曝晒中间的三分之一或二分之一。

(2) 方法 1

① 本方法被认为是最精确的,在评级有争议时应予采用。其基本特点是通过检查试样来控制曝晒周期,故每块试样需配备一套蓝色羊毛标准。

② 将试样和蓝色羊毛标准按图 2-6-17 所示排列,将遮盖物 AB 放在试样和蓝色羊毛标准的中段三分之一处。按情境六中所规定的条件,在氙弧灯下曝晒。不时提起遮盖物 AB,检查试样的光照效果,直至试样的曝晒和未曝晒部分间的色差达到灰色样卡 4 级。用另一个遮盖物(图 2-6-20 中的 CD)遮盖试样和蓝色羊毛标准的左侧三分之一处,在此阶段,注意光致变色的可能性。

③ 继续曝晒,直至试样的曝晒和未曝晒部分的色差等于灰色样卡 3 级。

④ 如果蓝色羊毛标样 7 或 L7 的褪色比试样先达到灰色样卡 4 级,此时曝晒即可终止。这是因为,若当试样具有等于或高于 7 级或 L7 级耐光色牢度时,则需要很长的时间曝晒才能达到灰色样卡 3 级的色差。再者,当耐光色牢度为 8 级或 L9 级时,这样的色差就不可能测得。所以,当蓝色羊毛标样 7 或 L7 以上产生的色差等于灰色样卡 4 级时,即可在蓝色羊毛标样 7~8 或蓝色羊毛标样 L7~L8 的范围内进行评级。因为,达到这个色差所需时间之长,已足

以消除由于不适当曝晒可能产生的任何误差。

（3）方法 2

① 本方法适用于大量试样同时测试。其基本特点是通过检查蓝色羊毛标样来控制曝晒周期，只需用一套蓝色羊毛标样对一批具有不同耐光色牢度的试样试验，从而节省蓝色羊毛标样的用料。

② 试样和蓝色羊毛标样按图 2-6-19 所示排列。用遮盖物 AB 遮盖试样和蓝色羊毛标样总长的五分之一到四分之一之间。按九、（一）所述条件进行曝晒。不时提起遮盖物检查蓝色羊毛标样的光照效果。当能观察出蓝色羊毛标样 2 的变色达到灰色样卡 3 级或 L2 的变色等于灰色样卡 4 级，并对照在蓝色羊毛标样 1、2、3 或 L2 上所呈现的变色情况，评定试样的耐光色牢度（这是耐光色牢度的初评）。

③ 将遮盖物 AB 重新准确的放在原先位置，继续曝晒，直至蓝色羊毛标样 4 或 L3 的变色与灰色样卡 4 级相同。这时再按图 2-6-20 所示位置放上另一遮盖物 CD，重叠盖在第一个遮盖物 AB 上。

④ 继续曝晒，直至蓝色羊毛标样 6 或 L4 的变色等于灰色样卡 4 级。然后，按图 2-6-20 所示的位置放上最后一个遮盖物 EF，其他遮盖物仍保留原处。

⑤ 继续曝晒，直到下列任一种情况出现为止：

a）在蓝色羊毛标样 7 或 L7 上产生的色差等于灰色样卡 4 级；

b）在最耐光的试样上产生的色差等于灰色样卡 3 级；

c）白色纺织品（漂白或荧光增白），在最耐光的试样上产生的色差等于灰色样卡 4 级。

注：b）和 c）有可能发生在九、（二）3、（3）或九、（二）3、（4）之前。

（4）方法 3

本方法适用于核对与某种性能规格是否一致，允许试样只与两块蓝色羊毛标样一起曝晒，一块按规定为最低允许牢度的蓝色羊毛标样和另一块更低的蓝色羊毛标样。连续曝晒，直至在最低允许牢度的蓝色羊毛标样的分段面上等于灰色样卡 4 级（第一阶段）和 3 级（第二阶段）的色差。白色纺织品（漂白或荧光增白）晒至最低允许牢度的蓝色羊毛标样分段面上等于灰色样卡 4 级。

（5）方法 4

本方法适用于检验是否符合某一商定的参比样，允许试样只与这块参比样一起曝晒。连续曝晒，直到参比样上等于灰色 4 级和（或）3 级的色差。白色纺织品（漂白或荧光增白）晒至参比样等于灰色样卡 4 级。

（6）方法 5

本方法适用于核对是否符合认可的辐照能值，可单独将试样曝晒，或与蓝色羊毛标样一起曝晒，直到达到规定辐照量为止，然后和蓝色羊毛标样一同取出，按 GB/T 250 变色用灰色样卡对比或用蓝色羊毛标样对比评定。

（三）耐光色牢度的评定

（1）在试样的曝晒和未曝晒部分间的色差等于灰色样卡 3 级的基础上，作出耐光色牢度级数的最后评定。白色纺织品（漂白或荧光增白）在试样的曝晒与未曝晒部分间的色差达到灰色样卡 4 级的基础上，作出耐光色牢度级数的最后评定。

（2）移开所有遮盖物，试样和蓝色羊毛标样露出实验后的两个或三个分段面，其中有的已曝晒过多次,连同至少一处未受到曝晒的,在合适的照明下(见 GB/T 6151)比较试样和蓝色羊毛标样的相应变色。白色纺织品(漂白或荧光增白)的评级应使用人造光源,在有争议时更有必要,除非另有规定。

试样的耐光色牢度即为显示相似变色(试样曝晒和未曝晒部分间的目测色差)的蓝色羊毛标样的号数。如果试样所显示的变色更近于两个相邻蓝色羊毛标样的中间级数,而不是近于两个相邻蓝色羊毛标样中的一个,则应给予一个中间级数。例如 3-4 或 L2～L3 级。

如果不同阶段的色差上得出了不同的评定,则可取其算术平均值作为试样耐光色牢度,以最接近的半级或整级来表示。当级数的算术平均值是四分之一或四分之三时,则评定应取其邻近的高半级或一级。

为了避免由于光致变色性导致耐光色牢度发生错评,应在评定耐光色牢度前,将肓样放在暗处,在室温下保持 24 h(见 GB/T 8431)。

(3) 若试样颜色比蓝色羊毛标样 1 或 L2 更易褪色,则评为 1 级或 L2 级。

(4) 用一个约为灰色样卡 1 级和 2 级之间的中性灰色(约为 Munsell N5)的遮框遮住试样,并用同样孔径的遮框依次盖在蓝色羊毛标样周围,这样便于对试样和蓝色羊毛标样的变色进行对比。

(5) 若耐光色牢度等于或高于 4 或 L3,初评就显得很重要。如果初评为 3 级或 L2 级,则应把他置于括号内。例如评级为 6(3)级,表示在试验中蓝色羊毛标样 3。刚开始褪色时,试样也有很轻微的变色,但再继续曝晒,他的耐光色牢度与蓝色羊毛标样 6 相同。

十、结果计算

测试完毕,试验结果均用色牢度的级数来表示,用灰色样卡评出最终级数。

十一、测试报告

记录:执行的标准;测定日期;试样的详细规格;该产品经、纬向,干、湿摩擦的沾色级数;偏离细节等。

十二、相关知识

(1) 日晒色牢度仪器的氙弧灯滤光片、滤热片,因为置于光源和试样及蓝色羊毛标样之间,应经常进行清洁,防止由灰尘造成不必要的滤光。

(2) 有关纺织品耐光色牢度的评定:

有些试样在强烈日光下曝晒 2～3 h 就明显褪色,而有些试样可能经受长时间的曝晒也不发生变化,不同级别蓝色羊毛标样和试样同时曝晒,蓝色羊毛标样 1 是最易褪色的,标样 8 是最耐光的,假如标样 4 在某种条件下需要某些时间以达到某些褪色程度,那么在同样条件下为产生同样程度的褪色,标样 3 就只需约一半的时间,而标样 5 将需约增加一倍的时间。

必须保证不同的人在试验相同的材料时,在对照同时褪色的标准做出评定之前要使材料褪色到相同的程度。什么是"褪色商品"?染色纺织品的使用者的认识有很大的差别,因此,要把试样褪色成能包括多数意见的两种不同的褪色程度,从而使评定更为可信。这里所说的褪色程度是参照一套标准"灰色样卡"对比色差样来确定的(灰色样卡 5 级等于无色差,灰色样卡 1 级等于大色差)。这样,使用灰色样卡能确定褪色程度,而使用蓝色羊毛标样就能评定耐光色牢度的等级。

以中等和严重褪色作为评级的基础,这样的规则是复杂的。有些试样在曝晒下很快就会发生轻微变化,可是时间一长也就不再变化了。这些轻微的变化很少发觉,但是有时很重要,例如:

橱窗里放上一块织物,织物上放一个有价格的标签,几天以后拿掉标签发现该标签放过的地方和周围的布因曝晒发生了轻微的变色。这块织物经曝晒后产生了轻度褪色,同时发现蓝色羊毛标样 7 已经褪色到相同程度,因此这一织物的耐光色牢度就是 7 级。这种轻微变色只有在曝晒和未曝晒部分之间比较时才能被察觉,而这些纺织品在正常使用中很少出现。这种轻微变色的程度可作为一种附加评定,在括号内注明。如一块试样的评级是 7(2)级,表明括号中 2 为初期可察觉到的轻微变色,相当于蓝色羊毛标样 2,此外还有一个高的耐光色牢度 7 级。

有一种光致变色现象的色泽变化也要予以考虑:当染料曝晒于强光下会迅速变色,而在转移到暗处时又几乎完全恢复到原来颜色。光致变色的程度是以 GB/T 8431 规定的专门试验来测定的,并在括号内用字母 P 加上级数表示。如 6(P2)级是指光致变色效应等于灰色样卡的 2 级。而永久褪色则等于蓝色羊毛标样 6。

还有许多试样经长时间曝晒,色相完全发生变化,例如:黄色变成棕色,紫色变成蓝色。这些试样能否说是褪色? 过去有过许多争议。关于这点在 GB/T 8426 至 GB/T 8430 中所采用的方法是非常明确的:不论是褪色还是色相变化,曝晒试样的色差是用目测来评定的,任何色相变化也都包括在评定中。例如,在研究两个绿色试样时,在曝晒中两者的变色都与蓝色羊毛标样 5 的褪色相似,但其中一个先变浅后变成白色,而另一个先变成蓝绿色,最后变成纯蓝色。前者应当评定为"5",而后者应当评为"5 较蓝"。在此例中,GB/T 8426 至 GB/T 8430 中所采用的方法是把试样在曝晒过程中的变化情况尽可能完整地表达出来,但不过分复杂化。

>>>> 项 目 十 <<<<
纺织品阻燃性测试

• 本单元知识点 •

1. 简述测试织物阻燃性的方法有哪些? 有何不同?
2. 提高织物阻燃性能的途径有哪些?
3. 地毯燃烧性能的检测也用垂直法吗?
4. 床上用品燃烧性能的检测采用什么方法?

一、概述

纺织品阻止延续燃烧的性能称为阻燃性。纺织品的阻燃功能对消除火灾隐患,延缓火势蔓延,从而降低人民生命财产损失极为重要。纺织品燃烧性能除与纤维种类、染料、各种整理剂有关外,还与其结构、燃烧时的环境条件、大气温湿度等有关。测试燃烧性能的方法很多,不同种类织物有不同的测试方法,有些织物也可以用不同的测试方法来评价其阻燃性能。按照织物试样放置不同可分为:垂直法、倾斜法(45°)、水平法;按照点燃火源不同可分为:丙烷或丁烷气体火焰点燃、香烟点燃、片剂点燃、辐射热源点燃。本节采用垂直燃烧试验仪测试法,通过测试试样的续燃、阴燃时间及损毁长度等指标,来反映纺织品的阻燃性。

二、目的与要求

用垂直法对经各种阻燃处理的纺织品测定其阻燃性,掌握测试方法和步骤,了解仪器的工作原理及影响纺织品燃烧性能的因素。

三、采用标准

（一）采用标准

GB/T 5455《纺织品　燃烧性能试验　垂直法》

（二）相关标准

GB 6529《纺织品的调湿和试验用标准大气》

四、仪器与用具

（一）垂直燃烧试验仪

见图 2-6-21。

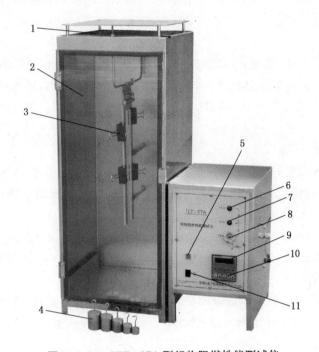

图 2-6-21　YYL-07A 型织物阻燃性能测试仪

1—透气孔；2—防护玻璃；3—试样夹；4—砝码；5—点火按钮；6—大火调整；
7—小火调整；8—气源调整；9—显示器；10—控制器；11—电源开关

（二）重锤

每一重锤附以挂钩，可将重锤挂在测试后试样一侧的下端，用以测定损毁长度。按表 2-6-13 织物质量不同选用重锤。

表 2-6-13　织物质量与选用重锤质量的关系

织物质量（g/m²）	101 以下	101~207 以下	207~338 以下	338~650 以下	650 及以上
重锤质量（g）	54.5	113.4	226.8	340.2	453.6

（三）气体

工业用丙烷或丁烷气体。

（四）其他器具

不锈钢尺、医用脱脂棉、密封容器。

五、原理

将一定尺寸的试样置于规定的燃烧器下点燃,测定规定点燃时间后试样的续燃、阴燃时间及损毁长度。

六、取样

取样方法按照产品标准规定,应从距布边 1/10 幅宽的部位取经过阻燃处理且具有代表性的样品。

七、试样及制备

(1) 试样尺寸为(300×80)mm,长的一边要与织物经向(纵向)或纬向(横向)平行。

(2) 每一样品,经向及纬向各取五块试样,经向试样不能取自同一经纱,纬向试样不能取自同一纬纱。

八、环境及修正

试样应按 GB/T 6529 规定,在二级标准大气中,即温度(20±2)℃,相对湿度(65±3)%,视样品薄厚放置 8~24 h,直至达到平衡,然后取出放入密封容器内,也可按有关各方面商定的条件进行处理。试验在温度为 10~30℃,相对湿度为 30%~80% 的大气中进行。

九、程序与操作

(1) 接通电源及气源。

(2) 将试验箱前门关好,按下电源开关,指示灯亮表示电源已通,将条件转换开关放在焰高测定位置,打开气体供给阀门,按点火开关,点着点火器,用气阀调节装置调节火焰,使其高度稳定达到(40±2)mm,然后将条件转换开关放在试验位置。

(3) 检查续燃、阴燃计时器是否在零位上。点燃时间设定为 12 s。

(4) 将试样放入试样夹中,试样下沿应与试样夹两下端齐平,打开试验箱门,将试样夹连同试样垂直挂于试验箱内。

(5) 关闭箱门,此时电源指示灯应明亮,按点火开关,点着点火器,待 30 s 火焰稳定后,按启动开关,使点火器移到试样正下方,点燃试样。此时距试样从密封容器内取出的时间必须在 1 min 以内。

(6) 12 s 后,点火器恢复原位,续燃计时器开始计时,待续燃停止,立即按计时器的停止开关,阴燃计时器开始计时,待阴燃停止后,按计时器的停止开关。读取续燃时间和阴燃时间,读取应精确到 0.1 s。

(7) 当测试熔融性纤维制成的织物时,如果被测试样在燃烧过程中有溶滴产生,则应在试验箱的箱底平铺上 10 mm 厚的脱脂棉。注意熔融脱落物是否引起脱脂棉的燃烧或阴燃,并记录。

(8) 打开试验箱前门,取出试样夹,卸下试样,先沿其长度方向炭化处对折一下,然后在试样的下端一侧,距其底边及侧边各约 6 mm 处,挂上按试样单位面积的质量选用的重锤,再用手缓缓提起试样下端的另一侧,让重锤悬空,再放下,测量试样撕裂的长度,即为损毁长度,结果精确到 1 mm。

注:对燃烧时熔融连接到一起的试样,测量损毁长度时应以熔融的最高点为准。

(9) 清除试验箱中碎片,并开动通风设备,排除试验箱中的烟雾及气体,然后再测试下一个试样。

十、结果计算

分别计算经向及纬向五个试样的续燃时间、阴燃时间及损毁长度的平均值。

十一、测试报告

(1) 记录：执行标准；试样的种类、名称、规格和仪器型号；测试时的大气条件、气源种类；燃烧过程中滴落物引起脱脂棉燃烧的试样；对某些样品，可能其中的几个试样被烧通，记录各未烧通试样的续燃时间、阴燃时间及损毁长度的实测值，并注明有几块试样烧通。

(2) 结果：燃烧时特征，如炭化、熔融、收缩、卷曲、烧通等。

十二、相关知识

(1) 测试织物阻燃性的方法很多，测试结果也难以相互比较，因此国内外纺织品燃烧性能测试方法的标准也很多，有日本的 JIS 制定的纺织品燃烧性能试验方法，美国 ASTM 制定的纺织品阻燃试验方法等，我国也制定了多项纺织品燃烧试验方法标准。垂直法测定各种阻燃纺织品阻燃性能，适用于阻燃的机织物、针织物、涂层产品、层压产品等阻燃性能的测定；45°法适用于测量易燃纺织品穿着时一旦点燃后燃烧的剧烈程度和速度。另外还有氧指数法适用于测定各种类型的纺织品（包括单组分或多组分），如机织物、针织物、非织造布、涂层织物、层压织物、复合织物、地毯类等（包括阻燃处理和未经处理）的燃烧性能。

(2) 评定床上用品（如床罩、床单、毯子、被子、被套和枕头、枕套等）燃烧性能的方法可参照 GB/T 20390.1 香烟为点火源的可点燃性试验方法和 GB/T 20390.2 小火焰为点火源的可点燃性试验方法。其测试原理是将试样放在试验衬底上，在试样的上部或下部放置发烟燃烧的香烟或施加小火焰，记录所发生的渐进性发烟燃烧或有焰燃烧。由于清洗可能对床上用品的可点燃性有相当大的影响，床上用品在使用中通常要经受定期或不定期的清洗，因此宜在适当的清洗处理后测试。

(3) 纺织品的阻燃按生产过程及阻燃剂的引入方法大致分为：纤维的阻燃处理和织物的阻燃处理。目前我国生产和使用最多的是阻燃整理织物，织物的阻燃整理是将织物在阻燃液中浸压，再干燥烘焙使阻燃液被纤维聚合体吸收；或将阻燃剂混入树脂内，靠树脂的粘合作用使阻燃剂固着在织物上。提高纤维的阻燃性有两个途径：一种是对纤维进行防燃整理；另一种是制造阻燃纤维。阻燃纤维的生产也有两种，一是应用纳米技术在纺丝液中加入防火剂，纺丝制成阻燃纤维；另一种是由合成的阻燃高聚物纺制而成。随着人民生活与环境条件的不断改善，人们对阻燃纺织品性能要求越来越高，阻燃纤维的生产开发和推广应用必将引起全社会的重视。

>>> 项 目 十 一 <<<
织物耐磨性测试

● 本单元知识点 ●

1. 测试织物耐磨性有何实际意义？
2. 提高织物耐磨性的措施有哪些？
3. 织物耐磨性的检测还有哪些方式？

4. 为什么织物耐磨性的检测要在二级标准大气条件下进行？

一、概述

织物的耐磨性指织物抵抗磨损的程度。磨损是造成织物损坏的一个重要原因,他直接影响织物的耐用性。评价织物磨损的方法有:磨损前后织物外观的比较;经一定摩擦次数后织物重量的损失;磨损产生孔洞或磨断一定根数纱线所需的摩擦次数;试样厚度的变化、强力损失等。

二、目的与要求

通过测试,掌握利用平磨试验仪测试织物耐磨性的方法和操作,了解仪器的工作原理和影响织物耐磨性的各种因素。

三、采用标准

(一) 采用标准

GB/T 13775 棉、麻、绢丝机织物耐磨性试验方法

(二) 相关标准

GB/T 6529 纺织品的调湿和试验用标准大气

四、仪器与用具

(一) YG401 型织物平磨仪

见图 2-6-22。

图 2-6-22　YG401 型织物平磨仪

(二) 标准磨料

用杂种羊毛制成的精梳平纹织物。

(三) 标准垫料

平方米重量为(750 ± 50)g/m^2,厚度为(3 ± 0.5)mm,直径为 145 mm 的标准毡。

(四) 试样背面衬料

厚度为 3 mm,体积重量为 0.04 g/cm^3,直径为 36 mm 的聚氨脂泡沫塑料。

(五) 剪样板

试样剪样板,直径为 38 mm 的圆形模板。

聚氨酯泡沫塑料剪样板,直径为 36 mm 的圆形模板。

五、原理

圆形织物试样在一定压力下与标准磨料按李莎如(Lissajous)曲线的运动轨迹进行互相摩擦,导致试样破损,以试样破损时的耐磨次数表示织物的耐磨性能。

六、取样

常规测试,应按照产品标准规定,选取具有代表性的试样,不能有损伤。

七、环境及修正

按 GB 6529 规定对试样进行预调湿和调湿,测试在二级标准大气条件下进行。

八、试样及制备

(1) 将试样与测试用材料置于标准大气中 24 h 以上。

(2) 从样品的不同部位剪取若干个直径为 38 mm 的代表性试样。

(3) 试样数量六块(不少于四块)。

九、程序与操作

(1) 检查仪器各部件,保证仪器处于正常工作状态。

(2) 将试样装于试样夹内,若试样重量轻于 500 g/m^2,则要在试样与试样夹间衬垫一块聚氨酯泡沫塑料。

(3) 把标准磨料覆盖在标准垫料上,在标准磨料上放一压锤,然后加上圆环夹钳于六个螺栓柱上,旋紧螺母,使圆环夹钳紧固,并使六个摩擦平台上标准磨料承受的张力均匀。

(4) 将试样夹置于摩擦平台上,使芯轴穿过轴承插在试样夹上,然后加上所需的压力砝码。根据织物的用途,服用类织物试样所需压强为 5.8 Pa,装饰用织物试样所需压强为 7.8 Pa。

(5) 把计数器调至零位,再将预定计数器设定所需要摩擦次数,然后开动仪器,当完成预定摩擦次数后,观察试样的磨损程度,并估计继续测试所需次数,若将达到终止时,摩擦次数应顺次递减。在测试过程中,需用锐利剪刀把试样表面产生的毛球小心剪去,继续测试。

(6) 试样经磨损后,出现两根及两根以上纱线被磨断即为测试终止。

十、结果计算

计算所测试样的平均耐磨次数,取整数。

十一、测试报告

(1) 记录:执行标准、仪器型号、试样名称及规格;试验日期、试验条件、耐磨次数。

(2) 结果:平均耐磨次数。

十二、相关知识

(1) 织物在实际使用时的磨损方式较多,有平磨、曲磨、折边磨、动态磨、翻动磨。平磨是指试样平面在定压下与磨料摩擦所受的磨损。曲磨是试样在反复弯曲状态下与磨料摩擦所受到的磨损;折边磨是试样在对折状态下,折边部位与磨料摩擦所受到的磨损。方式不同,对应的测试仪器也不同,因此测试结果无可比性。

(2) 影响织物耐磨性的因素有很多。纤维的形状、机械性质,纱线的捻度、细度、股数、屈曲波,织物的厚度、经纬密度、织造方式等都会对织物的耐磨性有影响。

>>>> 项目十二 <<<<
织物起毛起球性测试

• **本单元知识点** •

1. 简述四种测试方法的测试原理。

2. 怎样改善织物的抗起毛起球性？

3. 四种起毛起球性能测试方法的测试有可比性吗？

4. 织物的起毛起球特性对服用性能有什么危害性？

一、概述

织物经受多种外力以及外界的摩擦后会形成毛球。起球大致可分为毛茸的产生、毛球的形成、毛球的脱落三个阶段。织物的起球不仅会使外观恶化，而且还会降低织物的服用性能，甚至因而失去使用价值。目前国家标准中测试织物起球有四种方法：圆轨迹法、马丁代尔法、起球箱法和随机翻滚法。国内采用五级制来评定织物起球程度，级数越大，表示织物抗起球性越好。评定织物起毛起球性的优劣，不仅要看织物起毛起球的快慢及多少，还要视毛球脱落的速度而定。

二、目的与要求

掌握织物起球性的测试方法、原理和步骤，了解几种不同起球仪的结构及特点。

三、采用标准

（一）采用标准

GB/T 4802.1—2008 纺织品　织物起毛起球性能的测定　第1部分：圆轨迹法

GB/T 4802.2—2008 纺织品　织物起毛起球性能的测定　第2部分：改型马丁代尔法

GB/T 4802.3—2008 纺织品　织物起毛起球性能的测定　第3部分：起球箱法

GB/T 4802.4—2009 纺织品　织物起毛起球性能的测定　第4部分：随机翻滚法

（二）相关标准

GB 6529《纺织品的调湿和试验用标准大气》、GB 8170《数值修约规则》

四、仪器与用具

（一）圆轨迹法

（1）YG502 型起毛起球仪，见图 2-6-23。

图 2-6-23　YG502 型起毛起球仪

1—起毛座；2—工位座板；3—毛刷座；4—毛刷；5—上磨头；6—砝码；7—磨头横臂；
8—磨头支架；9—电源开关；10—停止键；11—计数器；12—启动键；13—水平泡

（2）其他器具：磨料、泡沫塑料垫片、裁样器。

（二）改型马丁代尔法

（1）YG401 型织物平磨仪，见图 2-6-24。

图 2-6-24　YG401 型织物平磨仪

（2）其他器具　聚氨酯泡沫塑料试样垫板、划样板、放大镜、毛毡、磨料。

（三）起球箱法

（1）YG511 型滚箱式起毛起球仪，见图 2-6-25。

（2）其他器具　聚氨酯载样管、装样器、PVC 胶带、缝纫机、评级箱。

（四）随机翻滚法

（1）乱翻式起毛起球仪，见图 2-6-26。

图 2-6-25　YG511L9 型滚箱式起毛起球仪　　图 2-6-26　RTP—2 型乱翻式起毛起球仪

（2）其他器具　胶黏剂、真空除尘器、灰色短棉、评级箱

（3）实验室内部标准织物，用来校准新安装的起球箱或软木衬垫是否被污染的织物

五、原理

（1）圆轨迹法：按规定方法和试验参数，利用尼龙刷和磨料或仅用织物磨料，使试样摩擦起毛起球。然后在规定光照条件下，对起毛起球性能进行视觉描述评定。

（2）改型马丁代尔法：在规定压力下，圆形试样以李莎茹（Lissajous）图形的轨迹与相同织物或羊毛织物磨料织物进行摩擦。试样能够绕与试样平面垂直的中心轴自由转动。经规定的摩擦阶段后，采用视觉描述方式评定试样的起毛起球等级。

（3）起球箱法：是织物在不受压力情况下进行起球的测试。安装在聚氨酯管上的试样，在具有恒定转速、衬有软木的木箱内任意翻转。经过规定的翻转次数后，对起毛和（或）起球性能进行视觉描述评定。

（4）随机翻滚法：采用随机翻滚式起球箱使织物在铺有软木衬垫，并填有少量灰色短棉的圆筒状试验仓中随意翻滚摩擦。在规定光源条件下，对起毛起球性能进行视觉描述评定。

六、取样

按照产品标准规定，在整幅实验室样品中均匀取样，至少应距布边 1/10 幅宽以上，试样具有代表性且不得有影响测试结果的疵点。

七、试样及制备

每两块试样之间不应包括相同的经纱和纬纱。如需预处理，可采用双方协议的方法水洗或干洗样品（或可采用 GB/T 8629 或 GB/T 19981.1 和 GB/T 19981.2 中的程序）。

（一）圆轨迹法

从样品上剪取五块(113±0.5)mm 直径的圆形试样。在每个试样上标记织物反面。当织物没有明显的正反面时，两面都要进行测试。另剪取 1 块评级所需的对比样，尺寸与试样相同。

（二）马丁代尔法

（1）试样夹具中的试样为直径 140_0^{+5} mm 的圆形试样。起球台上的试样可以裁剪成直径为 140_0^{+5} mm 的圆形或边长为 150±2 mm 的方形试样。在取样和试样准备的整个过程中的拉伸应力尽可能小，以防止织物被不适当地拉伸。

（2）至少取 3 组试样，每组含 2 块试样，1 块安装在试样夹具中，另 1 块作为磨料安装在起球台上。如果起球台上选用羊毛织物磨料，则至少需要 3 块试样进行测试。如果试验 3 块以上的试样，应取奇数块试样。另多取 1 块试样用于评级时的对比样。

（3）取样前在需评级的每块试样背面的同一点作标记，确保评级时沿同一个纱线方向评定试样。标记应不影响试验的进行。

（三）起球箱法

（1）从样品上剪取 4 个试样，每个试样的尺寸为 125 mm×125 mm。在每个试样上标记织物反面和织物纵向。当织物没有明显的正反面时，两面都要进行测试。另剪取 1 块试样尺寸为 125 mm×125 mm 的试样作为评级所需的对比样。

（2）取 2 个试样，如可以辨别，每个试样正面向内折叠，距边 12 mm 缝合，其针迹密度应使接缝均衡，形成试样管，折的方向与织物的纵向一致。取另 2 个试样，分别向内折叠，缝合成试样管，折的方向应与织物的横向一致，见图 2-6-27 缝合示意图。

（3）将缝合试样管的里面翻出，使织物正面成为试样管的外面，在试样管的两端各剪 6 mm 端口，以去掉缝纫变形。将准备好的试样管装在聚氨酯载样管上，使试样两端距聚氨酯管边缘的距离相等，保证接缝部位尽可能平整。用 PVC 胶带缠绕每个试样的两端，使试样固定在聚氨酯管上，且聚氨酯管的两端各有 6 mm 裸露。固定试样的每条胶带长度应不超过聚氨酯管周长的 1.5 倍。

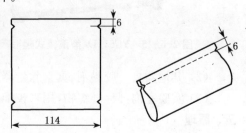

图 2-6-27　试样套剪取缝合示意图

1—缝线；2—织物正面；3—织物反面

（四）随机翻滚法

（1）每个样品中各取三个试样，尺寸为(105±2)mm×(105±2)mm。

(2) 在每个试样的一角分别标注"1"、"2"或"3"以作区分。

(3) 使用黏合剂将试样的边缘封住,边缘不可超过 3 mm。将试样悬挂在架子上直到试样边缘完全干燥为止,干燥时间至少为 2 h。

八、环境及修正

试样按 GB 6529 中规定的标准大气中调湿平衡,一般至少调湿 16 h,并在同样的大气条件下进行测试。

九、程序与操作

(一) 圆轨迹法

(1) 试验前仪器应保持水平,尼龙刷保持清洁。如有凸出的尼龙丝,可用剪刀剪平,如已松动,可用夹子夹去。

(2) 分别将泡沫塑料垫片、试样和织物磨料装在试验夹头和磨台上,试样应正面朝外。

(3) 根据织物类型按表 2-6-14 选取试验参数进行测试。

表 2-6-14　试验参数及适用织物类型示例

参数类别	压力(cN)	起毛次数	起球次数	适用织物类型示例
A	590	150	150	工作服面料、运动服装面料、紧密厚重织物等
B	590	50	50	合成纤维长丝外衣织物等
C	490	30	50	军需服(精梳混纺)面料等
D	490	10	50	化纤混纺、交织织物等
E	780	0	600	精梳毛织物、轻起绒织物、短纤纬编针织物、内衣面料等
F	490	0	50	粗梳毛织物、绒类织物、松结构织物等

注:1. 表中未列的其他织物可以参照类似织物或按有关各方商定选择参数类别。

　　2. 根据需要或有关各方协商同意,可以适当选择参数类别,但应在报告中说明。

　　3. 考虑到所有类型织物测试或穿着时的起球情况是不可能的,因此有关各方可以采用取得一致意见的试验参数,并在报告中说明。

(4) 取下试样准备评级,注意不要使测试面受到任何外界影响。

(5) 在规定的光源下,根据试样上的球粒大小、密度、形态按九、(五)方法评定每块试样的起球等级,以最邻近的1/2级表示。

(二) 改型马丁代尔法

(1) 依据 GB/T 21196.1 的规定检查仪器。在每次试验后检查试验所用辅助材料,并替换沾污或磨损的材料。

(2) 从试样夹具上移开试样夹具环和导向轴。将试样安装辅助装置小头朝下放置在平台上,将试样夹具环套在辅助装置上。翻转试样夹具,在试样夹具内部中央放入直径为(90±1) mm 的毡垫。将直径为 140_0^{+5} mm 的试样,正面朝上放在毡垫上,允许多余的试样从试样夹具边上延伸出来,以保证试样完全覆盖住试样夹具的凹槽部分。对于轻薄的针织织物,应特别小心,以保证试样没有明显的伸长。

(3) 小心地将带有毡垫和试样的试样夹具放置在辅助装置的大头端的凹槽处,保证试样夹具与辅助装置紧密密合在一起,拧紧试样夹具环到试样夹具上,保证试样和毡垫不移动,不变形。

(4) 重复上述步骤,安装其他的试样。如果需要,在导板上,试样夹具的凹槽上放置加载块。

(5) 在起球台上放置直径为 140_0^{+5} mm 的一块毛毡,其上放置试样或羊毛织物磨料,试样或羊毛织物磨料的摩擦面向上。放上加压重锤,并用固定环固定。

(6) 按表 2-6-15 要求进行起球试验。测试直到第一个摩擦阶段,根据要求进行第一次评定。评定时,不取出试样,不清除试样表面。

(7) 评定完成后,将试样夹具按取下的位置重新放置在起球台上,继续进行测试。在每一个摩擦阶段都要进行评估,直到达到规定的试验终点。

表 2-6-15　起球试验分类

类别	纺织品种类	磨　料	负荷质量(g)	评定阶段	摩擦次数
1	装饰织物	羊毛织物磨料	415±2	1	500
				2	1 000
				3	2 000
				4	5 000
2	机织物 (除装饰织物外)	机织物本身(面/面) 或羊毛织物磨料	415±2	1	125
				2	500
				3	1 000
				4	2 000
				5	5 000
				6	7 000
3	针织物 (除装饰织物外)	针织物本身(面/面) 或羊毛织物磨料	155±1	1	125
				2	500
				3	1 000
				4	2 000
				5	5 000
				6	7 000

注:试验表明,通过7 000次的连续摩擦后,试验和穿着之间有较好的相关性。因为,2 000次摩擦后还存在的毛球,经过7 000次摩擦后,毛球可能已经被磨掉了。

对于2、3类中的织物,起球摩擦次数不低于2 000次。在协议的评定阶段观察到的起球级数即使为4~5级或以上,也可在7 000次之前终止试验(达到规定摩擦次数后,无论起球好坏均可终止试验)。

(8) 取下试样,在规定的光源下,根据试样上的球粒大小、密度、形态按九、(五)方法评定每块试样的起球等级,以最邻近的1/2级表示。

(三) 起球箱法

(1) 检查起球箱,保证箱内干净、无绒毛。

(2) 把四个安装好的试样放入同一起球箱内,牢固地关上箱盖。

(3) 启动仪器,转动箱子至协议规定的次数(预期所有类型织物测试或穿着时的起球情况是不可能的。因此对于特殊结构的织物,有关方最好对翻转次数取得一致意见。在没有协议或规定的情况下,建议粗纺织物翻转7 200 r,精纺织物翻动14 400 r)。

(4) 从起球试验箱中取出试样并拆除缝合线。

(5) 在规定的光源下,根据试样上的球粒大小、密度、形态按九、(五)方法评定每块试样的起球等级,以最邻近的 1/2 级表示。

(四) 随机翻滚法

(1) 同一样品的试样分别在不同的试验仓内进行试验。

(2) 将取自于同一实验室样品中的三个试样,与重约为 25 mg、长度约为 6 mm 的灰色短棉一起放入试验仓内,每一个试验仓内放入一个试样,盖好试验仓盖,并将试验时间设置为30 min。

(3) 启动仪器,打开气流调节阀。

(4) 在运行过程中,应经常检查每个试验仓。如果试样缠绕在叶轮上不翻转或卡在试验仓的底部、侧面静止,关闭空气阀,切断气流,停止试验,并将试样移出。记录试验的意外停机或者其他不正常情况。

(5) 当试样被叶轮卡住时,停止测试,移出试样,并使用清洁液或水清洗叶轮片。待叶轮干燥后,继续试验。

(6) 试验结束后取出试样,并用真空除尘器清除残留在机器上的棉絮。

(7) 重复 9.4.2～9.4.6 的过程测试其余试样,并在每次试验时重新分别放入一份重约 25 mg,长度约为 6 mm 的灰色短棉。

(8) 测试经硅胶处理的试样时,可能会污染软木衬垫从而影响最终的起球结果。实验室处理这类问题时,需要采用实验室内部标准织物在已使用过的衬垫表面(已测试过的经硅胶处理的试样)再做一次对比试验。如果软木衬垫被污染,那么此次结果将与在未被污染的衬垫表面所作的试验结果(采用实验室内部标准织物)会不相同,分别记录两次测试的结果,并清洁干净或更换新的软木衬垫对其他试样进行测试。

注:测试含有其他的易变黏材料或者求知整理材料的试样后可能会产生与上述相同的问题,在测试结束后应检测衬垫并做相应的处理。

(9) 在规定的光源下,根据试样上的球粒大小、密度、形态,按九、(五)方法评定每块试样的起球等级,以最邻近的 1/2 级表示。

(五) 起毛起球的评级

评级箱应放置在暗室中。

在评级箱的试样板的中间,沿织物纵向并排放置 1 块已测试样和 1 块未测试的对比样。如果需要,采用胶带固定在正确的位置。已测试样放置在左边,未测试样放置在右边。如果测试样在起球测试前经过预处理,则对比样也应为经过预处理的试样。如果测试样在测试前未经过预处理,则对比样应为未经过预处理的试样。

为防止直视灯光,在评级箱的边缘,从试样的前方直接观察每一块试样。

依据表 2-6-16 中列出的等级对每一块试样进行评级。如果起毛起球的情况介于两级之间,记录半级。

由于评定的主观因素,建议至少 2 人进行评定。

经有关方同意,可采用样照评级方法,以支持描述法的评定结果。

可采用另一种评定方式,即转动试样直到观察到的起球现象更加严重。这种评定可提供极端情况下的数据,如将试样表面转到水平方向沿平面进行观察。

记录表面外观变化的任何其他状况。

表 2-6-16　视觉描述评级

级数	状态描述
5	无变化。
4	表面轻微起毛和(或)轻微起球。
3	表面中度起毛和(或)中度起球。不同大小和密度的球覆盖试样的部分表面。
2	表面明显起毛和(或)起球。不同大小和密度的球覆盖试样的大部分表面。
1	表面严重起毛和(或)起球。不同大小和密度的球覆盖试样的整个表面。

十、结果计算

记录每一块试样的级数,单个人员的评级结果为其对所有试样评定等级的平均值。

样品的试验结果为全部人员评级的平均值,如果平均值不是整数,修约至最近的 0.5 级,并用"—"表示,如 3—4。如单个测试结果与平均值之差超过半级,则应同时报告每一块试样的级数。

十一、测试报告

(1) 记录:执行标准、试验日期、试验样品描述及预处理、试样数量、评级人数、测试方法、试验参数;每块试样的级数以及经预处理后试样与未经过预处理试样相比,试样起毛起球的评定级数。

(2) 计算:起毛起球的最终评定级数。

十二、相关知识

纤维的性质是织物起毛起球的主要原因。棉、麻、黏胶纤维织物几乎不产生起球现象,毛织物有起毛起球现象,化纤织物中锦纶、涤纶织物最易起毛起球,而且起球快、数量多、脱落慢,其次是丙纶、腈纶、维纶织物。纱线捻度、条干均匀度影响织物的起毛起球性,织物组织对起毛起球性影响也很大,结构疏松的针织物最容易产生。对织物进行烧毛、剪毛等后整理加工或热定型或树脂整理,可降低起毛起球性。

≫≫≫ 项目十三 ≪≪≪
纺织纤维含量的检测

• 本单元知识点 •

1. 试样预处理分析哪些因素会影响测试结果?

2. d 值大于 1 或小于 1,表示什么意思?

3. 纤维含量的检测对于商品交易的实际意义是什么?

4. 纤维含量的检测分析中所使用的试剂和溶剂是否会对测试人员产生某种危害性?

一、概述

纺织纤维混合物的定量分析方法有两种:手工分解法和化学分析法。若纺织品中各纤维组分不是混纺的,如由几种单组分纤维纱线构成的织物,或者经纱的纤维成分和纬纱不同的机织物,或者是可以被拆成不同类型纤维的纱线组成的针织物,宜尽量使用手工分解法,因为通常他给出的结果比化学分析法更准确。此法在 GB/T 2910.1 的附录 B 中有介绍。如果用手工分离混纺产品的纤维组分不可行,则采用化学分析方法。化学分析法是用适当试剂溶解,去除一种(或两种)组分,根据质量损失计算出各组分的百分含量的方法。在进行分析之前,应先确定混纺产品的纤维组分。

由于混纺产品种类太多,所用溶剂各不相同,本节仅介绍通用分析步骤,具体到哪几种纤维的混合物,还要参照相关标准执行。分析中所使用的试剂和溶剂会产生某种危害性,这些方法必须由熟悉危害性的人使用,并且采取一定的防护措施。

二、目的与要求

通过测试,了解纤维含量分析的基本原理,掌握混纺产品纤维含量的测试方法及操作过程,学会计算其混纺比。

三、采用标准

(一) 采用标准

GB/T 2910.1～120—2009 纺织品　定量化学分析

GB/T 2910.1—2009 纺织品　定量化学分析　试验通则

GB/T 2910.2—2009 纺织品　定量化学分析　三组分纤维混合物

(二) 相关标准

GB/T 10629—2009 纺织品　用于化学试验的实验室样品和试样的准备

四、仪器与用具

(1) 化学分析干燥烘箱(见图 2-6-28)

(2) 其他器具:索氏萃取器、电子天平(感量为 0.2 mg)、真空泵、干燥器、250 mL 带玻璃塞三角烧瓶、称量瓶、玻璃砂芯坩埚、抽气滤瓶、温度计及烧杯等。

(3) 化学试剂:石油醚、蒸馏水等。

五、原理

混纺产品的组分经定性鉴别后,用适当的预处理方法去除非纤维物质,然后选择适当试剂溶解,去除一种组分,将不溶解的纤维烘干、称重,根据质量损失计算出可溶组分的比例,从而计算出各组分纤维的百分含量。通常,先去除含量较大的纤维组分。

图 2-6-28　化学分析干燥烘箱

六、取样

按 GB/T 10629 规定抽取实验室样品,取样应包含组成织物的各种纱线和纤维成分,试样数量应足够测试用,每个试样至少 1 g。

七、试样及制备

(1) 将抽取的样品放在索氏萃取器中,用石油醚萃取 1 h,每小时至少循环 6 次,以去除非纤维物质,然后取出试样,待试样中的石油醚挥发后,把试样浸入冷水中浸泡 1 h,每克试样再用 100 mL、温度为(65±5)℃的水浸泡 1 h,不断搅拌,最后挤干,抽吸(或离心脱水)后晾干(此去除非纤维物质的方法不适用于弹性纤维)。

(2) 被测试样如果是织物,应拆为纱线。毡类织物剪成细条或小块;纱线剪成 10 mm长。

(3) 每个试样至少 2 份,每份不少于 1 g。

八、环境及修正

因为是测定试样干重,所以不需要调湿。可在普通的室内条件下进行分析。

九、程序与操作

(1) 将预处理过的试样至少 1 g,放入已知重量的称量瓶内,连同瓶盖(放在旁边)和玻璃砂芯坩埚放入烘箱内烘干。烘箱温度为(105±3)℃,一般烘燥 4~16 h,至恒重。烘干后,盖上瓶盖迅速移至干燥器内冷却 2 h 以上至完全冷却,从干燥器中取出称量瓶和坩埚,并在 2 min 内分别称出试样及玻璃砂芯坩埚的干重,精确至 0.000 2 g。

(2) 根据纤维的组分选配合适的试剂。

(3) 化学分析

① 将试样放入有塞三角烧瓶中,每克试样加入规定容量的试剂溶液,盖紧瓶塞,用力搅拌,使试样充分浸湿。

② 按照相关标准规定的程序(时间、温度、摇动次数)处理试样,做到充分溶解。

③ 取出三角烧瓶,将全部剩余纤维倒入已知干重的玻璃砂芯坩埚内过滤,用试液把烧瓶中的残留物冲洗到已知干燥重量的玻璃砂芯坩埚中,反复冲洗干净。每次洗液先靠重力排液,再真空抽吸排液。

④ 将不溶纤维连同玻璃砂芯坩埚(盖子放在边上)放入烘箱,烘至恒重后,盖上盖子迅速放入干燥器内冷却,干燥器放在天平边。完全冷却后,从干燥器中取出玻璃砂芯坩埚,在2 min 内称完,精确至 0.000 2 g,从差值中求出该试样的干燥重量。

注:在干燥、冷却、称重操作中,不能用手直接接触玻璃砂芯坩埚、试样、称量瓶等。

(4) 用显微镜观察残留物,检查是否已将可溶纤维完全去除。

(5) 重复九、(三)分析步骤,对第二份试样进行测定。如果需要,还可以进行多次测定。

(6) 对于三组分纤维混合物,选择使用以下四个方案中的一个或一个以上的溶解方案,方法步骤同上。

方案一:取两个试样,第一个试样将组分 a 溶解,第二个试样将组分 b 溶解。分别对不溶残留物称重,分别根据溶解失重,算出每一个溶解组分的质量百分率。组分 c 的含量百分率可从差值中求得。

方案二:取两个试样,第一个试样将组分 a 溶解,第二个试样将组分 a 和 b 两种纤维溶解。对第一个试样的不溶残留物称重,根据其溶解失重,可以计算出组分 a 的含量百分率。对第二个试样的不溶残留物称重,相当于组分 c。第三个组分 b 的含量百分率从差值中求得。

方案三:取两个试样,第一个试样将组分 a 和 b 溶解,第二个试样将组分 b 和 c 溶解。各不溶残留物相当于组分 c 和组分 a。第三个组分 b 的含量百分率从差值中求得。

方案四:只取一个试样,将其中一个组分溶解去除,然后将另外两种组分纤维组成的不溶残留物称重,从溶解失重计算出溶解组分含量百分数。再将两种纤维的残留物中的一种去除,称出不溶的组分,根据溶解失重计算出第二种溶解组分的含量百分率。

如果可以选择,建议采用前三种方案中的一种。当采用化学分析方法时,应注意选择试剂,要求试剂仅能将要溶解的纤维去除,而保留下其他纤维。为了使误差概率降到最小,建议在上述四种方案中,如果可能的话,选用至少两种化学分析方法。

十、结果计算

(一) 二组分混纺产品

混合物中不溶纤维的含量,以其占混合物总质量的质量分数来表示。可溶纤维的净干含量百分率等于 100 减去不溶纤维的净干含量百分率。

1. 以净干质量为基础的计算:

$$P = \frac{100m_1 d}{m_0} \qquad (2\text{-}6\text{-}11)$$

式中:P——不溶解纤维的净干含量百分率,%;

m_0——预处理后试样干重,g;

m_1——剩余的不溶纤维干重,g;

d——不溶纤维的质量变化修正系数。各种纤维适用的 d 值,见表 2-6-17。

2. 以净干质量为基础结合公定回潮率的计算:

$$P_M = \frac{100P(1+0.01a_2)}{P(1+0.01a_2)+(100-P)(1+0.01a_1)} \qquad (2\text{-}6\text{-}12)$$

式中:P_M——不溶解纤维结合公定回潮率的含量百分率,%;

P——不溶解纤维的净干含量百分率,%;

a_1——可溶解纤维的公定回潮率,%;

a_2——不溶解纤维的公定回潮率,%。

3. 以净干质量为基础结合公定回潮率以及预处理中非纤维物质和纤维物质的损失率的计算:

$$P_A = \frac{100P[1+0.01(a_2+b_2)]}{P[1+0.01(a_2+b_2)]+(100-P)[1+0.01(a_1+b_1)]} \qquad (2\text{-}6\text{-}13)$$

式中:P_A——不溶解纤维结合公定回潮率的含量百分率,%;

P——不溶解纤维的净干含量百分率,%;

a_1——可溶解纤维的公定回潮率,%;

a_2——不溶解纤维的公定回潮率,%;

b_1——预处理中可溶纤维物质的损失率,和/或可溶组分中非纤维物质的去除率,%;

b_2——预处理中不溶纤维物质的损失率,和/或不溶组分中非纤维物质的去除率,%。

(二) 三组分混纺产品

混合物中各组分的含量,以其占混合物总质量的质量百分率来表示,计算结果以纤维净干质量为基础,首先结合公定回潮率计算,其次结合预处理中和分析中的质量损失计算。

1. 纤维净干质量百分率计算,不考虑预处理中纤维的质量损失

(1) 方案 1(第一块试样去除一个组分,第二块试样去除另一个组分)

$$P_1 = \left[\frac{d_2}{d_1} - d_2\frac{r_1}{m_1} + \frac{r_2}{m_2}\left(1-\frac{d_2}{d_1}\right)\right]\times 100 \qquad (2\text{-}6\text{-}14)$$

$$P_2 = \left[\frac{d_4}{d_3} - d_4\frac{r_2}{m_2} + \frac{r_2}{m_1}\left(1-\frac{d_4}{d_3}\right)\right]\times 100 \qquad (2\text{-}6\text{-}15)$$

$$P_3 = 100 - (P_1 + P_2) \qquad (2\text{-}6\text{-}16)$$

式中：P_1——第一组分净干质量百分率(第一个试样溶解在第一种试剂中的组分)，%；

P_2——第二组分净干质量百分率(第二个试样溶解在第二种试剂中的组分)，%；

P_3——第三组分净干质量百分率(在两种试剂中都不溶解的组分)，%；

m_1——第一个试样经预处理后的干重，g；

m_2——第二个试样经预处理后的干重，g；

r_1——第一个试样经第一种试剂溶解去除第一个组分后，残留物的干重，g；

r_2——第二个试样经第二种试剂溶解去除第二个组分后，残留物的干重，g；

d_1——质量损失修正系数，第一个试样中不溶的第二组分在第一种试剂中的质量损失；

d_2——质量损失修正系数，第一个试样中不溶的第三组分在第一种试剂中的质量损失；

d_3——质量损失修正系数，第二个试样中不溶的第一组分在第二种试剂中的质量损失；

d_4——质量损失修正系数，第二个试样中不溶的第三组分在第二种试剂中的质量损失。

(2) 方案2(从第一个试样中去除组分a，留下残留物为其他两种组分b和c，第二个试样中去除组分a和b，留下残留物为第三个组分c)

$$P_1 = 100 - (P_2 + P_3) \tag{2-6-17}$$

$$P_2 = 100 \times \frac{d_1 r_1}{m_1} - \frac{d_1}{d_2} \times P_3 \tag{2-6-18}$$

$$P_3 = \frac{d_4 r_2}{m_2} \times 100 \tag{2-6-19}$$

式中：P_1——第一组分净干质量百分率(第一个试样溶解在第一种试剂中的组分)，%；

P_2——第二组分净干质量百分率(第二个试样在第二种试剂中和第一个组分同时溶解的组分)，%；

P_3——第三组分净干质量百分率(在两种试剂中都不溶解的组分)，%；

m_1——第一个试样经预处理后的干重，g；

m_2——第二个试样经预处理后的干重，g；

r_1——第一个试样经第一种试剂溶解去除第一个组分后，残留物的干重，g；

r_2——第二个试样经第二种试剂溶解去除第一、二组分后，残留物的干重，g；

d_1——质量损失修正系数，第一个试样中不溶的第二组分在第一种试剂中的质量损失；

d_2——质量损失修正系数，第一个试样中不溶的第三组分在第一种试剂中的质量损失；

d_4——质量损失修正系数，第二个试样中不溶的第三组分在第二种试剂中的质量损失。

(3) 方案3(从第一个试样中去除两个组分a和b，留下残留物为第三个组分c，然后从第二个试样中去除组分b和c，留下残留物为第一个组分a)

$$P_1 = \frac{d_3 r_2}{m_2} \times 100 \tag{2-6-20}$$

$$P_2 = 100 - (P_1 + P_3) \tag{2-6-21}$$

$$P_3 = \frac{d_2 r_1}{m_1} \times 100 \tag{2-6-22}$$

式中：P_1——第一组分净干质量百分率(第一个试样溶解在第一种试剂中的组分)，%；

P_2——第二组分净干质量百分率(第一个试样溶解在第一种试剂中的组分和第二个试

样溶解在第二种试剂中的组分)，%；

P_3——第三组分净干质量百分率(第二个试样在第二种试剂中溶解的组分)，%；

m_1——第一个试样经预处理后的干重，g；

m_2——第二个试样经预处理后的干重，g；

r_1——第一个试样经第一种试剂溶解去除第一、二组分后，残留物的干重，g；

r_2——第二个试样经第二种试剂溶解去除第二、三组分后，残留物的干重，g；

d_2——质量损失修正系数，第一个试样中不溶的第三组分在第一种试剂中的质量损失；

d_3——质量损失修正系数，第二个试样中不溶的第一组分在第二种试剂中的质量损失。

（4）方案 4（同一个试样从混合物中连续溶解去除两种纤维组分）

$$P_1 = 100 - (P_2 + P_3) \tag{2-6-23}$$

$$P_2 = 100 \times \frac{d_1 r_1}{m} - \frac{d_1}{d_2} \times P_3 \tag{2-6-24}$$

$$P_3 = \frac{d_3 r_2}{m} \times 100 \tag{2-6-25}$$

式中：P_1——第一组分净干质量百分率(第一个溶解的组分)，%；

P_2——第二组分净干质量百分率(第二个溶解的组分)，%；

P_3——第三组分净干质量百分率(不溶解的组分)，%；

m——试样经预处理后的干重，g；

r_1——经第一种试剂溶解去除第一组分后，残留物的干重，g；

r_2——经第一、二种试剂溶解去除第一、二组分后，残留物的干重，g；

d_1——质量损失修正系数，第二组分在第一种试剂中的质量损失；

d_2——质量损失修正系数，第三组分在第一种试剂中的质量损失；

d_3——质量损失修正系数，第三组分在第一、二种试剂中的质量损失。

2. 各组分结合公定回潮率修正和在预处理中质量损失修正系数的百分率计算

$$A = 1 + \frac{a_1 + b_1}{100} \tag{2-6-26}$$

$$B = 1 + \frac{a_2 + b_2}{100} \tag{2-6-27}$$

$$C = 1 + \frac{a_3 + b_3}{100} \tag{2-6-28}$$

$$P_{1A} = \frac{P_1 A}{P_1 A + P_2 A + P_3 C} \times 100 \tag{2-6-29}$$

$$P_{2A} = \frac{P_2 A}{P_1 A + P_2 B + P_3 C} \times 100 \tag{2-6-30}$$

$$P_{3A} = \frac{P_3 A}{P_1 A + P_2 B + P_3 C} \times 100 \tag{2-6-31}$$

式中：P_{1A}——第一净干组分结合公定回潮率和预处理中质量损失的百分率，%；

P_{2A}——第二净干组分结合公定回潮率和预处理中质量损失的百分率，%；

P_{3A}——第三净干组分结合公定回潮率和预处理中质量损失的百分率,%;

P_1——根据十(二)1给出的公式计算出的第一组分净干质量百分率,%;

P_2——根据十(二)1给出的公式计算出的第二组分净干质量百分率,%;

P_3——根据十(二)1给出的公式计算出的第三组分净干质量百分率,%;

a_1——第一组分的公定回潮率,%;

a_2——第二组分的公定回潮率,%;

a_3——第三组分的公定回潮率,%;

b_1——第一组分在预处理中的质量损失百分率,%;

b_2——第二组分在预处理中的质量损失百分率,%;

b_3——第三组分在预处理中的质量损失百分率,%。

二组分纤维混纺产品定量化学分析采用的试剂及修正系数见表2-6-17。

表 2-6-17　二组分纤维混纺产品定量化学分析采用的试剂及修正系数表

编号	混纺产品的纤维组成		化学分析试剂	修正系数 d 值
	第一组分	第二组分		
1	纤维素纤维	聚酯纤维	75%硫酸	1.0
2	蛋白质纤维	其他非蛋白质纤维	碱性次氯酸钠或次氯酸锂	原棉为1.03,棉、黏胶、莫代尔为1.01,其余1.0
3	黏胶、铜氨或莫代尔纤维	棉	锌酸钠	1.02
4	黏胶、铜氨、莫代尔或莱赛尔纤维	棉、亚麻、苎麻	甲酸/氯化锌	棉40℃下为1.02,70℃下为1.03,亚麻1.07,苎麻1.0
5	聚酰胺纤维	其他纤维	80%甲酸	1.0
6	醋酯纤维	三醋酯纤维	丙酮/苯甲醇	1.0
7	醋酯纤维	纤维素、蛋白质、聚酰胺、聚酯、聚丙烯腈和玻璃纤维	丙酮	1.0
8	醋酯纤维	含氯纤维	冰乙酸	1.0
9	三醋酯纤维或聚乳酸纤维	其他纤维	二氯甲烷	聚酯纤维为1.01,其余为1.0
10	聚丙烯腈(含改性)、含氯纤维或某些弹性纤维	其他纤维	二甲基甲酰胺	聚酰胺、棉、羊毛、黏胶、铜氨、莫代尔、聚酯纤维为1.01,其余为1.0
11	含氯纤维	其他纤维	二硫化碳/丙酮	1.0
12	聚丙烯纤维	其他纤维	二甲苯	1.0
13	蚕丝	羊毛或其他动物毛纤维	75%硫酸	0.985
14	聚氨酯弹性纤维	其他纤维	二甲基乙酰胺	涤纶1.01,其余1.0
15	含氯纤维、改性聚丙烯腈、弹性纤维、醋酯纤维、三醋酯纤维	其他纤维	环己酮	蚕丝1.01,聚丙烯腈0.98,其余1.0
16	聚乙烯	聚丙烯	环己酮	1.0
17	聚酯纤维	其他纤维	苯酚/四氯乙烷	聚丙烯1.01,其余1.0

编号	混纺产品的纤维组成		化学分析试剂	修正系数 d 值
	第一组分	第二组分		
18	大豆蛋白复合纤维	棉、黏胶、莫代尔、聚丙烯或聚酯纤维	次氯酸钠/盐酸	棉 1.04，黏胶、莫代尔 1.01，聚丙烯、聚酯 1.0
19	大豆蛋白复合纤维	聚丙烯腈、聚氨酯纤维	二甲基甲酰胺	大豆蛋白复合纤维为 1.01
20	大豆蛋白复合纤维	聚酰胺纤维	冰乙酸	大豆蛋白复合纤维为 1.02
21	大豆蛋白复合纤维	醋酯纤维	丙酮	大豆蛋白复合纤维为 1.0
22	大豆蛋白复合纤维	三醋酯纤维	二氯甲烷	大豆蛋白复合纤维为 1.0
23	大豆蛋白复合纤维	羊毛、动物纤维或蚕丝	氢氧化钠	未经漂白的大豆复合纤维为 1.07，经漂白的大豆复合纤维为 1.12

十一、测试报告

（1）记录：执行标准、采用方法、混合物的全部组分或某单一组分的测得结果、每一个单值及其平均值（均精确至 0.1）等，如采用特殊预处理去除浆料或整理剂则要详细说明。

（2）计算：试样各组成纤维的净干质量百分率、结合公定回潮率的百分率，包括公定回潮率和预处理中纤维损失率及非纤维物质去除率的百分率。

十二、相关知识

（1）试样预处理时，若试样上的水不溶性浆料、树脂等非纤维物质不能用石油醚和水萃取掉，则需用特殊的方法处理，同时要求这种处理对纤维组成没有影响。虽然一些未漂白的天然纤维（如黄麻、椰子皮）用石油醚和水在正常预处理时不能将所有天然的非纤维物质全部除去，但也不采用附加的预处理，除非试样上具有在石油醚和水中都不溶的保护层。

（2）不同的混纺产品有不同的分析鉴别方法。麻棉混纺产品的原料都是纤维素纤维，不能用常规的化学溶解法，常用吸附等温曲线法（FZ/T 01070.1）、数值逼近法（FZ/T 01070.2）或投影记数法测定；桑蚕丝/柞蚕丝用显微镜观察截面积的方法计算含量。

（3）纤维含量分析中所用的普通烘箱是制约测试效率的瓶颈之一，有的专家提出，在不影响坩埚内纤维量的情况下，在坩埚周围形成高温低湿气流的环境中，可使坩埚内的水分含量迅速减少至恒重，目前这一课题正在研究之中。

除上述各项检测项目以外，还有纺织品异常气味的检测、禁用偶氮染料的测定织物撕破性能测试、织物的胀破性能测试、织物水洗后尺寸变化的测定等，详见国家纺织标准。

附录 FZ/T 10013.1 棉本色纱线断裂强力的温度和回潮率修正系数

温度＼回潮率	5.0	5.1	5.2	5.3	5.4	5.5	5.6	5.7	5.8	5.9	6.0	6.1	6.2	6.3	6.4	6.5	6.6	6.7
11	1.151	1.143	1.135	1.128	1.120	1.113	1.105	1.098	1.091	1.085	1.078	1.072	1.065	1.059	1.053	1.048	1.042	1.036
12	1.154	1.146	1.138	1.130	1.123	1.115	1.108	1.101	1.094	1.087	1.081	1.074	1.068	1.062	1.056	1.050	1.044	1.038
13	1.157	1.149	1.141	1.133	1.126	1.118	1.111	1.104	1.097	1.090	1.083	1.077	1.070	1.064	1.058	1.052	1.047	1.041
14	1.161	1.152	1.144	1.136	1.129	1.121	1.114	1.107	1.100	1.093	1.086	1.080	1.073	1.067	1.061	1.055	1.049	1.044
15	1.164	1.156	1.148	1.140	1.132	1.125	1.117	1.110	1.103	1.096	1.089	1.083	1.077	1.070	1.064	1.058	1.052	1.047
16	1.168	1.160	1.152	1.144	1.136	1.128	1.121	1.114	1.107	1.100	1.093	1.086	1.080	1.074	1.068	1.062	1.056	1.050
17	1.173	1.164	1.156	1.148	1.140	1.132	1.125	1.118	1.111	1.104	1.097	1.090	1.084	1.077	1.071	1.065	1.059	1.053
18	1.177	1.169	1.161	1.152	1.145	1.137	1.129	1.122	1.115	1.108	1.101	1.094	1.088	1.081	1.075	1.069	1.063	1.057
19	1.182	1.174	1.165	1.157	1.149	1.141	1.134	1.126	1.119	1.112	1.105	1.099	1.092	1.085	1.079	1.073	1.067	1.061
20	1.188	1.179	1.171	1.162	1.154	1.146	1.139	1.131	1.124	1.117	1.110	1.103	1.097	1.090	1.084	1.078	1.072	1.066
21	1.194	1.185	1.176	1.168	1.160	1.152	1.144	1.137	1.129	1.122	1.115	1.108	1.102	1.095	1.089	1.082	1.076	1.070
22	1.200	1.191	1.182	1.174	1.166	1.158	1.150	1.142	1.135	1.128	1.120	1.113	1.107	1.100	1.094	1.087	1.081	1.075
23	1.206	1.197	1.188	1.180	1.172	1.164	1.156	1.148	1.141	1.133	1.126	1.119	1.112	1.106	1.099	1.093	1.086	1.080
24	1.213	1.204	1.195	1.187	1.178	1.170	1.162	1.154	1.147	1.139	1.132	1.125	1.118	1.111	1.105	1.098	1.092	1.086
25	1.220	1.211	1.202	1.194	1.185	1.177	1.169	1.161	1.153	1.146	1.138	1.131	1.124	1.117	1.111	1.104	1.098	1.092
26	1.228	1.219	1.210	1.201	1.192	1.184	1.176	1.168	1.160	1.153	1.145	1.138	1.131	1.124	1.117	1.111	1.104	1.098
27	1.236	1.227	1.218	1.209	1.200	1.192	1.183	1.175	1.167	1.160	1.152	1.145	1.138	1.131	1.124	1.117	1.111	1.104
28	1.245	1.235	1.226	1.217	1.208	1.200	1.191	1.183	1.175	1.167	1.160	1.152	1.145	1.138	1.131	1.124	1.118	1.111
29	1.254	1.244	1.235	1.226	1.217	1.208	1.199	1.191	1.183	1.175	1.168	1.160	1.153	1.145	1.138	1.132	1.125	1.118
30	1.263	1.253	1.244	1.235	1.226	1.217	1.208	1.200	1.192	1.184	1.176	1.168	1.161	1.153	1.446	1.139	1.133	1.126
31	1.273	1.263	1.253	1.244	1.235	1.226	1.217	1.209	1.201	1.192	1.184	1.177	1.169	1.162	1.155	1.148	1.141	1.134
32	1.281	1.274	1.264	1.254	1.245	1.236	1.227	1.218	1.210	1.202	1.194	1.186	1.178	1.171	1.163	1.156	1.149	1.142
33	1.295	1.285	1.275	1.265	1.255	1.246	1.237	1.228	1.220	1.211	1.203	1.195	1.187	1.180	1.172	1.165	1.158	1.151
34	1.307	1.296	1.286	1.276	1.266	1.257	1.248	1.239	1.230	1.221	1.213	1.205	1.197	1.189	1.182	1.174	1.167	1.160
35	1.319	1.308	1.298	1.288	1.278	1.268	1.259	1.250	1.241	1.232	1.224	1.215	1.207	1.200	1.192	1.184	1.177	1.170

（续表）

温度＼回潮率	6.8	6.9	7.0	7.1	7.2	7.3	7.4	7.5	7.6	7.7	7.8	7.9	8.0	8.1	8.2	8.3	8.4	8.5
11	1.031	1.025	1.020	1.015	1.010	1.005	1.000	0.996	0.991	0.987	0.983	0.978	0.974	0.970	0.966	0.962	0.958	0.955
12	1.033	1.028	1.022	1.017	1.012	1.007	1.003	0.998	0.993	0.989	0.985	0.980	0.976	0.972	0.968	0.964	0.960	0.957
13	1.035	1.030	1.025	1.020	1.015	1.010	1.005	1.000	0.995	0.991	0.987	0.982	0.978	0.974	0.970	0.966	0.962	0.959
14	1.038	1.033	1.027	1.022	1.017	1.012	1.007	1.003	0.998	0.994	0.989	0.985	0.981	0.977	0.972	0.968	0.964	0.961
15	1.041	1.036	1.030	1.025	1.020	1.015	1.010	1.005	1.001	0.996	0.992	0.987	0.983	0.979	0.975	0.971	0.967	0.964
16	1.044	1.039	1.034	1.028	1.023	1.018	1.013	1.008	1.004	0.999	0.995	0.990	0.986	0.982	0.978	0.974	0.970	0.966
17	1.048	1.042	1.037	1.032	1.027	1.022	1.016	1.011	1.007	1.002	0.998	0.994	0.989	0.985	0.981	0.977	0.973	0.969
18	1.052	1.046	1.041	1.035	1.030	1.025	1.020	1.015	1.010	1.006	1.001	0.997	0.993	0.988	0.984	0.980	0.976	0.972
19	1.056	1.050	1.044	1.039	1.034	1.029	1.024	1.019	1.014	1.010	1.005	1.000	0.996	0.992	0.988	0.984	0.980	0.976
20	1.060	1.054	1.049	1.043	1.038	1.033	1.028	1.023	1.018	1.013	1.009	1.004	1.000	0.996	0.992	0.988	0.984	0.980
21	1.064	1.059	1.053	1.048	1.042	1.037	1.032	1.027	1.022	1.017	1.013	1.009	1.004	1.000	0.996	0.992	0.988	0.984
22	1.069	1.064	1.058	1.052	1.047	1.042	1.037	1.032	1.027	1.022	1.017	1.013	1.008	1.004	1.000	0.996	0.992	0.988
23	1.074	1.069	1.063	1.057	1.052	1.047	1.042	1.037	1.032	1.027	1.022	1.017	1.013	1.009	1.004	1.000	0.996	0.992
24	1.080	1.074	1.068	1.063	1.057	1.052	1.047	1.042	1.037	1.032	1.027	1.022	1.018	1.014	1.009	1.005	1.001	0.997
25	1.086	1.080	1.074	1.068	1.063	1.057	1.052	1.047	1.042	1.037	1.032	1.028	1.023	1.019	1.014	1.010	1.006	1.002
26	1.092	1.086	1.080	1.074	1.069	1.063	1.058	1.053	1.048	1.043	1.038	1.033	1.028	1.024	1.019	1.015	1.011	1.007
27	1.098	1.092	1.086	1.080	1.075	1.069	1.064	1.059	1.054	1.049	1.044	1.039	1.034	1.030	1.025	1.021	1.016	1.012
28	1.105	1.099	1.093	1.087	1.081	1.076	1.070	1.065	1.060	1.055	1.050	1.045	1.040	1.035	1.031	1.027	1.022	1.018
29	1.112	1.106	1.100	1.094	1.088	1.082	1.077	1.072	1.066	1.061	1.056	1.051	1.046	1.042	1.037	1.033	1.028	1.024
30	1.120	1.113	1.107	1.101	1.095	1.090	1.084	1.079	1.073	1.068	1.063	1.058	1.053	1.048	1.044	1.039	1.035	1.030
31	1.128	1.121	1.115	1.109	1.103	1.097	1.091	1.086	1.080	1.075	1.070	1.065	1.060	1.055	1.050	1.046	1.041	1.037
32	1.136	1.129	1.123	1.117	1.111	1.105	1.099	1.093	1.088	1.083	1.077	1.072	1.067	1.062	1.058	1.053	1.049	1.044
33	1.144	1.138	1.131	1.125	1.119	1.113	1.107	1.102	1.096	1.091	1.085	1.080	1.075	1.070	1.065	1.060	1.056	1.051
34	1.153	1.147	1.140	1.134	1.128	1.122	1.116	1.110	1.104	1.099	1.093	1.088	1.083	1.078	1.073	1.068	1.064	1.059
35	1.163	1.156	1.150	1.143	1.137	1.131	1.125	1.119	1.113	1.107	1.102	1.097	1.091	1.086	1.081	1.076	1.072	1.067

（续表）

回潮率／温度	8.6	8.7	8.8	8.9	9.0	9.1	9.2	9.3	9.4	9.5	9.6	9.7	9.8	9.9	10.0	10.1	10.2	10.3
11	0.951	0.947	0.944	0.941	0.937	0.934	0.931	0.928	0.925	0.922	0.919	0.916	0.914	0.911	0.909	0.906	0.904	0.901
12	0.953	0.949	0.946	0.943	0.939	0.936	0.933	0.930	0.927	0.924	0.921	0.918	0.915	0.913	0.910	0.908	0.905	0.903
13	0.955	0.951	0.948	0.945	0.941	0.938	0.935	0.932	0.929	0.926	0.923	0.920	0.917	0.915	0.912	0.910	0.907	0.905
14	0.957	0.953	0.950	0.947	0.943	0.940	0.937	0.934	0.931	0.928	0.925	0.922	0.919	0.917	0.914	0.912	0.909	0.907
15	0.960	0.956	0.952	0.949	0.946	0.943	0.939	0.936	0.933	0.930	0.927	0.924	0.921	0.919	0.916	0.914	0.911	0.909
16	0.963	0.959	0.955	0.952	0.949	0.945	0.942	0.939	0.936	0.933	0.930	0.927	0.924	0.922	0.919	0.916	0.914	0.912
17	0.966	0.962	0.958	0.955	0.952	0.948	0.945	0.942	0.939	0.936	0.933	0.930	0.927	0.924	0.922	0.919	0.917	0.914
18	0.969	0.965	0.961	0.958	0.955	0.951	0.948	0.945	0.942	0.939	0.936	0.933	0.930	0.927	0.925	0.922	0.919	0.917
19	0.972	0.968	0.964	0.961	0.958	0.954	0.951	0.948	0.945	0.942	0.939	0.936	0.933	0.930	0.928	0.925	0.922	0.920
20	0.976	0.972	0.968	0.965	0.961	0.958	0.954	0.951	0.948	0.945	0.942	0.939	0.936	0.933	0.931	0.928	0.926	0.923
21	0.980	0.976	0.972	0.969	0.965	0.962	0.958	0.955	0.952	0.949	0.946	0.943	0.940	0.937	0.934	0.932	0.929	0.927
22	0.984	0.980	0.976	0.973	0.969	0.966	0.962	0.959	0.956	0.953	0.950	0.947	0.944	0.941	0.938	0.936	0.933	0.931
23	0.988	0.984	0.980	0.977	0.973	0.970	0.966	0.963	0.960	0.957	0.954	0.951	0.948	0.945	0.942	0.940	0.937	0.934
24	0.993	0.989	0.985	0.981	0.978	0.974	0.970	0.967	0.964	0.961	0.958	0.955	0.952	0.949	0.946	0.944	0.941	0.938
25	0.998	0.994	0.990	0.986	0.983	0.979	0.975	0.972	0.969	0.966	0.962	0.959	0.956	0.953	0.951	0.948	0.945	0.942
26	1.003	0.999	0.995	0.991	0.988	0.984	0.980	0.977	0.974	0.971	0.967	0.964	0.961	0.958	0.956	0.953	0.950	0.947
27	1.008	1.001	1.000	0.996	0.993	0.989	0.985	0.982	0.979	0.976	0.972	0.969	0.966	0.963	0.961	0.958	0.955	0.952
28	1.011	1.010	1.006	1.002	0.998	0.994	0.991	0.989	0.981	0.981	0.977	0.974	0.971	0.968	0.966	0.963	0.960	0.957
29	1.020	1.016	1.012	1.008	1.004	1.000	0.997	0.993	0.990	0.987	0.983	0.980	0.977	0.974	0.971	0.968	0.965	0.962
30	1.026	1.022	1.018	1.014	1.010	1.006	1.003	0.999	0.996	0.993	0.989	0.986	0.983	0.980	0.977	0.974	0.971	0.968
31	1.033	1.028	1.024	1.020	1.017	1.013	1.009	1.005	1.002	0.999	0.995	0.992	0.989	0.986	0.983	0.980	0.977	0.971
32	1.040	1.035	1.031	1.027	1.023	1.020	1.016	1.012	1.009	1.005	1.002	0.999	0.995	0.992	0.989	0.986	0.983	0.980
33	1.047	1.042	1.038	1.034	1.030	1.027	1.023	1.019	1.016	1.012	1.009	1.005	1.002	0.999	0.995	0.992	0.990	0.987
34	1.055	1.050	1.046	1.042	1.038	1.034	1.030	1.026	1.023	1.019	1.016	1.012	1.009	1.006	1.002	0.999	0.996	0.993
35	1.063	1.058	1.054	1.050	1.046	1.042	1.038	1.034	1.030	1.027	1.023	1.020	1.016	1.013	1.010	1.006	1.003	1.001

（续表）

温度\回潮率	10.4	10.5	10.6	10.7	10.8	10.9	11.0	11.1	11.2	11.3	11.4	11.5	11.6	11.7	11.8	11.9	12.0
11	0.899	0.896	0.894	0.892	0.890	0.888	0.886	0.884	0.882	0.880	0.879	0.877	0.875	0.874	0.872	0.871	0.870
12	0.901	0.898	0.896	0.894	0.892	0.890	0.888	0.886	0.884	0.882	0.880	0.879	0.877	0.876	0.874	0.873	0.871
13	0.902	0.900	0.898	0.896	0.894	0.892	0.890	0.888	0.886	0.884	0.882	0.881	0.879	0.877	0.876	0.875	0.873
14	0.904	0.902	0.900	0.898	0.896	0.894	0.892	0.890	0.888	0.886	0.884	0.883	0.881	0.879	0.878	0.876	0.875
15	0.906	0.904	0.902	0.900	0.898	0.896	0.894	0.892	0.890	0.888	0.886	0.885	0.883	0.881	0.880	0.878	0.877
16	0.909	0.907	0.904	0.902	0.900	0.898	0.896	0.894	0.892	0.890	0.888	0.887	0.885	0.884	0.882	0.880	0.879
17	0.912	0.910	0.907	0.905	0.903	0.901	0.899	0.897	0.895	0.893	0.891	0.889	0.888	0.886	0.884	0.883	0.881
18	0.915	0.912	0.910	0.908	0.906	0.904	0.902	0.900	0.898	0.896	0.894	0.892	0.891	0.889	0.887	0.886	0.884
19	0.918	0.915	0.913	0.911	0.909	0.907	0.905	0.903	0.901	0.899	0.897	0.895	0.894	0.892	0.890	0.889	0.887
20	0.921	0.918	0.916	0.914	0.912	0.910	0.908	0.906	0.904	0.902	0.900	0.898	0.897	0.895	0.893	0.892	0.890
21	0.924	0.922	0.919	0.917	0.915	0.913	0.911	0.909	0.907	0.905	0.903	0.902	0.900	0.898	0.896	0.895	0.893
22	0.928	0.926	0.923	0.921	0.919	0.916	0.914	0.912	0.910	0.908	0.906	0.915	0.903	0.901	0.900	0.898	0.897
23	0.932	0.929	0.927	0.925	0.923	0.920	0.918	0.916	0.914	0.912	0.910	0.909	0.907	0.905	0.904	0.902	0.901
24	0.936	0.933	0.931	0.929	0.927	0.924	0.922	0.920	0.918	0.916	0.914	0.913	0.911	0.909	0.908	0.906	0.904
25	0.940	0.938	0.935	0.933	0.931	0.928	0.926	0.924	1.922	0.920	0.919	0.917	0.915	0.913	0.912	0.910	0.908
26	0.945	0.942	0.940	0.937	0.935	0.933	0.931	0.929	0.926	0.924	0.923	0.921	0.919	0.917	0.916	0.914	0.912
27	0.950	0.947	0.945	0.942	0.940	0.938	0.936	0.934	0.931	0.929	0.928	0.926	0.924	0.922	0.920	0.919	0.917
28	0.955	0.952	0.950	0.947	0.945	0.943	0.941	0.939	0.936	0.934	0.932	0.931	0.929	0.927	0.925	0.924	0.912
29	0.960	0.957	0.955	0.952	0.950	0.948	0.946	0.944	0.941	0.939	0.937	0.936	0.934	0.932	0.930	0.929	0.927
30	0.965	0.963	0.960	0.958	0.955	0.953	0.951	0.949	0.946	0.944	0.942	0.941	0.939	0.937	0.935	0.934	0.932
31	0.971	0.969	0.966	0.964	0.961	0.959	0.957	0.955	0.952	0.950	0.948	0.946	0.944	0.942	0.941	0.939	0.938
32	0.978	0.975	0.972	0.970	0.967	0.965	0.963	0.961	0.958	0.956	0.954	0.952	0.950	0.948	0.947	0.945	0.943
33	0.984	0.981	0.978	0.976	0.974	0.971	0.969	0.967	0.964	0.962	0.960	0.958	0.956	0.954	0.953	0.951	0.949
34	0.991	0.988	0.985	0.983	0.980	0.978	0.975	0.973	0.971	0.969	0.967	0.965	0.962	0.960	0.959	0.957	0.955
35	0.998	0.995	0.992	0.990	0.987	0.985	0.982	0.980	0.978	0.975	0.973	0.971	0.969	0.967	0.965	0.964	0.962

参 考 文 献

［1］钱程,吴晓琼.大豆蛋白纤维的性能与产品[J].现代纺织技术,2002,10(2):50-51

［2］张岩昊.大豆蛋白纤维及其产品开发[J].棉纺织技术,2000,28(9):540-542

［3］韩光亭,王彩霞,孙永军.大豆蛋白纤维性能分析研究[J].纺织学报,2001,23(5):45-46

［4］富秀荣,郭增革.牛奶蛋白纤维的结构性能及其应用[J].广东化工,2012,39(1):224-225

［5］丁艳梅.牛奶蛋白纤维的特性及其应用[J].山东纺织科技,2012,(1):44-46

［6］瞿永.改善彩色蚕丝织物性能的措施[J].上海纺织科技,2007,35(3):9-11

［7］瞿永.彩色蚕丝及其织物的性质与应用[J].丝绸,2006,(9):48-50

［8］梁海丽,葛君.家蚕天然彩色茧丝的色素特性研究[J].丝绸,2005,(6):20-22

［9］徐世清,王建南.天然彩色蚕丝资源及其开发利用[J].丝绸,2003,(1):42-43

［10］周国军.丝肽的研制开发[J].香料香精化妆品,1989,(1):38-41

［11］郑敏华,许惠儿.改善桑蚕丝织物耐光色牢度的探讨[J].丝绸,2001,(7):14-16

［12］徐欣,沈兰萍.牛奶蛋白纤维及其织物的性能研究[J].国际纺织导报,2010,(1):16-20

［13］富秀荣.郭增革牛奶蛋白纤维的结构性能及其应用[J].广东化工,2012,39(2):244-245

［14］李克兢,何建新,崔世忠.牛奶蛋白纤维的结构与性能[J].纺织学报,2006,27(8):57-61

［15］杨庆斌,赵堂英,荀珊.圣麻纤维基本性能测试与分析[J].棉纺织技术,2009,37(4):28-30

［16］刘伟时.抗菌纤维的发展及抗菌纺织品的应用[J].化纤与纺织技术,2011,40(3):22-27

［17］马顺彬,张荣军.圣麻纤维与竹浆纤维的鉴别及性能测试与比较[J].纺织科技进展,2010,(3):70-73

［18］曹丽敏,赵俐.PTT针织物的开发优势及前景[J].国际纺织导报,2004,(1):52-55

［19］顾书英,任杰.可生物降解纤维——聚乳酸(PLA)纤维第Ⅰ报·研究进展[J].合成纤维,2003,(5):10
-14

［20］谢跃亭,胡雪敏.新型功能性纤维——竹炭黏胶纤维[J].针织工业,2005,(9):15-16

［21］张吉升.竹炭纤维的性能及其应用[J].纺织科技进展,2010,(2):7-8

［22］刘广平,郑凤琴,张海燕等.竹炭黏胶纤维针织系列产品的研制与开发[J].上海纺织科技,2006,(9):52
-53

［23］李旭明.竹炭纤维的开发与应用[J].针织工业,2007,(10):21-22

［24］陈良.竹炭纤维在纺织品中的研究进展[J].中国纤检,2011,(4):84-85

［25］陈绍芳,孟家光.竹炭纤维性质及其应用[J].纺织科技进展,2007,(5):26-27

［26］闫鸿敏,王朝生,邹俞等.竹炭纤维的开发与应用[J].针织工业,2007,(3):3

［27］章欧雁.竹炭在床上用品上的应用[J].丝绸,2006,(1):14-15

［28］许树文,吴清基.甲壳素纺织品[M].上海:中国纺织大学出版社,2002

［29］沈德兴,郑志清,孙瑾.甲壳胺纤维的结构与性能[J].中国纺织大学学报,1997,23(1):63-69

［30］李汝勤,宋钧才.纤维和纺织品的测试原理与仪器[M].上海:中国纺织大学出版社,1999

［31］翁毅.甲壳素纤维结构与性能研究[J].现代纺织技术,2011,(6):7-11

［32］赵博.Amicor抗菌纤维的性能特点及产品开发[J].针织工业,2006,(12):19-21

［33］秦益民.Cupron铜基抗菌纤维的性能和应用[J].纺织学报,2009,30(12):134-136

［34］赵家森,周秀会等.新型功能纤维——芳香纤维的发展现状[J].天津纺织工学院学报,1997,16(2):86
-90

[35] 王玮玲,于伟东.相变纤维的特征与作用[J].北京纺织,2003,24(6):12-14

[36] 宋玉芳,唐淑娟.相变纤维的研究进展[J].浙江纺织服装职业技术学院学报,2006,(1):34-37

[37] 秦志刚,马晓红.高吸湿纤维的进展[J].纺织信息周刊,2002,9(2):11

[38] 蒋丽云,余进.天然彩棉性能及其产品开发[J].南通大学学报(自然科学版),2006,5(1):38-42

[39] 葛瑾.氨纶及其产品开发[J].上海纺织科技,2008,36(9):40-42

[40] 王红,斯坚,叶世富.氨纶纤维的生产、性能及应用[J].非织造布,2008,16(1):22-24

[41] 邱莉.麻类家用纺织品的开发[J].现代纺织技术,2005,(1):40-44

[42] 王德珠,陈建,李宏俊.大麻纤维及其应用[J].中国纤检,2012,(8):81-83

[43] 唐爱民,孙智华,林影.木棉纤维的基本性质与结构研究[J].中国造纸学报,2008,23(3):1-5

[44] 李扬,张弦.木棉纤维的特性与应用前景[J].轻纺工业与技术,2011,40(5):38-40

[45] 刘杰,王府梅.木棉纤维及其应用研究[J].现代纺织技术,2009,(4):55-57

[46] 裘愉发.真丝家用纺织品的市场现状及发展趋势[J].浙江纺织职业技术学院学报,2010,(3):15-19

[47] 刘喜梅,冯岑.羽绒纤维的性能及应用进展[J].现代丝绸科学与技术,2010,(5):12-14

[48] 杨崇岭,关丽涛,赵耀明.新型绿色纺织材料——羽毛纤维[J].上海纺织科技,2009,37(6):4-6

[49] 高晶,于伟东,潘宁.羽绒纤维的形态结构表征[J].纺织学报,2007,28(1):1-4

[50] 高晶,于伟东.羽绒纤维的吸湿性能[J].纺织学报,2006,27(11):28-31

[51] 金阳,李薇雅.羽绒纤维结构与性能的研究[J].毛纺科技,2000,28(2):14-20

[52] 金阳,李薇雅.羽绒等几种蛋白质纤维结构和性能的研究[J].毛纺科技,2000,28(1):23-26

[53] 刘宏喜.羽绒纺织产品开发的突破性进展[J].现代纺织技术,2004,31(5):56-59

[54] 姜怀.纺织材料学[M].上海:东华大学出版社,2009

[55] 陈继红,肖军.服装面辅料及服饰[M].上海:东华大学出版社,2003

[56] 张一心.纺织材料(第2版)[M].北京:中国纺织出版社,2009

[57] 秦寄岗.服装材料学[M].哈尔滨:黑龙江教育出版社,1995

[58] 周璐瑛,铝逸华.现代服装材料学[M].北京:中国纺织出版社,2000

[59] 杨建忠.新型纺织材料及应用[M].上海:东华大学出版社,2003

[60] 朱松文.服装材料学(第3版)[M].北京:中国纺织出版社,2001

[61] 于伟东.纺织材料学[M].北京:中国纺织出版社,2006

[62] 姜淑媛.家用纺织品设计与市场开发[M].北京:中国纺织出版社,2007

[63] 夏志林.纺织实验技术[M].北京:中国纺织出版社,2007